广东省农业农村厅
广东省现代农业产业技术体系创新团队建设项目（2020KJ142，杨得坡等）

舌尖上的安全

——食品中的有毒有害物质警示

张北壮　编著

·广州·

图书在版编目（CIP）数据

舌尖上的安全：食品中的有毒有害物质警示/张北壮编著．—广州：中山大学出版社，2022.2

ISBN 978－7－306－07452－2

Ⅰ.①舌…　Ⅱ.①张…　Ⅲ.①食品安全—普及读物　Ⅳ.①TS201.6－49

中国版本图书馆CIP数据核字（2022）第033921号

出 版 人：**王天琪**
策划编辑：李海东
责任编辑：李海东
封面设计：林绵华
责任校对：赵　婷
责任技编：靳晓虹
出版发行：中山大学出版社
电　　话：编辑部020－84110283，84113349，84111997，84110779，84110776
　　　　　发行部020－84111998，84111981，84111160
地　　址：广州市新港西路135号
邮　　编：510275　　传　　真：020－84036565
网　　址：http：//www.zsup.com.cn　E-mail：zdcbs@mail.sysu.edu.cn
印 刷 者：佛山市浩文彩色印刷有限公司
规　　格：787mm×1092mm　1/16　17.75印张　420千字
版次印次：2022年2月第1版　2022年2月第1次印刷
定　　价：80.00元

谨以此书

献给珍惜健康、关爱生命的人们

作者简介

2022 年元旦在工作室

张北壮，中山大学生命科学学院副教授，中山大学（南校区）侨联会主席，广东省植物生理学会第九届理事会副秘书长。中大圣禾灵芝产业科技园技术总监，中大生物技术基地植物医院首席专家。几十年来从事植物生理学、生态学教学和研究工作，擅长植物营养与病害控制、植物克隆技术和现代农业产业化技术、灵芝产业化生产技术研究，具有丰富的专业知识和长期从事应用技术研究的实践经验。在国内外刊物上发表 30 多篇学术论文。著有《植物的营养与病害控制》《作物栽培学》《花卉栽培技术》《香蕉栽培》《红肉蜜柚栽培概述》《现代农业实用技术》《生态学实验教程》《中国灵芝：人工智能气候室创新栽培》等专著和教材。获国家发明专利 4 项，实用新型专利 6 项，外贸部科技进步奖和省级科技进步奖 8 项。多次被评为中山大学优秀共产党员，2012 年度被评为广东省教育系统优秀共产党员。2018 年获得中国老科学技术工作者协会奖。2021 年获得广东省老科学技术工作者协会先进个人奖。

序　言

习近平总书记一直关注食品安全问题，那些“舌尖”上看似寻常的小事，都是总书记心中的大事，2013 年 12 月 23 日，在中央农村工作会议上，习近平总书记第一次提出了“舌尖上的安全”。[①] 民以食为天，食品安全关系到每一个人的健康，也是中国老百姓最关心的民生问题之一。中国有句古话“民以食为天，食以安为先”，就是说食品是人类生存的最基本、最重要的元素。在我国社会主义市场经济飞速发展的今天，人民群众享用着空前丰富多样的食品。然而，随着新的食品资源的不断开发，食品品种的不断增加，生产规模的不断扩大，加工、贮藏、运输等环节的增多和消费方式的多样化，人们的食物链变得更为复杂。食品中很多不安全的因素，如食品受到有害微生物、寄生虫、生物毒素，铅、砷、汞、铬、镉等重金属与放射性物质的污染，食品添加剂的过量或违规使用，以及农药残留，等等，对食品安全性产生的影响是人们最为关注的焦点。近些年来，我国食品安全的形势非常严峻，各类食品污染事件、食物中毒事件屡屡发生，严重损害了广大消费者的利益和健康。现阶段而言，大众对食品安全的认识和理解还比较陌生，但同时人们对食品安全问题又十分关注。正是基于为大众宣传普及食品安全的目的和初衷，中山大学生命科学学院张北壮老师花费了大量的时间和精力，历时五年写成这本《舌尖上的安全》。

《舌尖上的安全》一书，编著者以大量科研文献和研究成果为依据，详细阐述人们在日常生活中常见的食品安全隐患和预防措施。该书内容包括食品中的有害微生物、寄生虫、动植物食源性毒物、农药、兽药、重金属残留等有毒有害物质的介绍，以及食品在烹调加工过程产生的致癌毒物对人体的危害及其预防措施；同时阐述人体对食物过敏、不耐受引起的不良反应，以及不健康的饮食习惯对身体的危害及其应对措施。该书通俗易懂，内容丰富翔实，对提高人们的食品安全意识与了解食品安全知识具有积极意义与推广价值。

---

① 《中央农村工作会议举行　习近平、李克强作重要讲话》，www. gov. cn/ldhd/2013-12/24/content_2553842. htm。

张北壮老师从事生物技术应用研究几十年，他已退休，本可以享受清闲、舒适、美好的退休生活，但他却选择了继续深入基层，仍然站在扶贫攻坚和科技创新第一线，把论文写在大地上，成就了一段又一段的扶贫传奇。这本书不仅仅是他长期关注食品安全的研究成果，更是他作为大学教师承担社会责任的情怀之作。守护舌尖上的安全，需要我们合力携手。基于此，乐之为序。

（杨得坡）

中山大学药学院教授，法国药学博士

2021 年 8 月 15 日

前　言

民以食为天，食以安为先。食品安全是关系到广大人民群众身体健康和生命安全的大事，同时也关系到经济健康发展与社会和谐稳定。随着当今社会生活水平的不断提高，保障食品安全、吃得放心已成为人民群众迫切的期待和要求。我国政府和各级职能部门都在认真践行最严谨的标准、最严格的监管、最严厉的处罚、最严肃的问责的“四个最严”要求，坚持人民利益至上的原则，毫不懈怠，持续攻坚，进一步健全监管体系，落实监管制度，加强源头防范，切实保障人民群众“舌尖上的安全”。

在我国社会主义市场经济飞速发展的今天，人民群众享用着空前丰富多样的食品。然而，随着新的食品资源的不断开发，食品品种的不断增加，生产规模的不断扩大，加工、贮藏、运输等环节的增多和消费方式的多样化，人们的食物链变得更为复杂。食品中很多不安全的因素，可能存在于食物链的各个环节，如食品受到有害微生物、寄生虫、生物毒素，以及铅、砷、汞、铬、镉等重金属与一些放射性物质的污染。此外，农药、兽药的残留对食品安全性产生的影响也是人们关注的焦点。

食品在整个生产、流通和消费过程中，都可能因管理不善而导致有害微生物、寄生虫滋生及生物毒素进入人类食物链中。有害微生物及其毒素导致的传染病流行，是多年来危害人类健康的顽症。据世界卫生组织（WHO）公布的资料，在过去的 20 多年间，世界范围内已得到确认的，由有害微生物引起的新出现的传染病有 30 多种。此外，我国湖海中的寄生虫及其他寄生虫种类繁多，这些自然疫源性寄生虫一旦侵入人体，不仅能对人体造成危害，甚至可导致死亡。因此，有害微生物和寄生虫的污染是造成食品不安全的主要因素，也是各国行政部门和社会各界努力控制的重中之重。

环境污染物在食品中的存在，有其自然背景和人类活动影响两方面的原因。其中，食品受铅、砷、汞、铬、镉等重金属及放射性物质的污染，一方面是受食品产地的地质地理条件影响，另一方面是受来自工业、采矿、能源、交通、城市排污及农业生产等环节的污染源影响。这些污染物通过环境及食物链而危及人类健康。而有些有机污染物，如二噁英、多环芳烃、多氯联苯、杂环胺和丙烯酰胺等，可在食品加工过程中产生和在食物链中富集，对食品的安全性产生极大的威胁。在人类环境持续恶化的情况下，食品中的环境污染物可能有增无减，必须采取更有效的对策加强治理。

农药、兽药的大量使用对食品安全性产生的影响，已成为人们关注的焦点。据有关文献报道，35 种有潜在致癌性的农药已被列入禁用的行列。我国有机氯农药虽然于 1983 年已停止生产和使用，但由于有机氯农药的化学性质稳定，不易降解，在食物链、环境和人体中可长期残留，现今在许多食品中仍有较高的检出量。随之代替的有机磷类、氨基甲酸酯类、拟除虫菊酯类等农药，虽然残留期短、用量少、易于降解，但是由于在农业生产中滥用农药，导致害虫的抗药性增强，致使人们不得不加大农药的用量，并采用多种农药交替使用的方式进行农业生产。如此恶性循环对食品安全性及人类健康构成很大的威胁。为预防和治疗家畜、家禽、鱼类等的疾病和促进其生长，经营者往往大量使用抗生素、磺胺类和激素类药物，造成动物性食品中的兽药残留，给人们的健康带来危害。特别是动物性食品中的某些致病菌，如大肠杆菌等，可能由于滥用抗生素造成该菌的抗药性提高，从而形成新的抗药菌株。尽管世界卫生组织呼吁在农业生产中要减少抗生素的使用，但由于兽药产品可给畜牧业带来丰厚的经济效益，要把兽药纳入合理使用轨道远非易事。因此，兽药的残留是目前及未来影响食品安全性的重要因素。

不健康的饮食习惯可导致营养不平衡，对身体健康带来危害。在人们的生活中影响个人健康的因素很多。世界卫生组织对影响人类健康的众多因素进行评估后，认为膳食营养因素对人体健康的影响仅次于遗传因素，大大高于医疗条件因素，可见饮食对人体健康的重要性。饮食不仅提供人体所需的营养物质，使身体保持正常的机能运转，同时还影响着人体的健康，因此人们必须对日常的饮食加以重视。当今我国人民的生活水平大幅提高，但是有很多人却处于亚健康状态。究其原因，除了人们受日常生活方式与作息习惯的影响外，不健康的饮食习惯也是重要因素。例如高糖、高盐、高脂饮食和嗜酒等不良饮食习惯，都会对身体造成不同程度的伤害。我们要充分认识饮食习惯对健康的影响，在日常饮食中进行科学的、健康的调整搭配，从而达到改善健康状况的目的。

本书以大量科研文献和研究成果为依据，详细阐述人们在日常生活中常见的食品安全隐患和预防措施。本书内容包括食品中的有害微生物及其毒素，如黄曲霉毒素、伏马菌素、展青霉素、节菱孢霉菌素、沙门氏菌、痢疾杆菌、金黄色葡萄球菌、大肠杆菌、肉毒杆菌、副溶血性弧菌、变形杆菌、产气荚膜杆菌、米酵菌酸和诺如病毒等的污染导致的中毒和预防措施；食物中的寄生虫，如绦虫、旋毛虫、肝吸虫、肺吸虫、广州管圆线虫、姜片虫和弓形虫等对人体的危害和预防措施；食物中的动植物食源性毒物，如毒蘑菇、毒鱼类、毒贝类、毒野菜、毒豆芽和毒姜等毒物对人体的危害及其预防措施；食品中的农药、兽药、重金属残留和污染对人体的危害和预防措施；食品在烹调加工过程产生的致癌毒物，如亚硝酸和亚硝胺、多环芳烃、杂环胺和丙烯酰胺对人体的危害和预防措施；食品添加剂中的有毒有害物质对人体的危害和预防措施；人体对食物过敏、不耐受引起的不良反应和不健康的饮食习惯如高糖、高脂、高盐饮食、酗酒、长期素食等对身体的危害及其应对措施。

本书基本按照“简述、毒物种类及污染状况、毒物生物学特性、毒物的限量标准、预防措施”的顺序编写。其中，食品中的有害微生物、寄生虫、农药、兽药、重金属残留和添加剂等毒物的限量标准，引自现行的中华人民共和国食品安全国家标准（GB）和有关规定。全书引用了近400篇参考文献，均系最新发表的相关科研论文和研究成果，按章节顺序列于书末，可供读者查阅。

本书中“三、（一）有毒的蘑菇对健康的危害”一节中的全部彩图，引自湖南师范大学生命科学学院真菌研究室主任、博士研究生导师陈作红教授等编著的《毒蘑菇识别与中毒防治》一书。由衷地感谢陈作红教授对笔者编写该部分内容提出的宝贵意见。本书中“三、（二）有毒的野菜对健康的危害”一节中的彩图来源于中山大学生命科学学院植物分类学专家廖文波教授和陈志晖、叶华谷、赵万义、刘冰、郑珺、薛凯等专家。在此对彩图的提供者深表谢意。

在编写本书的过程中，笔者得到时任中华人民共和国增城出入境检验检疫局副局长温万其的鼎力支持，他提出了不少宝贵建议，并且提供我国现行的食品安全国家标准和有关法规文书资料，对本书的编写工作起到很大的帮助，在此诚致谢意。

本书作为广东省农业农村厅、广东省现代农业产业技术体系创新团队建设项目（2020KJ142）成果，得到该项目负责人、中山大学药学院博士研究生导师、国家食品安全与广东省新药审评专家杨得坡教授的热情支持，他为本书撰写序言，并提供有关的图片资料，在此表示衷心的感谢。

本书以通俗易懂的语言，叙述食品安全相关知识，以期提高人们的食品安全意识，避免有损身体健康的事件发生。由于本书涉及的内容广泛，加之笔者的学识有限，书中难免有疏漏和欠妥之处，恳请读者指正。

张北壮

2021 年 12 月 8 日

于中山大学康乐园

目　录

一

食品中的有害微生物污染中毒

有害微生物污染中毒是指由细菌与细菌毒素、真菌与真菌毒素，以及病毒造成的食源性食品污染中毒。据世界卫生组织估计，在全世界每年数以亿计的食源性疾病患者中，70%是由于食用了各种致病性微生物污染的食品和饮水造成的。

细菌是一种单细胞生物体，其个体非常小，目前已知最小的细菌只有0.2 μm长，因此大多只能在显微镜下被看到。细菌对人体健康的危害较大，在各类食物中毒中细菌性食物中毒占50%左右。细菌性食物中毒以胃肠道症状为主，常伴有发热，其潜伏期较化学性中毒的时间长；季节特点比较明显，多发于气温和湿度较高的夏秋季节，常常为群体性突然暴发，且发病率高，但病死率较低。常见的细菌性食物中毒病原菌有沙门氏菌、葡萄球菌、副溶血性弧菌、肉毒梭菌、痢疾杆菌、诺如病菌、致病性大肠杆菌等。

真菌是一种具真核、产孢子、无叶绿体的真核生物，包括霉菌、酵母、蕈菌以及人类所熟知的其他菌菇类。真菌在自然界中分布极广，目前已经发现的真菌有12万多种，其中能引起人或动物感染的有害真菌约300种。人和畜禽一次性摄入含有大量真菌毒素的食物，会发生急性中毒，长期少量摄入会发生慢性中毒。根据真菌毒素作用的靶器官，可将真菌毒素分为肝脏毒素、肾脏毒素、神经毒素、光过敏性皮炎毒素，以及黄曲霉毒素、杂色曲霉素、黄天精、环氯素和展青霉素等可以使实验动物致癌的真菌毒素。

病毒是一种个体微小，结构简单，只含一种核酸（DNA或RNA）的非细胞型生物。我国食品中的病毒性污染，以肝炎病毒的污染最为严重，并且具有显著的流行病意义。其中甲型肝炎、戊型肝炎被认为是通过肠道，即粪－口途径传播，其中相当一部分人是通过食用被污染的食品而感染。

（一）食品中的超级致癌物黄曲霉毒素污染中毒

1. 简述

黄曲霉毒素（Aflatoxin，AFT）是黄曲霉和寄生曲霉等菌株产生的双呋喃环类毒素，约有20种衍生物，其毒性极强，被称为超级致癌毒物。在天然条件下，被黄曲霉污染的食品中以黄曲霉毒素B_1最为多见，其毒性比剧毒化学物氰化钾大10倍，比砒霜大68

倍，比敌敌畏大 100 倍。世界卫生组织已明确认定黄曲霉毒素为人类肝脏的致癌物，其致癌毒性比亚硝胺大 75 倍，比农药六六六粉大 1 万倍。如果乙肝病毒感染者不慎食用被黄曲霉毒素污染的食品，黄曲霉毒素的致癌毒性将提高 30 倍。

2. 毒物的种类及污染状况

黄曲霉素最早发现于 20 世纪 60 年代。1960 年在英国发现 10 万多只火鸡突然死于一种以前从未见过的病害，随后大量的鸭子也感染这种病害而死亡。经科学家溯源，发现罪魁祸首是作为饲料的花生饼。花生饼是花生榨油后所剩下的残渣，含有丰富的蛋白质，是很好的禽畜饲料。原来这些火鸡和鸭子是吃了发霉变质的花生饼而染病死亡的。后来，科学家从这些发霉变质的花生饼中找到了毒源，它是由黄曲霉真菌产生的一种毒素，被命名为黄曲霉毒素。60 多年来，国内外的科学家们对黄曲霉毒素进行了最深入广泛的研究，目前已分离鉴定出黄曲霉素 B_1、B_2、G_1、G_2、M_1、M_2、P_1、Q、H_1、GM、B_2a 等 12 种毒素和毒醇，其中以黄曲霉素 B_1 的毒性及致癌性最强，被世界卫生组织癌症研究机构划定为一类天然存在的致癌物，是毒性极强的剧毒物质。黄曲霉素 M_1 和黄曲霉素 M_2 主要存在于牛奶中，是奶牛吃进被黄曲霉毒素 B_1、B_2 污染的饲料，再转化为黄曲霉素 M_1、M_2 进入奶中，是牛奶中黄曲霉素的来源。而黄曲霉素 B_1、B_2、G_1、G_2 则广泛存在于天然污染的食品中，并且是食品中毒性和致癌性极强的真菌性毒物，被称为食品中的“黄色幽灵”、超级致癌物。

在粮食及其制品中，黄曲霉毒素污染率较高，特别是玉米及其制品的黄曲霉毒素污染率最高，主要污染物为黄曲霉毒素 B_1。黄曲霉的侵染和黄曲霉毒素的产生不仅发生在玉米种植的整个过程中，也会发生在原料收购、干燥、加工、仓储、运输等过程中，所以玉米的黄曲霉素检出率最高，含量最多。据有关资料报道，深圳的玉米粉中总黄曲霉毒素检出率为 46.7%。我国 6 个地区的玉米平均黄曲霉毒素污染率为 75.63%，阳性样品的黄曲霉素平均含量为 44.04 μg/kg，其中黄曲霉毒素 B_1 污染最为严重，阳性率为 74.6%。

在植物油类中，花生和花生油中的黄曲霉素检出率最高，含量也最多。对食用油中黄曲霉毒素 B_1 的污染情况调查的报告结果表明，花生油和芝麻油黄曲霉毒素检出率为 99.7%。此外，小作坊自榨的花生油由于加工工艺简单，油中难免会含有一些残渣，而残渣中的黄曲霉素含量非常高，因此自榨油中常常检出黄曲霉毒素超标。据报道，2012 年 1 月，广东省质监局曾对 727 家食用油制品企业进行了抽查，发现 20 家小型企业生产的食用油产品中黄曲霉毒素 B_1 超出国家标准最高限量值 265%。据 2014 年 10 月 30 日广东南方卫视《城事特搜》节目报道，广东省某市 6 家散装土榨花生油经抽样检测，黄曲霉素严重超标，超标率高达 100%，其中一份样品的黄曲霉素含量高达 599 μg/kg，超过我国标准规定花生油中黄曲霉素的限量标准近 30 倍。

在乳制品中，近年来频频发生液态奶黄曲霉素 M_1 超标事件。牛奶中出现黄曲霉素 M_1 的原因是奶牛采食了被黄曲霉素污染的饲料，经过体内转化后产生黄曲霉毒素 M_1 并进入奶中。

在香辛料调味品中，黄曲霉毒素污染事件也时有发生，并且污染率较高。目前我国尚未出台香辛料调味品的黄曲霉素限量标准。

此外，家庭中常用的木制餐具如筷子、木碗、木砧板、木刀架等用品，也常常会残留一些淀粉，容易被黄曲霉素污染，尤其是竹木筷上和木砧板的裂纹处非常容易滋生黄曲霉素。北京卫视《我是大医生》节目曾介绍江苏省某肝癌高发区居民的肝癌发病率比全国平均水平高 4 倍。中国医学科学院肿瘤医院和预防科学院派工作组进驻江苏省该肝癌高发区进行普查，结果发现，肝癌发病率高与当地居民的饮食习惯密切相关。当地的居民都喜爱吃由玉米粉熬煮的玉米糊糊，每天早上用大锅熬煮玉米糊糊，为了防止烧糊，用两支长筷子进行搅拌，用完后筷子没洗，便收起来挂着，第二天接着用。工作组对搅拌用的筷子进行化验，发现筷子上所沾的食物残渣中有明显的黄曲霉毒素。正是由于长期食用被黄曲霉毒素污染的玉米糊糊，导致当地居民肝癌发病率较高。

3. 毒物的生物学特性

黄曲霉是一种有毒真菌，菌落生长较快，初期为黄色，然后变为黄绿色，后期菌落颜色变暗，平坦或有放射状沟纹。

由黄曲霉产生的黄曲霉毒素 B_1、B_2、G_1、G_2、M_1和 M_2 是在农产品中经常被检出的黄曲霉毒素代表，它们在分子结构上非常接近（图 1. 1）。

黄曲霉是我国南方温暖湿润地区常见的占优势的霉菌，长江沿岸和江南地区食品受黄曲霉素污染比较严重，中毒现象多发生在夏秋季节。黄曲霉的生长温度范围在 4 ～ 50 ℃之间，最适生长温度为 25 ～40 ℃。黄曲霉素形成的最低温度为 5 ～12 ℃，最高温度为 45 ℃，最适温度为 20 ～30 ℃。在最适温度条件下黄曲霉素产出最多，在低温和通风条件下黄曲霉素生成量大幅降低。在肉制品中，当温度在 10 ℃以下时，则不生成黄曲霉毒素。

黄曲霉比其他霉菌耐旱，而且环境的酸碱性对其影响不大，它在 pH 2 ～9 的条件下都能生成黄曲霉毒素，不过在 pH 2. 5 ～6. 0 的酸性条件下，毒素的生成量最大。黄曲霉能在含氧量极低的环境中生长，即使在填充二氧化碳的冷库中，黄曲霉的生长也不受影响，只是形成黄曲霉毒素的速度延缓，生成量小或不生成而已。

黄曲霉具有极强的耐热性，其孢子（黄曲霉的种子）在 250 ℃的高温下处理 30 分钟，仍然具有活性，即使进行长时间的高温高压（120 ℃，0. 14 ～0. 15 MPa 下灭菌 2 小时）处理，也不能使其全部失活。黄曲霉的孢子只有在 268 ℃高温下才能被裂解失活，因此一般的烹调加工温度不能将其破坏。

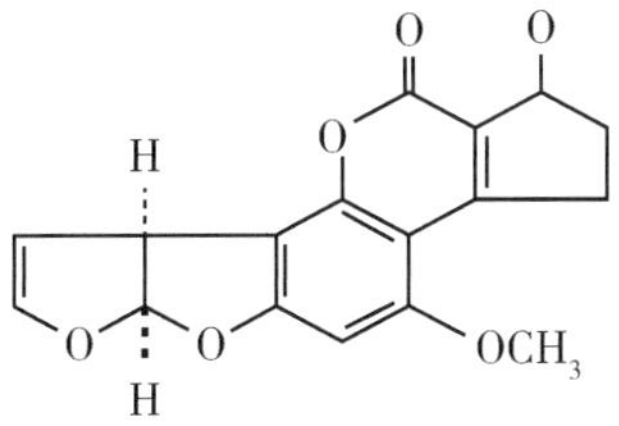

黄曲霉素B_1 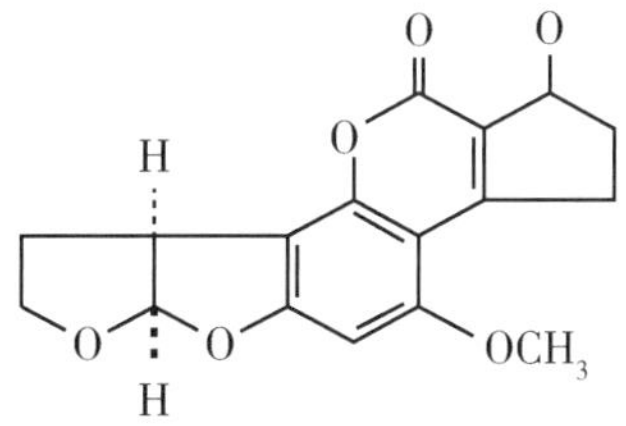　　黄曲霉素B_2

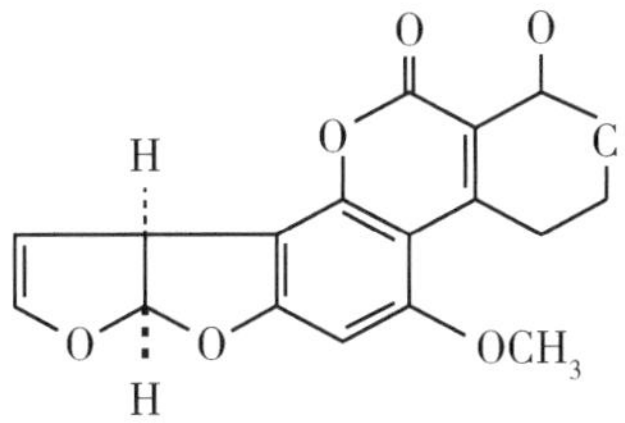

黄曲霉素G_1 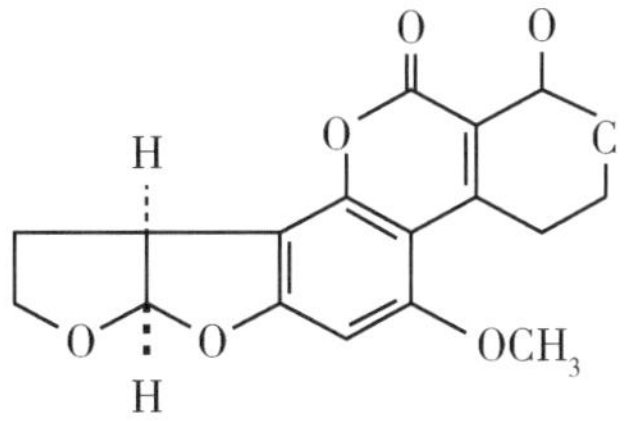　　黄曲霉素G_2

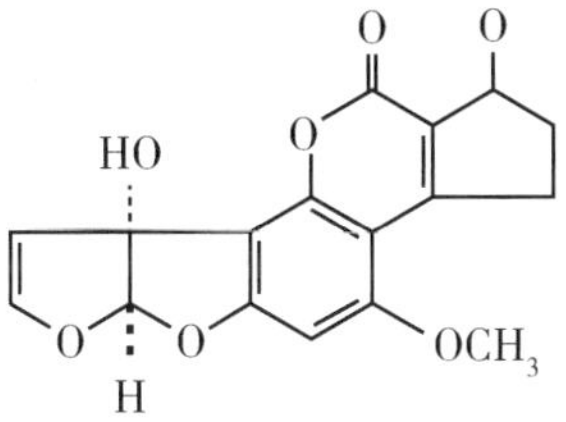

黄曲霉素M_1 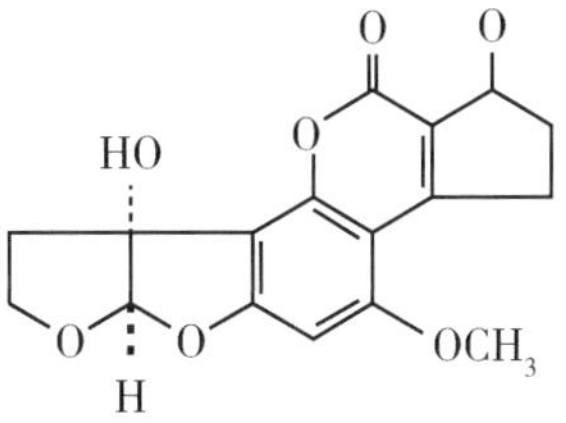　　黄曲霉素M_2

图 1.1　六种黄曲霉毒素的化学结构式

4. 毒物的限量标准

在毒理学中，描述有毒物质毒性的常用指标为半数致死量（median lethal dose，LD_{50}）。LD_{50}是指使实验动物一次染毒后，在 14 天内有半数实验动物死亡所使用的毒物剂量。例如，LD_{50} =0. 1 mg/kg 表示在一次性摄入 0. 1 mg × 体重（kg）剂量的毒性物质后，14 天内导致一半被测动物死亡。据文献报道，成年人一次食入 1 mg 的黄曲霉毒素可导致肝癌，健康成年人的半致死量为 10 mg/kg；猴子的半致死量为 2. 2 mg/kg；猫狗的半致死量为 0. 6 mg/kg。

黄曲霉毒素在花生、玉米等农产品中几乎无法避免，人们也不可避免地会摄入一些。为了确保食用安全，世界各国都制定了黄曲霉毒素在食品中的限量标准。欧盟规定直接食用和用于食品原料的花生，黄曲霉毒素 B_1 的最高限量为 2 μg/kg，黄曲霉毒素 $B_1+B_2+G_1+G_2$ 的最高限量为 4 μg/kg。日本规定花生中的黄曲霉毒素 B_1 的最高限量为 10 μg/kg。按照《食品安全国家标准　食品中真菌毒素限量》（GB 2761—2017）（以下简称《食品中真菌毒素限量》）的规定，食品中黄曲霉毒素限量标准如表1.1所示。

表1.1 食品中黄曲霉毒素 B_1 限量指标

食品类别（名称）	限量/$\mu g \cdot kg^{-1}$
玉米、玉米面（渣、片）及玉米制品	20
稻谷、糙米、大米	10
小麦、大麦、其他谷物	5.0
小麦粉、麦片、其他去壳谷物	5.0
发酵豆制品	5.0
花生及其制品	20
其他熟制坚果及籽类	5.0
植物油脂（花生油、玉米油除外）	10
花生油、玉米油	20
酱油、醋、酿造酱	5.0
婴儿配方食品	0.5（以粉状产品计）
较大婴儿和幼儿配方食品	0.5（以粉状产品计）
特殊医学用途婴儿配方食品	0.5（以粉状产品计）
婴幼儿谷类辅助食品	0.5
特殊医学用途配方食品	0.5（以固态产品计）
辅食营养补充品	0.5
运动营养食品	0.5
孕妇及乳母营养补充食品	0.5

《食品中真菌毒素限量》规定，在乳及乳制品、婴儿配方食品、较大婴儿和幼儿配方食品、特殊医学用途婴儿配方食品、特殊医学用途配方食品、辅食营养补充品、运动营养食品、孕妇及乳母营养补充食品中黄曲霉毒素 M_1 的限量标准均为0.5 μg/kg（以粉状产品计）。

5. 预防措施

（1）黄曲霉毒素有一种烧喉的“哈喇”苦味，因此食用花生、核桃等食物时，如果有苦味、烧喉的感觉，必须马上吐出来，并立即漱口。由于黄曲霉产生的孢子（即其种子）很容易扩散污染，花生、核桃等食物在发生肉眼可见的霉变之前，只要出现烧喉的“哈喇”苦味，其中的黄曲霉素可能已达到危险的含量。在一袋花生仁中只要发现有一粒被黄曲霉毒素污染，从安全的角度考虑，最好整袋花生仁都不要食用。

（2）食用自榨的花生油存在一定的风险。由于自榨油的工艺缺陷，油中常常检出黄曲霉毒素超标，食用安全无保障。因此，建议最好在正规的商场、超市购买食用花生油，因为商场和超市的食用油通常来源于大型的油制品企业。这些有资质的食用油制品企业在提炼食用花生油时，严格按照工业加工的流程，经过几步精炼步骤剔除黄曲霉毒素，将油中的黄曲霉毒素含量降到食用标准，食用安全可靠。

（3）家中常用的木制餐具如筷子、木碗、木砧板、木刀架等用品，容易被黄曲霉毒素污染。建议木筷、竹筷和竹木砧板最好每半年一换。厨房的橱柜中存放的食品、调味品等，由于环境潮湿不通风，也容易滋生黄曲霉，需要经常检查，清除霉变的食品和物品。

（4）建议在烹调菜肴时，将食用油放入锅中的同时加入食盐，一起加热搅拌 10～20 秒，可以消除部分黄曲霉毒素，但炉火不宜过猛，以免食用油因温度过高产生有害物质。此外，多吃绿色的蔬菜有利于人体降低对黄曲霉毒素的吸收，因为叶绿素能阻止肠道对黄曲霉毒素的吸收，起到减轻毒害的作用。

（5）在农业生产中，黄曲霉毒素超标的玉米并不少见，如果全部销毁，将会是一个很大的损失。目前比较合适的处理方法是将黄曲霉毒素超标的玉米与不超标的混合使用，把总的黄曲霉毒素含量降到比较低的水平。虽然这种混合所得的玉米不能用作人的食物，但对于禽畜而言是可以接受的。由于黄曲霉毒素不会在肉中残留，因此可以作为成年猪、牛、羊等牲畜的饲料。此外，黄曲霉毒素超标玉米等谷物可用于酿酒，但酿酒剩下的酒糟中黄曲霉毒素含量很高，不能用作饲料。

（二）发霉玉米中的伏马菌素污染中毒

1. 简述

伏马菌素（Fumonisin，FB）是在玉米和玉米制品中，由串珠镰刀菌产生的一种霉菌毒素。据文献报道，伏马菌素对动物有致癌和致病毒性。动物试验和流行病学研究表明，伏马菌素可引起马的神经中毒症状，猪的肺水肿症候群，羊的肝病和肾病，老鼠的肝坏死、肝硬化和肝癌，对鸡胚也有致病性和致死性，等等。它对动物毒性很强，危害极大，现已引起世界范围的广泛注意。目前我国对于伏马菌素研究不多，它对人体的致病性尚未有定论，但应该引起人们的重视和警惕。

2. 毒物的种类及污染状况

伏马菌素是串珠镰刀菌产生的一种霉菌毒素。2017 年，世界卫生组织国际癌症研究机构公布伏马菌素 B1、伏马毒素 B2 和镰刀菌素 C 为 2B 类致癌物。在自然界中产生伏马菌素的真菌主要是串珠镰刀菌，其次是多育镰刀菌。这两种真菌广泛存在于玉米等各种粮食及其制品中，即使在干燥的储藏环境中的玉米等粮食也能检出串珠镰刀菌。

据文献报道，迄今为止已发现伏马菌素有 FA_1、FA_2、FB_1、FB_2、FB_3、FB_4、FC_1、FC_2、FC_3、FC_4 和 FP_1 共 11 种，其中 FB_1 是其主要组分。FB1 对食品污染的情况在世界范围内普遍存在，主要污染玉米及玉米制品。伏马菌素对玉米的污染率和污染水平，受国家和地区、玉米品种和季节的影响。据资料报道，1996 年，国外学者对从埃及不同省份收集的 120 份样品进行了检测，结果显示，冬季收集的白玉米和黄玉米的伏马菌素 FB_1 污染率最高。伏马菌素还可以污染其他粮食及其制品，且不同地区污染状况也存在差异。我国也曾对玉米、小麦等粮食作物中被伏马菌素污染的状况进行调查，发现不同地区均不同程度地受到污染。1994 年，中国学者和日本学者对我国食道癌高发区的河南省林县进行了一次调查，结果发现该县的玉米伏马菌素污染率为 48%，主食玉米中伏马菌素水平高达 30 ～ 50 mg/kg，发霉玉米中伏马菌素最高值达 118. 4 mg/kg。因此，人们怀疑该地区食道癌高发与食用被伏马菌素污染的玉米相关。早在 1988 年，南非科学家就对食道癌发病率高和低的地区进行过调查，结果发现食道癌高发区的主食玉米受伏马菌素的污染情况比低发区严重，食道癌发病率与伏马菌素污染呈正相关。进一步的动物试验也得到了相同的结果。

据文献报道，伏马菌素是一种导致马的神经失调疾病的毒素。根据 1988 年南非学者的试验结果，每天以 0. 125 mg/kg 体重的水平给马进行皮下注射，大约 7 天后马开始发疯、发狂，冲撞栏杆而死，解剖发现马的大脑呈现白质软化症状。1989 年，美国有很多州陆续发生猪肺水肿、胸积水，以及马大脑白质软化症等动物疾病的暴发和流行，并且这些疾病均集中发生在位于美国中西部地区玉米种植带的各个州。而且通过这些州输出的玉米饲料，进一步扩大了这些疾病流行的地区和延长了流行的时间，给当地的农业和畜牧业造成了巨大的损失。后经美国科学家研究证明，这一切都是当地生产的玉米被伏马菌素污染所致。这种病害在南非、阿根廷、巴西均有发现。

1992 年和 1994 年，美国和南非的科学家研究表明，每天伏马菌素的摄取量在 0. 4 mg/kg 体重以上可引发猪的肺水肿，还可造成猪生殖系统的紊乱，如早产、流产、死胎和发情周期异常等。这种病在美国及其他国家都有发现，并且容易对当地畜牧业造成较大的影响。

1991 年，南非科研人员对小鼠进行了伏马菌素的毒理试验，试验结果表明，以 50 mg/kg 体重水平饲养小鼠，18 ～26 个月后，发现其肝肿瘤患病率急剧上升，这是首次发现伏马菌素引发肝癌的证据。1998 年，科研人员又对大鼠进行了伏马菌素毒理试验，获得相同的结果。

3. 毒物的生物学特性

伏马菌素纯品为白色针状结晶，为多氢醇和丙三羧酸的双酯化合物，对热很稳定，不易被蒸煮破坏，100 ℃蒸煮 30 分钟其结构也未受影响。这种特性使得伏马菌素在绝大多数的粮食加工过程中性质非常稳定，其结构很难被破坏。伏马菌素污染饲料的情况在世界范围内普遍存在，且对粮食作物的污染情况较严重，其污染的饲料主要为以玉米为原料的饲料。玉米中伏马菌素含量受许多环境因素的影响，如玉米收获前和收获期间的温度、湿度、干旱等环境因素都会影响伏马菌素含量。玉米中伏马菌素含量也受贮存条件的影响，如收获的玉米在贮存期间水分在 18%～23% 时，最适宜产伏马菌素的串珠镰刀菌的生产和繁殖，导致玉米中伏马菌素含量的增加。

4. 毒物的限量标准

伏马菌素在世界范围广泛存在，尤其对玉米影响最大。为了控制玉米中伏马菌素的危害，一些发达国家和地区按照玉米形态和加工用途，分类规定了伏马菌素限量标准。欧盟的限量标准规定：伏马菌素（FB_1+FB_2）在未加工的玉米中限量为 4000 μg/kg；供人直接食用的玉米和玉米制品限量为 1000 μg/kg；供婴幼儿食用的玉米食品和婴儿食品限量为 200 μg/kg。美国的限量标准规定：伏马菌素（$FB_1+FB_2+FB_3$）在脱胚的玉米制品中限量为 2000 μg/kg；净玉米的限量为 4000 μg/kg。鉴于伏马菌素在国际食品安全和贸易中的重要作用，2015 年国际食品法典委员会（CAC）首次颁布了玉米及制品中伏马菌素（FB_1+FB_2）国际食品法典限量标准。该法典规定：未加工的玉米限量为 4000 μg/kg；玉米粉和玉米面中限量为 2000 μg/kg，同时制定了相关采样计划规范。

《食品中真菌毒素限量》中尚未列入伏马菌素限量指标。在新标准征求意见稿中，起草组评估了我国居民膳食伏马菌素暴露风险，认为目前我国居民伏马菌素膳食暴露风险较低。参照 CAC 及欧美发达国家限量标准情况，拟将我国玉米原粮中伏马菌素限量规定为 4000 μg/kg，玉米面（渣）中伏马菌素限量规定为 2000 μg/kg，含有玉米的谷物制品中伏马菌素限量规定为 1000 μg/kg，含有玉米的婴幼儿谷类辅助食品中伏马菌素限量规定为 200 μg/kg。

5. 防控措施

（1）食品生产企业应加强对玉米原料中伏马菌素的监控，可采用快速检测设备进行检测，科学合理地选择加工原料。同时，加强“从田间到加工过程”的全链条风险控制，构建全程质量安全追溯体系，关键环节层层把关，降低伏马菌素污染风险。

（2）监管部门应当加强对玉米及其制品中伏马菌素的监控，密切关注原粮污染监测调查情况，参考国际食品法典限量和新征求意见稿限量，对重点地区产出的玉米及其制品加强监控和风险评估。另外，要继续开展真菌毒素脱毒技术和控制规范，尤其要开展食品中多种真菌毒素的联合污染及风险评估，并依据气候、区域、季节等开展食品中真菌毒素污染分布规律的研究，必要时对食品和饲料企业发布相关预警信息。

（3）储藏粮食时，要加强粮食的通风、防潮、防霉管理，及时对田间和贮藏的玉米、麦类、稻谷等粮食和饲料原料进行干燥处理，防止串珠镰刀菌等产毒真菌的污染、繁殖和产毒。

（4）发霉的食物有可能被伏马菌素等霉菌毒素污染，不宜食用。发霉的食物中霉菌不仅在食物表面上生长，而且已深入食物中，虽然加热会使伏马菌素水平降低，但仍然具有毒性。

（三）变质水果中的展青霉素污染中毒

1. 简述

展青霉素（Patulin）是由曲霉和青霉等真菌产生的一种次级代谢产物。展青霉素对人及动物均具有较强的毒性作用，具有影响生育、免疫和致癌等毒理作用，对胃具有刺激作用，导致反胃和呕吐。同时，它又是一种神经毒素，具有致畸性，能导致呼吸和泌尿等系统的损害，使人神经麻痹、肺水肿、肾功能衰竭，对人体的危害很大。展青霉素首先在霉烂苹果和苹果汁中发现，广泛存在于各种霉变水果和青贮饲料中。

2. 毒物的种类及污染状况

展青霉素又称展青霉毒素，是一种有毒的内酯类化合物，能产生展青霉素的真菌有展青霉、扩张青霉、棒型青霉、土壤青霉、新西兰青霉、石状青霉、粒状青霉、梅林青霉、圆弧青霉、产黄青霉、蒌地青霉、棒曲霉、巨大曲霉、土曲霉和雪白丝表霉等共3属15种。展青霉素主要污染水果及其制品，尤其是苹果、山楂、梨、番茄、苹果汁和山楂片等水果；另外还污染青贮饲料。能产生展青霉素的真菌侵染新鲜水果后，可使果皮软化、形成病斑、下陷、果肉软腐。在已发生腐烂的水果中可检测到大量的展青霉素，甚至在距离腐烂部分 1 cm 处的正常果肉中，仍可检测出展青霉素。经实验证明，水果一旦发生霉变、腐烂，果肉中会加快展青霉素的繁殖速度，并产生大量的有毒物质。这些有毒物质可以通过水果汁液向未腐烂部分渗透、扩散，导致未腐烂部分也含有毒物质。因此，食用有病斑、腐烂、霉变的水果可导致展青霉素中毒。有人认为，只要把水果的霉变、腐烂部分切除就能放心食用，其实不然，展青霉素可以扩散到水果尚未霉烂的部位，凭肉眼是无法判定的。如果食用含有展青霉素的水果，会产生头晕、头痛、恶心、呕吐等中毒症状，甚至危及生命。因此，水果一旦发生霉变、腐烂便应该丢弃。

3. 毒物的生物学特性

展青霉菌的生长和产毒素的温度范围很宽，适宜温度为 0 ～ 40 ℃，最佳温度为 20 ～ 25 ℃，最适产毒的 pH 范围是 3. 0 ～ 6. 5。展青霉素为无色晶体，在酸性环境中稳定，但在碱性溶液中生物活性会受到破坏。易溶于水、氯仿、丙酮、乙醇及乙酸乙酯，微溶于乙醚和苯，不溶于石油醚。由于展青霉素易溶于水并且在酸性介质中很稳定，因此在果蔬加工过程中难以清除，往往导致在果汁、果酱、果脯等水果制品中的残留量很大。

研究发现，展青霉素的作用具有两重性。一方面，展青霉素对人及动物均具有较强的毒性作用；另一方面，它具有广谱抗菌作用，可抑制多种革兰氏阳性菌及大肠杆菌、痢疾杆菌、伤寒、副伤寒杆菌等革兰氏阴性菌，对某些典型真菌、原生生物和各种细胞培养物的生长也有抑制作用。但是，展青霉素污染食品和饲料后产生的毒性作用，远大于其药用价值，因此它没有被作为抗生素使用，而是被作为微生物毒素进行了研究。

4. 毒物的限量标准

各个国家均对食品中的展青霉素制定限量标准，除少数国家有特别规定外，绝大多数国家的限量指标为 50 μg/kg。《食品中真菌毒素限量》规定，在水果制品（果丹皮除外）、果蔬汁类、酒类等食品中展青霉素的限量指标为 50 μg/kg。

5. 预防措施

（1）水果以尽量吃新鲜的为好，不吃有病斑、腐烂、霉变的水果。对局部腐败的水果，在去除腐败部分时，对周围 3 cm 的看上去正常的果肉应一并去除。

（2）水果每次购买量不宜过多，即买即食，如需贮藏，应存放于 4 ～ 8 ℃低温条件。

（3）吃水果前可用水果消毒剂消毒，或用清水反复冲洗。最佳方法是削皮后食用，可去除表皮霉菌和残留农药的污染。

（4）展青霉菌最容易在温暖潮湿的环境生长，因此苹果在采收后应贮存在冷藏的环境下。由于果皮损伤能促使展青霉素的产生，因此在处理采收后的苹果时，应尽量减少苹果受损。外部或内部受损和发霉的苹果，均不应用于生产苹果汁。在果实贮藏过程中抑制病原微生物的侵染是从根本上控制展青霉素产生的主要途径。一旦病原微生物成功侵染果实并合成了展青霉素，则需要靠相关控制技术来降低成品中展青霉素的残留量。目前，常采用的物理方法有紫外辐照、电磁辐射、微波处理等。吸附法是目前研究较广泛的物理方法，利用诸如活性炭、树脂、硅胶及其他多孔物质的吸附作用，吸附液态环境中的展青霉素。另外，为降低成本、提高降解效率，还可采用微生物对侵染果实的病原菌进行控制，以进一步减少展青霉素的含量或降低毒性。

（四）变质甘蔗中的节菱孢霉菌素污染中毒

1. 简述

甘蔗节菱孢霉菌（*Arthrinium spp.*）是生长在甘蔗中的一种食源性产毒真菌，在温湿度条件适宜的环境中会大量繁殖，并产生 3 - 硝基丙酸。食用被这种毒素污染的甘蔗，会引发急性甘蔗节菱孢霉菌中毒症。甘蔗节菱孢霉菌中毒主要危及人的中枢神经系统和消化系统，会造成神经损害，急性期的症状如呕吐、眩晕、阵发性抽搐、眼球偏侧凝视、昏迷，甚至死亡。后遗症主要为锥体外系的损害，临床症状有屈曲、扭转、痉挛、肢体强直、静止时肌张力减低等。甘蔗节菱孢霉菌中毒症患者多为儿童，重症患者占 24.2%；重者患者 1～3 日内死亡，病死率为 9.4%。甘蔗节菱孢霉菌中毒给患者的肉体和精神带来很大痛苦。

2. 毒物的种类及污染状况

甘蔗节菱孢霉菌是一种能产生毒素的霉菌，其产生的 3 - 硝基丙酸是一种神经毒素，被人食用后可导致丙酸中毒。甘蔗节菱孢霉菌主要影响中枢神经和消化系统，造成神经损害。甘蔗感染甘蔗节菱孢霉菌后质感变软，蔗段的横切面呈红棕色，有丝状物，闻之有轻度霉味及酒糟味，口感甜中带酸。

甘蔗节菱孢霉毒素中毒症状最快可在 10 分钟左右出现，初期症状为头晕呕吐、视力障碍，继而眼球斜视、阵发性抽搐、四肢强直、手呈鸡爪状，严重者昏迷乃至死亡。

儿童中毒者较多，10%左右的患儿会留下终生残疾的后遗症。

据流行病学调查发现，节菱孢霉菌在广东、广西、福建等甘蔗产区和主要是在北方地区的变质甘蔗中毒高发区的甘蔗样品中均有分布。据文献报道，对甘蔗产区的110份土壤样品进行分离检测，均未检出节菱孢霉菌；但在北方节菱孢霉菌中毒高发区，74份土壤样品中有3份样品检出节菱孢霉菌，检出率为4.0%。这一结果说明，变质甘蔗节菱孢霉菌中毒，主要是发病区贮存不当造成霉坏变质所致。甘蔗收割季节主要集中在10月份至次年3月份，甘蔗发霉主要是在收割以后，因储存时间较长，特别是越冬出售，由于储存、运输条件不当，造成霉菌生长。尤其是未完全成熟的甘蔗，含糖量低，更容易变质。我国北方的甘蔗大部分运自南方，大量甘蔗往往因其存放时间长，加之长途运输过程中的堆积、碰撞等原因，造成甘蔗发热，温度的升高导致了节菱孢霉菌等微生物的迅速繁殖，从而导致部分甘蔗变质。据流行病学调查报告，甘蔗节菱孢霉菌中毒多发生在我国北方的河北、山东、河南、内蒙古、辽宁等省份；南方的广西虽有散发病例，但比较罕见。其易发时间是每年的2—3月，病例以儿童较为多见。北方甘蔗的主要来源是广东、广西和福建，近年来广东省食源性疾病监测系统尚未接到甘蔗中毒的报告。尽管如此，广东作为甘蔗出产地，甘蔗消费量巨大，仍然需要警惕甘蔗霉变引起的中毒事件。

3. 毒物的生物学特性

节菱孢霉菌是在自然界中不常见的一类霉菌，对它的研究成果较少。从现有文献得知，通过甘蔗产区与中毒发病区中毒季节气温的对比研究，发现外界环境气温对甘蔗中毒的发生影响不大，间接说明了温度对节菱孢霉菌的影响不大。对甘蔗霉变环节进行调查研究证明，不同的销售方式、甘蔗贮存条件及贮存期的长短是影响霉变的重要因素。这提示今后应进一步加强对影响节菱孢霉菌繁殖产毒因素的研究，为预防中毒提供依据。

4. 毒物的限量标准

节菱孢霉菌不是食品的常规检测项目，目前国内外尚无限量标准。

5. 预防措施

（1）甘蔗必须成熟后收割，防止因不成熟而易霉变。

（2）甘蔗应随割随卖，尽量不存放。

（3）甘蔗在贮存过程中应通风、防潮，定期进行检查，一旦霉变，禁止出售。

（4）购买甘蔗时，应选择新鲜干净、无霉点霉斑、去皮后色白不发红、无酸霉味及酒糟味的甘蔗。正常的甘蔗外观色泽光滑。如果甘蔗色泽差，呈灰黑或棕褐色，在末端出现絮状或茸毛状的白色物质，表示已霉变，不能食用；如果蔗肉气味难闻，有酸馊霉坏味，或有酒糟味和呛辣味，也不能食用。

（5）甘蔗汁最好是现削现榨，随榨随饮，防止用感染节菱孢霉菌的甘蔗榨汁，避免饮用后发生中毒。如进食甘蔗后出现中毒症状，应立即就诊求医。

（五）不怕冷热的食源性毒物——诺如病毒

1. 简述

诺如病毒（*Norovirus*）是一种引起非细菌性急性胃肠炎的病毒，感染诺如病毒后最常见的临床症状是腹泻、呕吐、恶心，或伴有发热、头痛等症状。儿童感染诺如病毒后多见呕吐、恶心的症状，成人患者以腹泻为多，呕吐少见。病程一般为 2 ～ 3 天。此病是一种自限性疾病（即疾病在发生、发展到一定程度后，靠机体调节能够控制病情发展，并逐渐恢复和痊愈），痊愈后无后遗症。诺如病毒感染性腹泻在全世界范围内均有流行，全年均可发生感染，感染对象主要是成人和学龄儿童，寒冷季节呈现高发。该病毒在全球广泛分布。资料显示，在中国 5 岁以下腹泻儿童中，诺如病毒检出率为 15% 左右。血清抗体水平调查表明，中国人群中诺如病毒的感染亦十分普遍。

2. 毒物的种类及污染状况

诺如病毒又称脓融病毒。1968 年，科学家在美国诺瓦克市暴发的一次急性腹泻的患者粪便中分离出一种病毒病原。此后，世界各地陆续自胃肠炎患者粪便中分离出多种形态与之相似但抗原性略异的病毒样颗粒。2002 年 8 月，第八届国际病毒命名委员会将这种病毒颗粒命名为诺如病毒。1995 年，我国报道了首例诺如病毒感染病例，之后全国各地先后发生多起诺如病毒感染性腹泻暴发疫情。诺如病毒变异快、环境抵抗力强、感染剂量低，感染后潜伏期短、排毒时间长、免疫保护时间短，且传播途径多样，全人群普遍易感，因此，诺如病毒具有高度传染性和快速传播能力。诺如病毒感染发病的主要表现为腹泻和/或呕吐，国际上通常称之为急性胃肠炎。我国一直将其列入丙类传染病中“其他感染性腹泻病”进行报告管理。2013 年以来，我国其他感染性腹泻病暴发多以诺如病毒暴发为主；尤其是 2014 年冬季以来，诺如病毒暴发大幅增加，显著高于历年水平。

世界卫生组织估计，全球每年因诺如病毒感染死亡的人数约为 3.5 万人。美国每年有1900万～2100万例诺如病毒胃肠炎病例，其中170万～190万例病例医院门诊就诊，40万例病例急诊就诊，5.6万～7.1万例病例住院治疗，570～800人死亡。英国于2008年4月至2009年10月开展了一项社区人群研究，诺如病毒急性胃肠炎的发病率为47/(1000人・年)，就诊率为2.1/(1000人・年)，相当于每年300万例病例和13万次全科医生就诊。我国至今尚未有关于诺如病毒疾病负担的相关报道。

诺如病毒传播途径包括人传人、经食物和经水传播。人传人可通过粪－口途径（包括摄入粪便或呕吐物产生的气溶胶）或间接接触被排泄物污染的环境而传播。食源性传播是通过食用被诺如病毒污染的食物进行传播，污染环节可出现在感染诺如病毒的餐饮从业人员在备餐和供餐中污染食物，也可出现在食物生产、运输和分发过程中被含有诺如病毒的人类排泄物或水源污染。生蚝、青口、蛤蜊、扇贝等贝类海产品和生食的蔬果类、果酱是引起诺如病毒感染的常见食品。贝类中污染率最高的是生蚝（即牡蛎），食用没烤熟的生蚝，很可能会感染诺如病毒。经水传播可由桶装水、市政供水、井水等其他饮用水源被污染所致。一起暴发事件中可能存在多种传播途径。例如，食物暴露引起的点源暴发常会导致在一个机构或社区内出现续发的人与人之间传播。诺如病毒具有明显的季节性，人们常把它称为“冬季呕吐病”。根据2013年发表的系统综述，全球52.7%的病例和41.2%的暴发发生在冬季（北半球是12月至次年2月，南半球是6—8月），78.9%的病例和71.0%的暴发出现在凉爽的季节（北半球是10月至次年3月，南半球是4—9月）。

虽然诺如病毒感染主要表现为自限性疾病（即疾病在发生发展到一定程度后，靠机体调节能够控制病情发展并逐渐恢复痊愈），但少数病例仍会发展成重症，甚至导致死亡。据综述文献报道，在843例诺如病毒感染病例中，住院和死亡病例的比例分别为0.54%和0.06%。重症或死亡病例通常发生于高龄老人和低龄儿童。1999—2007年，诺如病毒感染暴发与荷兰85岁以上老年人超额死亡显著相关，其间恰好出现了诺如病毒新变异株，此年龄组老年人中诺如病毒相关死亡占全死因的0.5%。2001—2006年，在英格兰和威尔士≥65岁的人群中，诺如病毒感染占感染性肠道疾病所致死亡的20%。2008—2009年，北欧地区82例社区获得性诺如病毒感染发病者（年龄中位数77岁）在一个月内死亡的比例高达7%。健康人感染诺如病毒后偶尔也会发展为重症。2002年5月13—19日，驻阿富汗英国军人中诺如病毒暴发，29人患病；最先发病的3名患者不仅出现胃肠道症状及发热，同时还伴有头痛、颈强直、畏光以及反应迟钝，其中1名患者出现弥漫性血管内凝血，另外2名患者需要呼吸机辅助支持。

2018年11月23日，辽宁大连红梅小学发生聚集性呕吐现象。截至当日下午5时，该校共计176人（含175名学生和1名老师）出现呕吐，初步判定由诺如病毒引起，已全部上报给当地疾控中心处置。2019年2月10日，黑龙江亚布力某度假村多名游客在度假村用餐后，陆续出现腹泻、腹痛、呕吐、发烧等疑似食物中毒症状。经哈尔滨市疾病预防控制中心检测，确定度假村部分游客发生呕吐、腹泻等症状是由于诺如病毒感染。经医护人员及时治疗，患者病情得到有效控制。2019 年 3 月 15 日傍晚至 17 日中午 12 时，福建省某工业学校有 31 名学生出现呕吐腹泻现象，经福州空军医院和省立医院金山分院等医院确诊为诺如病毒感染，经治疗后病情均已得到控制，无住院病例。2019 年 7 月 15 日，北京市朝阳区政府通报，朝阳区某小区居民出现腹泻，疾控部门立即开展调查，截至 7 月 14 日晚上 8 时，49 人到医院就诊，105 人自述有症状未就诊，52 件标本检测出诺如病毒。

3. 毒物的生物学特性

诺如病毒对外界的抵抗力很强，主要特点是既不怕冷，又不怕热，在 0 ～ 60 ℃的温度范围内可存活，且能室温下耐受 pH 2.7 的酸性环境 3 小时，4 ℃温度下耐受 20% 乙醚 18 小时，在氯离子浓度（游离氯 0.5 ～ 1.0 mg/L）3.75 ～ 6.25 mg/L 的水中仍可存活。消毒酒精和免冲洗洗手液对诺如病毒没有灭活效果，使用 10 mg/L 的高浓度氯离子（处理污水采用的氯离子浓度）可灭活诺如病毒。诺如病毒的另一个特性是变异快、感染剂量低、感染后潜伏期短、排毒时间长、免疫保护时间短，且传播途径多样，全人群普遍易感。因此，诺如病毒具有高度传染性和快速传播能力，是全球重要的公共卫生问题之一。

4. 毒物的限量标准

目前，我国尚未制定食品中诺如病毒限量标准，现有《食品安全国家标准　食品微生物学检验 诺如病毒检验》（GB 4789.42—2016）规定了食品中诺如病毒的实时荧光 RT – PCR 检测方法。本标准适用于贝类、生食蔬菜、胡萝卜、瓜、坚果等硬质表面食品和草莓、西红柿、葡萄等软质水果等食品中诺如病毒核酸的检测。

5. 预防措施

目前，针对诺如病毒尚无特异的抗病毒药和疫苗，其预防控制主要采用非药物性预防措施，包括病例管理、手卫生、环境消毒、食品和水安全管理、风险评估和健康教育。这些措施既适用于聚集性和暴发疫情的处置，也适用于散发病例的预防控制。

（1）病例管理。鉴于诺如病毒的高度传染性，对诺如病毒感染人员进行规范管理是阻断传播和减少环境污染的有效控制手段。对确诊感染者，在其急性期至症状完全消失后 72 小时应进行隔离。轻症患者可居家或在疫情发生机构就地隔离；症状重者需送医疗机构按肠道传染病进行隔离治疗，医疗机构应做好感染控制，防止院内传播。对隐性感染者，建议自诺如病毒核酸检测阳性后 72 小时内进行居家隔离。对从事食品操作岗位的病例及隐性感染者，其诺如病毒排毒时间较长，尽管病例症状消失 72 小时后，或隐性感染者自核酸检测阳性算起 72 小时后的病毒排出载量明显下降，但仍可能存在传播的风险。为慎重起见，建议对食品从业人员采取更为严格的病例管理策略，需连续 2 天粪便或肛拭子诺如病毒核酸检测阴性后方可上岗。

（2）保持良好的手卫生。保持良好的手卫生是预防诺如病毒感染和控制传播最重要最有效的措施。应按照《消毒技术规范（2002 年版）》中的六步洗手法正确洗手，采用肥皂和流动水至少洗 20 秒。此外，还需注意不要徒手直接接触即食食品。

（3）环境消毒。建立学校、托幼机构、养老机构等集体单位和医疗机构日常环境清洁消毒制度，用含氯化学消毒剂阻断诺如病毒对环境或物品表面的传播。发生诺如病毒感染聚集性或暴发疫情时，重点对患者呕吐物、排泄物等污染物污染的环境物体表面、生活用品、食品加工工具、生活饮用水等进行消毒。患者尽量使用专用厕所或者专用便器。患者呕吐物含有大量病毒，应及时进行消毒处理。

（4）食品安全管理。加强对食品从业人员的健康管理。急性胃肠炎患者或隐性感染者须向本单位食品安全管理人员报告，应暂时调离岗位并隔离；对食堂餐用具、设施设备、生产加工场所环境进行彻底清洁消毒；对高风险食品（如贝类）应深度加工，保证彻底煮熟；备餐各个环节应避免交叉污染。

（5）水安全管理。暂停使用被污染的水源或二次供水设施，通过适当增加投氯量等方式进行消毒；暂停使用出现污染的桶装水、直饮水，并立即对桶装水设备、直饮水设备进行消毒处理，经卫生学评价合格后方可启用。集体单位须加强二次供水监管和卫生学监测，禁止私自将未经严格消毒的井水、河水等作为生活用水，购买商品化饮用水须查验供水厂家的资质和产品合格证书。农村地区应加强人畜粪便、病例排泄物管理，避免污染水源。

（六）食品中的致病菌——沙门氏菌污染中毒

1. 简述

沙门氏菌（*Salmonella*）是一种常见的食源性致病细菌，它主要污染鸡蛋及其蛋制品和肉类食品，鱼、禽、奶类食品也可受此菌污染。沙门氏菌食物中毒全年都可发生，中毒症状主要有恶心、呕吐、腹痛、头痛、畏寒和腹泻等，还可伴有乏力、肌肉酸痛、视觉模糊、中等程度发热、躁动不安和嗜睡，延续时间为 2 ～ 3 天，平均致死率为 4.1%。在摄入含沙门氏菌的食品后，一般在 12 ～ 14 小时内出现中毒症状，有些患者潜伏期较长。儿童是感染沙门氏菌的高危人群，免疫力低下的人容易发生严重的感染。中毒多发生在夏季至秋季的 5—11 月。

2. 毒物的种类及污染状况

沙门氏菌属的种类繁多，目前已发现的有 2000 多种，是肠杆菌科中的第一大家族。同时，沙门氏菌又是引发食品中毒最多、最常见的致病菌，大量存在于鸡、猪、羊、牛、狗等动物的肠道和粪便中。沙门氏菌感染通常是由食品被动物粪便污染所引起的。沙门氏菌食品中毒属于感染型，因摄入活菌致病，且感染力较强，很少量的菌数即可感染。临床上沙门氏菌病分为两大类型。一类是急性胃肠炎型，又称为食品中毒型，主要是食入受污染的食品和饮用水所致，发病快，症状强烈，但病程短，恢复快，死亡率较低。另一类是伤寒型，主要由少数几种沙门氏菌（伤寒沙门氏菌、甲型副伤寒沙门氏菌、乙型副伤寒沙门氏菌）引起，通过受污染的饮用水、食品和带菌者传播，受感染后发病慢，但病情较严重。

沙门氏菌主要污染肉类食品，鱼、禽、奶、蛋类食品也可受此菌污染。沙门氏菌食物中毒全年都可发生。摄入被沙门氏菌污染的鸡鸭蛋、未煮透的病死牲畜肉，或在屠宰环节被沙门氏菌污染的牲畜肉，是引起沙门氏菌食物中毒最主要的原因。据文献报道，沙门氏菌是美国发现食物中毒事件的主要原因。美国每年报告大约 4 万例沙门氏菌感染病例，而实际的感染人数可能超过 20 倍，因为许多轻型患者未被确诊。据不完全统计，美国每年大约有 1000 人死于急性沙门氏菌感染。食品专家指出，外国人尤其是美国人，喜欢吃半熟的鸡蛋，甚至吃生鸡蛋，一旦鸡蛋里有沙门氏菌，感染的概率就很高。在我国，虽然鸡蛋中沙门氏菌检出率为 3.9%～43.7%，但是人们喜欢将鸡蛋煮熟吃，所以因食用鸡蛋发生沙门氏菌感染中毒的概率比较低。我国肉类及其制品中沙门氏菌检出率为 1.1%～39.5%，美国为 20%～25%，英国为 9.9%，而日本检查进口家禽的污染率为 10.3%。沙门氏菌还会对环境造成污染，食品在加工、运输、出售过程中往往容易被沙门氏菌污染。

过去由植物性食品引起沙门氏菌中毒的事件少见，但近来因食用西红柿导致沙门氏菌中毒的病例屡见报端。这可能是西红柿在生长的过程中，由于空气中紫外线不够强烈，在灌溉过程或因土壤中含有沙门氏菌，致使西红柿的表皮污染沙门氏菌，加之不少人有生食西红柿的习惯，因此导致发生沙门氏菌感染中毒。除西红柿外，其他瓜果蔬菜也有可能被沙门氏菌污染，使人生食后发生沙门氏菌中毒。

3. 毒物的生物学特性

沙门氏菌在水中不易繁殖，但可生存2～3个月，在冰箱中可生存3～4个月，在粪便、土壤、食品中可生存5个月至2年之久。沙门氏菌高温抵抗力较低，在60 ℃下经1小时，70 ℃下经20分钟，或75 ℃下经5分钟死亡；对低温有较强的抵抗力，置琼脂培养基上－14 ℃经115天尚能存活。在干燥的沙土中可生存2～3个月；在含29%食盐的腌肉中，6～12 ℃条件下可存活4～8个月；在干燥的排泄物中可保存4年之久。在0.1%升汞溶液、0.2%甲醛溶液、3%石炭酸溶液中15～20分钟可被杀死。沙门氏菌具有一定的嗜冷性，在0～4 ℃环境下仍能缓慢生长。冰箱里的食物一旦放在常温下，沙门氏菌立即加速繁衍、活跃起来，一般在常温下2小时便可繁衍出足以致病的数量。

4. 毒物的限量标准

我国在《食品安全国家标准　食品中致病菌限量》（以下简称《食品中致病菌限量》）（GB 29921—2013）中制定了沙门氏菌的限量标准。该标准规定在熟肉制品（即食生肉制品）、水产制品（熟制水产制品）、粮食制品（熟制粮食制品）、即食蛋制品、即食豆类制品、即食蔬菜制品、饮料、冷冻饮品、即食调味品、坚果籽实制品等食品中沙门氏菌的可接受的平均限量值为0 cfu/g（cfu/g是指每克样品中含有的细菌群落总数）。

5. 预防措施

（1）餐前、便后、接触食物前、接触动物或生蛋后应仔细洗净双手。

（2）处理生食和熟食的砧板要分开。

（3）不吃生蛋和半熟的蛋。沙门氏菌能在外观看起来完好无损的鸡蛋内生存，因此，鸡蛋一定要烧熟煮透，带壳水煮要煮沸8分钟，壳内才能灭菌。炒鸡蛋中心部位要达到70 ℃才能灭菌。

（4）鸡蛋要在5 ℃以下冰箱中贮藏，以防止沙门氏菌在鸡蛋内繁殖。

（5）过了保质期的鸡蛋不吃，散黄变味的鸡蛋不吃，有裂纹的鸡蛋不吃。

（6）手触摸过生鸡蛋后要将手用肥皂清洗干净。

（7）接触过龟、蜥蜴、蛇等爬行动物和其他动物的粪便后，务必要洗手。

（8）被沙门氏菌污染的肉类食品不会发生腐败的现象，即使污染程度很严重，从外观上也看不出来。所以，对肉类食品不管有无腐败情况，一定要煮熟煮透灭菌再吃。烹调时肉块不宜过大，以免内部加热不足，达不到灭菌的效果。

（七）生冷食品中的痢疾杆菌污染中毒

1. 简述

痢疾杆菌（*Shigellosis*）是人类细菌性痢疾最为常见的病原菌，主要流行于发展中国家，是人和灵长类动物的肠道致病菌，可引起细菌性痢疾。人群对痢疾杆菌普遍易感，学龄前儿童患病多，与不良卫生习惯有关。痢疾杆菌污染中毒全年均有发生；夏秋两季人们喜爱食用生冷食品，因此是多发季节。

2. 毒物的种类及污染状况

痢疾杆菌又称志贺杆菌，是最常见的肠道细菌性传染病。传染源主要是患者和带菌者，通过污染了痢疾杆菌的食物、饮水等经口感染。人类对痢疾杆菌极其易感，只要10～200个细菌被摄入体内，便可感染致病。而且该菌可在人与人之间互相传染，造成流行性痢疾。人是痢疾杆菌唯一的自然宿主和寄存宿主，痢疾杆菌感染人体后，会在胃肠道中寄居、繁殖和产生毒素，引起腹泻后又随粪便向外界持续排菌，污染周围环境和物品、食品、水源等，造成更多的人被感染。痢疾杆菌的传播途径以患者和带菌者排出的粪便，通过污染的手、食品、水源或生活接触，或苍蝇、蟑螂等间接方式传播。痢疾杆菌在人体内的潜伏期长短不一，最短的数小时，最长的8天，多数为2～3天发病。由于痢疾杆菌能产生毒素，所以大部分感染者都有中毒症状，起病急，恶寒、发热（体温常在39 ℃以上）、头痛、乏力、呕吐、腹痛和水样便腹泻等症状，甚至出现休克。根据痢疾杆菌感染的临床表现和疾病经过不同，医学界将痢疾杆菌流行病分为普通型痢疾、中毒型痢疾和慢性型痢疾。

（1）普通型痢疾。绝大多数痢疾属普通型。因为痢疾杆菌均可产生毒素，所以大部分患者都有中毒症状，起病急，恶寒、发热，体温常在39 ℃以上，头痛、乏力、呕吐、腹痛和里急后重。痢疾杆菌主要侵犯大肠，尤其是乙状结肠和直肠，所以左下腹疼痛明显。患痢疾的孩子腹泻次数很多，大便每日数十次，甚至难以计数。由于直肠经常受到炎症刺激，所以患儿总想解大便，但又解不出多少，这种现象叫里急后重。里急后重现象严重的可引起肛门括约肌松弛。腹泻次数频繁的孩子可出现脱水性酸中毒。对痢疾杆菌敏感的抗生素较多，绝大多数患者经过有效抗生素治疗，数日后即可缓解。绝大多数痢疾杆菌感染者属于普通型痢疾。

（2）中毒型痢疾。近年来中毒型痢疾有减少趋势。此型患者多是 2 ～ 7 岁的孩子。由于他们的结肠黏膜对痢疾杆菌产生的毒素反应强烈，微循环发生障碍，所以中毒症状非常严重。多数孩子起病突然，高热不退；少数孩子初起为普通型痢疾，后来转成中毒型痢疾。患儿萎靡、嗜睡、谵语、反复抽风，甚至昏迷。休克型表现为面色苍白，皮肤花纹明显，四肢发凉，心音低弱，血压下降；呼吸衰竭型表现为呼吸不整，深浅不一，双吸气、叹气样呼吸、呼吸暂停，两侧瞳孔不等大、忽大忽小，对光反射迟钝或消失；混合型兼有以上两型临床表现，病情最为凶险。中毒型痢疾患者发病初期肠道症状往往不明显，有的经过一天左右时间才排出痢疾样大便。

（3）慢性型痢疾。慢性型痢疾婴幼儿少见，多因诊断不及时、治疗不彻底所致。由于细菌耐药，患儿身体虚弱，病程可超过 2 个月。慢性型痢疾患儿中毒症状轻，食欲低下，大便黏液增多，身体逐渐消瘦，预后不好。

3. 毒物的生物学特性

痢疾杆菌在人体外 10 ～ 37 ℃水中可生存 20 天，在牛乳、水果、蔬菜中可生存 1 ～ 2 周，在粪便中（15 ～ 25 ℃）可生存 10 天，光照下 30 分钟可被杀死，经 58 ～ 60 ℃加热 10 ～ 20 分钟即死亡，在冰块中能生存 3 个月，在蝇肠内可存活 9 ～ 10 天；对化学消毒剂敏感，用 1% 石碳酸 15 ～ 30 分钟便可杀死该病菌。

痢疾杆菌感染致病后，免疫力不牢固，不能防止再感染；但同一流行期中再感染者较少，即具有特异性免疫。人体对痢疾杆菌的免疫主要依靠肠道的局部免疫，即肠道黏膜细胞吞噬能力的增强和 sIgA 的作用。sIgA 可阻止痢疾杆菌黏附到肠黏膜上皮细胞表面，病后 3 天左右即出现，但维持时间短，由于痢疾杆菌不侵入血液，故血清型抗体（IgM、IgG）不能发挥作用。

4. 毒物的限量标准

痢疾杆菌污染食品通常是手被病菌污染、食物被飞蝇污染、饮用水处理不当或者下水道污水渗漏所致。根据我国痢疾杆菌污染食品的安全事件情况，以及我国多年来的风险监测，在加工食品中极少检出痢疾杆菌。因此，在我国《食品中致病菌限量》中未设置痢疾杆菌的限量规定。

5. 预防措施

（1）讲究个人卫生，饭前便后要洗手，尽量不要徒手抓吃食品。

（2）食品应低温保存，放置时间不宜过长，要彻底加热后才能食用。

（3）凉拌菜加入食醋可有效杀菌，是预防痢疾杆菌中毒的好方法。

（4）痢疾流行季节或到痢疾流行地去时，勿吃凉拌菜和生冷食品，最好喝热水或瓶装水。

（5）注意搞好环境卫生，及时清理生活垃圾，打扫苍蝇、蟑螂、蚊子滋生的场所。

（6）注意搞好饮用水卫生，防止饮用水受到污染，及时清理各种生活污水。

（7）痢疾是儿童易患病，因此要特别注意儿童的饮食卫生。特别是儿童喜欢吮手指，容易造成感染，应改掉这种习惯。

（八）糕点和熟食中的金黄色葡萄球菌污染中毒

1. 简述

金黄色葡萄球菌（*Staphylococcus aureus*，S. aureus）是常见的食源性致病菌，广泛存在于自然环境中。金黄色葡萄球菌在适当的条件下，能够产生肠毒素，引起食物中毒。近几年，金黄色葡萄球菌引发的糕点和熟食肉类食品中毒事件屡见报道。由金黄色葡萄球菌引起的食物中毒占食源性微生物食物中毒事件的25%左右，金黄色葡萄球菌成为仅次于沙门氏菌和副溶血杆菌的第三大微生物致病菌 。

2. 毒物的种类及污染状况

金黄色葡萄球菌属于葡萄球菌属，是革兰氏阳性菌的代表，为一种常见的食源性致病微生物。金黄色葡萄球菌常寄生于人和动物的皮肤、鼻腔、咽喉、肠胃、痈、化脓疮口中，空气、污水等环境中也无处不在。

葡萄球菌性食物中毒是由于进食被金黄色葡萄球菌及其所产生的肠毒素所污染的食物而引起的一种急性疾病。糕点、剩饭、粥、米面等淀粉类和熟食肉类食品最容易引起金黄色葡萄球菌污染。被金黄色葡萄球菌污染的食物，在室温20～25 ℃下放置5小时以上，病菌在其内大量繁殖并产生肠毒素。金黄色葡萄球菌产生的肠毒素耐热力很强，经加热煮沸30分钟，仍可保持其毒力而致病。葡萄球菌性食物中毒潜伏期2～5小时，极少超过6小时。其起病急骤，有恶心、呕吐，中上腹部痉挛性疼痛，继以腹泻。呕吐为最突出的临床表现，呕吐物可带胆汁黏液和血丝，腹泻呈水样便或稀便，每天数次至数十次不等，重症者可因剧烈吐泻引起脱水、虚脱和肌肉痉挛。体温大多正常或略高，绝大多数患者经数小时或 1～2 小时内迅速恢复。经流行病学研究发现，金黄色葡萄球菌的传染源相当普遍，在一般正常人群中 20%～40% 鼻咽部带有金黄色葡萄球菌，医务人员带菌率可高达 50%～70%。这些带菌者便是重要的传染源。其传播途径是通过金黄色葡萄球菌污染的食物，如剩饭、粥、米面、糕点等淀粉类食品、隔夜的鱼肉剩菜，以及放置时间过长的乳制品等，致使该菌繁殖并产生大量肠毒素，引起传播。金黄色葡萄球菌的人群易感性不分年龄和性别。本病易发生于夏秋季，病愈后不产生明显的免疫力。

3. 毒物的生物学特性

金黄色葡萄球菌本身无毒，是人和动物身上的正常菌落，但在一定的条件下会在食品中产生肠毒素（并非在肠道内产生毒素），其毒性非常强，人感染后会引发急性肠道炎。金黄色葡萄球菌在温度 28～38 ℃条件下生长良好，最适温度为 37 ℃，最适 pH 值为 7.4，在含 20%～30% CO_2 条件下有利于产生大量的肠毒素。

金黄色葡萄球菌形态为球形，在培养基中菌落特征表现为圆形，菌落表面光滑，颜色为无色或者金黄色，无扩展生长特点。将金黄色葡萄球菌培养在哥伦比亚血平板中，在光下观察菌落，会发现周围产生了透明的溶血圈。

金黄色葡萄球菌可以存活于高盐环境，在盐浓度接近 10% 的环境中能正常生长，最高可以耐受 15% 浓度的盐溶液。由于金黄色葡萄球菌本身结构的特点，利用 75% 的乙醇可以在几分钟之内将其快速杀死。金黄色葡萄球菌代谢类型为需氧或兼性厌氧，对环境要求不高，能在各种恶劣环境中存活。金黄色葡萄球菌对高温有一定的耐受能力，在 80 ℃以上的高温环境下 30 分钟可将其杀死。但是，金黄色葡萄球菌所产生的肠毒素耐热性极强，必须经高温 210 ℃ 30 分钟或 100 ℃ 2 小时才能达到完全灭活的效果。因此，一般的加热烹调只能杀死菌体，不能破坏肠毒素。正是由于肠毒素具有耐热性，使它能够在曾经加热过的食品中仍然具有毒性，可导致食用者中毒。

4. 毒物的限量标准

我国《食品中致病菌限量》中规定了金黄色葡萄球菌的限量标准，规定在熟肉制品、熟制水产品、熟制粮食制品、即食豆类制品、即食蔬菜制品、饮料、冷冻饮品等七大类食品中，同批次采集 5 份样品，每份样品中的金黄色葡萄球菌浓度平均不得超出 100 cfu/g，仅允许其中 1 份样品在 100～1000 cfu/g 之间。即食调味品在同批次采集的 5 份样品中，每份样品中的金黄色葡萄球菌浓度平均不得超出 100 cfu/g，仅允许其中 1 份样品在 100～10000 cfu/g 之间。

5. 预防措施

（1）合理选择食品原料和配料，使用安全的水和食物原料，改善加工场所的环境卫生和操作者的个人卫生习惯，避免金黄色葡萄球菌对食品的污染。

（2）牢记在安全的温度下保存食物，生熟分开，建议食物应该现做现吃。尽可能采取热处理以确保杀灭细菌，热处理后避免二次污染。

（3）对已感染或携带某种病原体的食品加工人员，应依据有关法律法规，限制其继续从事食品加工活动。

（4）生产加工乳制品、肉类等高风险食品的企业，应认真、严格地执行食品安全国家标准的相关规定。在加工过程中或在市场流通中发现产品检验的某些指标不符合食品安全国家标准的，应以消费者利益为重，自觉把控出厂产品的质量，主动召回不合格产品，防范引起中毒事件的潜在风险。

（5）政府相关部门要加强食品中金黄色葡萄球菌安全的风险识别和风险评估研究工作，重视并持续开展预防和控制食源性疾病的宣传教育，及时提醒消费者，一旦发生疑似金黄色葡萄球菌肠毒素中毒，除立即将患者送往医院进行救治外，还要立即停止食用并封存可疑食品。同时对食品生产、加工、经营人员普及预防食源性疾病的卫生学知识。

（九）食品中的大肠杆菌污染中毒

1. 简述

大肠杆菌（*Escherichia coli*）是冰箱中最常见的食源性致病细菌，与人体的关系非常密切。它本来是寄生在人体大肠和小肠肠道内的对人体无害的一种单细胞生物。人类的婴儿在刚出生的几小时内，大肠杆菌就经过吞咽在其肠道内定居了。正常情况下，大多数大肠杆菌非常安分守己，与人体是互利共生的关系，它们不但不会给身体健康带来危害，反而还能竞争性抵御致病菌的进攻，同时还能帮助合成维生素 K_2。但是，在人体的免疫力降低、肠道功能下降的特殊情况下，大肠杆菌便移居到肠道以外的地方，如胆囊、尿道、膀胱、阑尾等地繁殖，造成相应部位的感染或全身播散性感染，此时大肠杆菌对人体而言是有害微生物。因此，大部分大肠杆菌通常被看作“机会致病菌”。

2. 毒物的种类及污染状况

大肠杆菌大量存在于人畜的肠道和粪便中，通过污染食品和饮用水，使人经口感染。感染源主要是未煮熟的肉类食品，未洗净的水果、蔬菜沙拉和被大肠杆菌污染的食品，而且这些被污染的食品从表面看起来、嗅起来都很正常，因而不容易发现其潜在的危害。据文献报道，有小部分特殊类型的大肠杆菌具有相当强的毒力，一旦感染，将造成严重疫情。其中最具代表性的就是代号为 O157：H7 的大肠杆菌（代表第 157 个被发现具有 O 抗原、第 7 个被发现具有 H 抗原的大肠杆菌，简写为大肠杆菌 O157：H7），它能产生强毒素，是一种能引起肠道出血的致病性大肠杆菌，可引起较严重的血性腹泻和溶血性尿毒症综合征。大肠杆菌 O157：H7 易感染性很强，一般的细菌性食品中毒通常需要 10 万个细菌个数，而大肠杆菌 O157：H7 只要感染 100 个细菌数便可致病，所以容易引发集体中毒。美国曾在 1982 年、1984 年、1993 年三次发生大肠杆菌 O157：H7 的暴发性流行，日本曾在 1996 年暴发过一次波及 9000 多人的大流行。大肠杆菌 O157：H7 感染后的主要症状是出血性腹泻，严重者可伴发溶血尿毒综合征，危及生命。由于大肠杆菌 O157：H7 危害较大，且可经食物和饮用水在人群中广泛传播，因此，食品卫生主管部门已将大肠杆菌 O157：H7 列为常规检测项目。德国也发生过代号为 O104 的大肠杆菌暴发性流行。大肠杆菌 O104 也是一种肠出血性大肠杆菌（EHEC），感染症状类似 O157：H7 大肠杆菌，且毒力更为猛烈。

大肠杆菌 O157：H7 中毒发病的潜伏期一般是 4 ～ 8 天。临床症状为出血性腹泻，重症有腹痛症状。约 10% 的患者会发生溶血性尿毒症综合征，而且以抵抗力较弱的婴儿、儿童和老人多见，并容易在老人中引起死亡。人体感染肠出血性大肠杆菌发病时，会发生严重的痉挛性腹痛和反复发作的出血性腹泻，同时伴有发热、呕吐等表现，多为肠出血性大肠杆菌产生的毒素所致。有一些严重感染者，毒素随血液流动播散，造成溶血性贫血，红细胞、血小板减少；肾脏受到波及时，还会发生急性肾功能衰竭甚至死亡。

3. 毒物的生物学特性

大肠杆菌 O157：H7 对胃酸的适应性较强，可以在胃酸的强大杀伤力下生存；对干燥条件适应性强，附着在干燥物体上也能存活。大肠杆菌 O157：H7 嗜冷，在阴湿和冷冻条件下可生存数周，在肉类、水果和蔬菜、腌菜中可生存 10 天，在牛奶中可生存 24 天。大肠杆菌 O157：H7 最适宜的生长温度为 35 ～ 37 ℃；但不耐热，70 ℃加热 10 多秒即可杀菌。

大肠杆菌是现代生物学中研究最多的一种细菌，作为一种模式生物，其基因组序列已全部测出。用分子生物学方法在大肠杆菌中得出的结论可用于其他生物的研究。此外，在生物工程中，大肠杆菌被广泛用作基因复制和表达的宿主。通常情况下大肠杆菌对多种抗生素敏感，但耐药的菌株也不少见。

4. 毒物的限量标准

《食品中致病菌限量》中制定了大肠杆菌的限量标准。规定在熟肉制品（仅适合于牛肉制品）、即食果蔬制品（含酱腌菜类）等食品中大肠杆菌的可接受的平均限量值为0 cfu/g。

5. 预防措施

（1）注意个人卫生，经常保持食品加工所有场所和设备的清洁，拿食品前要洗手，准备食品时也要常洗手；避免虫、鼠及其他动物进入厨房和接近食物。

（2）肉类和海产食品不要与其他食物混合存放；加工生、熟食的刀具和砧板要分开，生、熟食品分开存放，避免生、熟食物互相接触。

（3）肉、禽、蛋和海产食品要煮熟煮透后才能食用，不吃未煮熟的肉类食品、未经洗净的水果和蔬菜沙拉、存放时间太长的食品，以免造成食物中毒。

（4）熟食在室温下不得存放超过2小时，最好在5 ℃以下冷藏。在室温或低温下存放过的熟食，必须经过煮沸才能食用。

（5）水果和蔬菜要充分清洗干净，尤其是用以生食的水果和蔬菜，最好用清水洗净后再用凉开水冲洗1～2次才食用。

（十）发酵食品中的肉毒杆菌污染中毒

1. 简述

肉毒杆菌（*Clostridium botulinum*）是一种生长在缺氧环境下的细菌，在发酵食品、罐头食品和密封腌渍食物中具有极强的生存能力。肉毒杆菌是毒性最强的细菌之一，其产生的毒素——肉毒毒素比剧毒的氰化钾还要强千万倍，1 mg肉毒毒素就可以造成数万人死亡（偶见报道国外军队用这种毒素生产联合国禁止使用的生化武器）。肉毒杆菌是食品中毒中危害最严重的一种致病菌，人被该菌感染后会引起神经中毒，死亡率较高。肉毒杆菌在繁殖过程中分泌肉毒毒素，该种毒素可抑制胆碱能神经末梢释放乙酰胆碱，导致肌肉松弛型麻痹。人们摄入这种毒素后，神经系统将遭到破坏，出现眼睑下垂、复视、斜视、吞咽困难、头晕、呼吸困难和肌肉乏力等症状，严重者可因呼吸麻痹而死亡。

2. 毒物的种类及污染状况

肉毒杆菌是肉毒梭状芽孢杆菌的简称，也称肉毒梭菌，广泛分布于土壤、海洋湖泊沉积物和家畜粪便中。在厌氧环境中，肉毒杆菌可产生一种强烈的外毒素，即肉毒毒素。根据其所产生毒素的抗原性不同，肉毒杆菌分为 A、B、Ca、Cb、D、E、F、G 8 个类型，能引起人类疾病的有 A、B、E、F 型，其中以 A、B 型最为常见。A 型肉毒毒素是目前已知天然毒素和化学毒剂中毒性最强的毒性物质，小鼠腹腔注射的 LD_{50} 为 0.001 μg/kg，其毒性是有机磷神经毒剂 VX（小鼠 LD_{50} 为 15 μg/kg）的 1.5 万倍、沙林（小鼠 LD_{50} 为 100 μg/kg）的 10 万倍。1 g 结晶的 A 型肉毒毒素可以杀死 100 万人和 2000 亿只小鼠。在实验动物的敏感性上，兔、豚鼠对肉毒毒素的毒性最为敏感，猴、小鼠次之，猫最不敏感。关于肉毒毒素对人的致死剂量还没有科学的试验数据，仅有根据灵长类动物致死试验的推算结果。该毒素对成年人的致死剂量因途径而异，估计静脉注射或肌内注射的致死剂量为 0.09 ～ 0.15 μg，吸入的致死剂量为 0.70 ～ 1.0 μg，口服的致死剂量为 70 μg。其中，以注射途径最为敏感，气溶胶吸入次之，消化道摄入较差。肉毒毒素本身无皮肤渗透毒性，也无传染性。

肉毒杆菌中毒多由植物性食品引起，如发酵豆制品、面酱、臭豆腐、腊肠、肉类罐头等，尤其是发酵豆制品最容易被肉毒杆菌污染。因为发酵过程的缺氧条件和较高温度，为肉毒杆菌的大量繁殖提供了适宜条件。此外，隔绝空气密封包装的食品也最易受到肉毒杆菌感染。肉毒杆菌属于厌氧菌，人体的胃肠道是一个良好的缺氧环境，适于肉毒杆菌生长繁殖。在人的胃肠道内，肉毒杆菌在无氧的条件下既能分解葡萄糖、麦芽糖及果糖，产酸产气，又能消化分解肉渣，使之变黑，腐败恶臭。在这种无氧环境中肉毒杆菌能分泌强烈的肉毒毒素，致人神经中毒，致残率和病死率极高。

肉毒毒素对人和动物，不分年龄和性别均有高度的致病力。人类肉毒毒素中毒主要由 A、B、E 和 F 型毒素引起。动物肉毒毒素中毒主要由 C、D 型毒素引起，常发生在牛、马、羊，禽和鸟类，以及水貂和雪貂等经济动物中，而猪、犬、猫的肉毒毒素中毒比较罕见。迄今尚无 G 型毒素引起人或动物肉毒毒素中毒的病例报道。根据中毒途径和对象不同，临床上将肉毒毒素中毒分为食源性肉毒毒素中毒、婴儿肉毒毒素中毒和伤口肉毒毒素中毒三种主要类型：

（1）食源性肉毒毒素中毒。最早出现在 18 世纪初，因食入被肉毒毒素污染的食物引起。这些食物在制作过程中被肉毒杆菌或其芽孢污染，制成后又未彻底灭菌，导致肉毒杆菌或芽孢在厌氧环境中发芽繁殖，产生毒素。食源性肉毒毒素中毒的临床表现与其他食物中毒不同，胃肠道症状很少见，不发热，主要为神经末梢麻痹。临床典型症状包括视力模糊、复视、眼睑下垂等眼麻痹症状，以及张口、伸舌、吞咽困难等肌肉麻痹症状，后期出现膈肌麻痹、肌肉松弛，直至呼吸困难乃至死亡。潜伏期从 2 小时到 10 天以上不等，一般为 12 ～48 小时。据文献报道，在国外引起食源性肉毒毒素中毒的食物以罐头、香肠、海产品和蔬菜为主，国内则以发酵豆制品、面制品为主。近年来，随着生活水平提高，因香肠、火腿、罐头等动物毒性食品引起的肉毒毒素中毒在我国也时有发生。

（2）婴儿肉毒毒素中毒。1976 年，美国首先报道婴儿肉毒毒素中毒病例，主要发生在 1 ～12 个月的婴儿，特别是 6 个月以内的婴儿。由于其肠道的特殊环境及缺乏保护性菌群和抑制肉毒梭菌的胆酸等，当婴儿食入肉毒梭菌芽孢或被芽孢污染的食品后，芽孢会在婴儿肠道内发芽、繁殖并产生神经毒素，被吸收导致中毒，典型症状是便秘、吸乳无力、食欲下降和发育停滞，严重者因呼吸停止而死亡。据报道，近 20 年来，在美国婴儿肉毒毒素中毒的发病率已超过食源性肉毒毒素中毒，每年确诊的婴儿肉毒毒素中毒约 250 例，而且蜂蜜已被确认为婴儿摄入肉毒杆菌芽孢的婴儿食品来源之一。在我国，婴儿肉毒毒素中毒的报道较少，究其原因，一是可能缺乏全面的婴儿肉毒毒素中毒流行病学调查数据，不排除很多病例没有被发现；二是由于婴儿肉毒毒素中毒症状与临床婴儿猝死综合征相似，不排除临床上部分病例误判。

（3）伤口肉毒毒素中毒。最早发现于 1943 年，多因手、脚等出现外伤而感染环境中的肉毒梭菌芽孢，在伤口深处的厌氧环境中芽孢发芽繁殖成菌体，并产生毒素，进入血液从而引起中毒。因此，其感染方式类似于破伤风。伤口肉毒毒素中毒自报道后的几十年来一直比较罕见，直到 1982 年，报道了第一例因注射海洛因而引起的伤口肉毒毒素中毒后，伤口肉毒毒素中毒不断被发现。例如，美国因注射海洛因引起的伤口肉毒毒素中毒人数显著增加，每年有 20 ～40 例，仅次于破伤风。1999 年前，英国还没有伤口肉毒毒素中毒的报道；但在 2000—2004 年，英国发现了 74 例因注射海洛因而引起的伤口肉毒毒素中毒病例。我国目前还没有类似的报道。

肉毒杆菌所分泌的肉毒毒素可以阻断神经末梢分泌能使肌肉收缩的乙酰胆碱，达到使肌肉麻痹的效果。人们在了解了肉毒毒素的结构、功能和作用机制后，将这种毒素临床应用于美容医学和辅助治疗眼睑痉挛、痉挛性斜颈、痉挛性发音困难等疾病。

3. 毒物的生物学特性

肉毒杆菌是一种厌氧细菌，缺氧条件下才能生长繁殖，并产生肉毒毒素；在有氧环境中、温度低于 4 ℃、酸碱度 pH 小于 4. 5 的条件下不生长繁殖，也不能产生肉毒毒素。

具有蛋白分解功能的肉毒杆菌，最适产毒培养温度为 37 ℃；不具有蛋白分解功能的肉毒杆菌，最适产毒培养温度为 30 ℃。肉毒杆菌的芽孢在自然界生命力极强，在干燥环境中可存活 30 年以上，沸水中可存活 3 ～4 小时。经干热 180 ℃ 5 ～15 分钟，或湿热 100 ℃ 5 小时，或高压蒸气 121 ℃ 30 分钟，才能杀死芽孢。肉毒杆菌的芽孢对紫外线、乙醇和酚类化合物不敏感，甚至对辐射照射也有一定的抵抗力，但对加氯水和次氯酸盐非常敏感。肉毒毒素对酸的抵抗力特别强，胃酸溶液 24 小时内不能将其破坏，故可被胃肠道吸收，造成对身体的危害。

4. 毒物的限量标准

肉毒杆菌不是食品的常规检测项目，目前国内外尚无限量标准。

5. 预防措施

（1）食用罐装、瓶装、真空包装食品时，先要加热 80 ℃ 30 分钟或 100 ℃ 10 分钟以上。

（2）凡是超过保质期的罐装、瓶装、真空包装食品，或虽然未超过保质期，但包装膨胀变形、有怪味者，皆不可食用。

（3）不吃生的酱类食品，酱类食品务必充分加热后才能食用。

（4）家庭自制发酵酱类食品时要使盐量达到 15% 以上，并且要提高发酵温度，要经常进行日晒，充分搅拌，保证有充足的氧气供应。

（5）蜂蜜适合肉毒杆菌芽孢生存，因此蜂蜜是婴儿感染肉毒杆菌的一个感染源。1 岁以下的孩子不要喂食蜂蜜。而蜂蜜对 1 岁以上的孩子和成年人是安全的。

（十一）剩菜剩饭中的致病菌污染中毒

1. 简述

现在城市家庭都有冰箱，很多人认为只要把剩饭剩菜放进冰箱就可以安全地再次食用，其实不然。剩饭剩菜容易产生有毒物质和有害细菌，经常食用剩饭剩菜有损人体健康。隔夜菜特别是隔夜的绿叶蔬菜，非但营养价值不高，还会产生大量的亚硝酸盐。有一些蔬菜本身就含较多的亚硝酸盐，如萝卜、莴笋、小白菜、菠菜中亚硝酸盐的平均含量大约为 4 mg/kg，其中菠菜含亚硝酸盐最高，达到 4.74 mg/kg。如果在 25 ～35 ℃下存放 3 天，蔬菜中的亚硝酸盐含量增加 5 倍。肉类中的亚硝酸盐含量约为 34 mg/kg，蛋类约为 54 mg/kg，而豆粉的平均含量可达 104 mg/kg。由于在烹调时加入了油、盐，如果剩菜放置时间太长，菜里的维生素被氧化完，会导致亚硝酸盐含量大幅度增高。一些高蛋白、高脂肪的剩菜也存在一定的隐患。空气中的有害细菌可在 2 个小时内附着在剩菜上开始繁殖，蛋白质和脂肪在细菌的作用下，能产生硫化氢、胺、酚等有害物质，这些物质对人体都有毒害作用。剩饭剩菜中最常见的致病菌毒物是蜡样芽孢杆菌和金黄色葡萄球菌［后者在第（八）节已有述及，此处不再重复］。

2. 毒物的种类及污染状况

蜡样芽孢杆菌（*Bacillus cereus*），又称仙人掌杆菌，是一种在显微镜下看起来形状像蜡一样的革兰氏阳性杆菌。它在自然界广泛存在，是引起食物中毒的常见细菌。这类细菌在不适宜其生长的情况下能产生“芽孢”，把自己保护起来，避免死亡。因此，蜡样芽孢杆菌比其他细菌更耐热，常常在短时间加热的条件下还能够存活。20 世纪 50 年代，挪威首先报道蜡样芽孢杆菌引起食物中毒事件，中毒人数达 600 多人。随后，英国、日本、印度、澳大利亚、美国等国相继发现蜡样芽孢杆菌引起的食物中毒。我国于 1973 年首次报道蜡样芽孢杆菌引起的食物中毒事件。近年来，蜡样芽孢杆菌引起食物中毒的事件逐渐增多，甚至有导致死亡的病例发生。

蜡样芽孢杆菌食物中毒，是因进食被蜡样芽孢杆菌污染的食物所致。常见被蜡样芽孢杆菌污染的食物，主要为剩饭和放置时间太长的淀粉类食物。蜡样芽孢杆菌食物中毒有明显的季节性，通常以夏、秋季（6—10 月）为多发季节。食品的保存温度过高（26 ～37 ℃），放置时间较长，可使食品中污染的蜡样芽孢杆菌得以生长繁殖，产生毒素，引起食物中毒。蜡样芽孢杆菌食物中毒的临床表现以呕吐、腹泻为主要特征，伴有腹痛，无明显发热。蜡样芽孢杆菌食物中毒患者病情较轻，病程较短，一般不超过 12 小时。由于剩饭等食受蜡样芽孢杆菌污染后大多无腐败、变质现象，进食时通常不易被人们察觉。另外，剩饭等熟食即使在食用前加热煮沸，蜡样芽孢菌的芽孢也不易死亡。因此，蜡样芽孢杆菌食物中毒更应引起人们的警惕。

3. 毒物的生物学特性

蜡样芽孢杆菌的菌体细胞呈杆状，末端方形，呈短链或长链，大小为（1.0～1.2）μm×（3.0～5.0）μm。芽孢圆形或柱形，中生或近中生，长 1.0～1.5 μm，孢囊无明显膨大。蜡状芽孢杆菌对外界有害因子抵抗力强，分布广。蜡样芽孢杆菌兼性好氧，存在于土壤、水、空气以及动物肠道等处。生长温度范围为 20～45 ℃，10 ℃以下生长缓慢或不生长，在 50 ℃下停止生长，在 100 ℃下加热 20 分钟可杀死这种病菌。

蜡样芽孢杆菌分布广泛，存在于土壤、尘埃、水、草和腐物中，也存在于人畜肠道中，随粪便排出。据医学调查发现，健康成人的粪便中蜡样杆菌检出率达 14%，食物中检出率可达 47.8%，生米中检出率可达 91%。如污染菌量小，则不足以致病。发生食物中毒，半数是进食存放过久的剩米饭所致，其次是被污染的蔬菜、牛奶、鱼、肉等所引起。发病率的高低与饮食卫生习惯和温度有关，主要在夏季发病。蜡样芽孢杆菌在生长繁殖的过程中释放多种毒素，在医学上被称为“外毒素”。蜡样芽孢杆菌释放的毒素中有两种毒素是引起食物中毒的主要原因，其中一种毒素被称为“肠毒素”，它会像霍乱杆菌、致病性大肠杆菌释放的肠毒素一样，对肠道细胞产生毒性，导致患者腹泻。但肠毒素不耐热，45 ℃加热 30 分钟或 56 ℃加热 5 分钟毒素被破坏，失去毒性。另一种毒素被称为“呕吐毒素”，是引起患者剧烈呕吐的主要原因。这种“呕吐毒素”非常厉害，它不仅可以刺激胃肠道神经，导致呕吐，还可以破坏肝细胞线粒体，导致肝细胞中毒。并且这种毒性不怕高温，在加热 126 ℃，90 分钟的情况下，毒素不被破坏，毒性仍然很强。因此被蜡样芽孢杆菌毒素污染的食品，即使高温加热仍可以引起人类中毒。蜡样芽孢杆菌释放何种毒素与细菌的类型和生长环境有关。有研究证实，血清 1 型蜡样芽孢杆菌容易释放呕吐毒素；在米饭等淀粉类食物中，蜡样芽孢杆菌容易产生呕吐毒素，而在肉类等其他食品中，呕吐毒素产生较少，而肠毒素增多。蜡样芽孢杆菌产生呕吐毒素的量与外界温度有关，在 20～37 ℃的环境中，毒素的产量最高。此外，蜡样芽孢杆菌毒素还有一个特点，被其毒素污染的食品大多无腐败、变质现象，进食时通常不易被察觉，因此，更容易引起食物中毒。

4. 毒物的限量标准

蜡样芽孢杆菌和金黄色葡萄球菌是重要的人畜共患病原菌，能够造成食品污染、引起细菌性食物中毒，在冷冻食品、动物性食品和蔬菜制品、粮食制品等食品中常有检出。我国于 2014 年 7 月 1 日实施的《食品安全国家标准》中，规定食品中金黄色葡萄球菌的限量指标为：除即食调味品以外，每批产品需抽检 5 份样品，其中至多只允许有 1 份样品中检出的金黄色葡萄球菌含量在 100～1000 cfu/g 之间；对即食调味品，在同批次采集的 5 份样品中，其中至多只允许其中 1 份样品中检出的金黄色葡萄球菌含量在 100～10000 cfu/g 之间。目前我国尚未制定食品中蜡样芽孢杆菌的限量指标，国内食品企业对蜡样芽孢杆菌的内控指标一般为 <1000 cfu/g。

5. 预防措施

（1）剩饭剩菜需凉透后再放入冰箱。因为热食物突然进入低温环境中，食物中心处容易发生质变，而且食物带入的热气会引起水蒸气的凝结，促使霉菌的生长，从而导致整个冰箱内食物的霉变。

（2）在室温高于25 ℃的环境中，荤菜2小时便发生细菌污染。因为空气中的有害细菌可在2个小时内附着在一些高蛋白质、高脂肪的剩菜上繁殖。蛋白质和脂肪在细菌的作用下能产生硫化氢、胺、酚等有害物质，对人体有害。因此，剩饭剩菜应在烹饪后两个小时内放进冰箱存放。

（3）剩饭菜的存放时间以不隔餐为宜，即早上剩的菜中午吃，中午剩的菜晚上吃，最好能在5～6个小时内吃完。如果食物存放的时间过长，食物中的蜡样芽孢杆菌和金黄色葡萄球菌会释放出细菌毒素。同时，该毒素在126 ℃加热90分钟的情况下仍不被破坏，毒性仍然很强，可引起食物中毒。

（4）隔夜的叶类蔬菜营养价值不高，不但容易被有害细菌污染，而且还会产生亚硝胺毒物。因此，尽量不吃隔夜叶类蔬菜。

（5）冰箱中存放的剩菜及打包食物必须回锅加热后才能食用。这是因为冰箱的温度只能抑制细菌繁殖，不能彻底杀灭它们，如果在食用前不加热处理，容易发生食物中毒。此外，剩饭剩菜不要置于铝制器皿中存放，因为铝在空气中易生成氧化铝薄膜，较咸的菜肴或汤类存放在铝制器皿中会产生化学变化，对身体造成不良影响。

（十二）冰箱储藏食品中的有害微生物污染中毒

1. 简述

冰箱的普及确实给人们的生活带来了便利，但也暴露了很多健康问题。很多人都以为食物放进冰箱就会“安全”，不会变味、变质。实际上冰箱不是“保险”箱，冰箱低温的环境仅能降低部分微生物的生长速度，并不能创造无菌的环境。如果食物在冰箱中存放时间过长，一样也会变质，甚至会产生有毒的物质。研究表明，在冰箱中4～8 ℃环境下，绝大多数的细菌和真菌繁殖缓慢。但有些嗜冷细菌，如李斯特菌、耶尔森菌等，在这种温度下反而能迅速增长繁殖；即使冰箱的冷冻温度在－30 ℃，嗜冷细菌也只是休眠，并没有被冻死，一旦解冻，这些细菌就又会复活。

2. 毒物的种类及污染状况

冰箱储物中最常见的有害微生物主要有嗜冷菌、沙门氏菌、厌氧菌、霉菌、大肠杆菌和痢疾杆菌几大类。

（1）冰箱储物中的嗜冷细菌。

冰箱储物中常见的嗜冷细菌与普通细菌的最大差别是：普通细菌最适宜生长的温度为25～38 ℃；嗜冷细菌最适宜生长的温度一般是在 -15～20 ℃之间，故此得名。嗜冷细菌种最常见的菌株品种有李斯特菌、耶尔森菌和假单胞菌，其中李斯特菌感染最为常见。

在美国，李斯特菌感染是重要的公共卫生问题。据美国食品药品监督管理局的信息，全美每年约有 800 例李斯特菌染病病例。1985 年，52 人因食用被李斯特菌感染的干酪而死亡；1983 年，马萨诸塞州牛奶被李斯特菌污染致 14 人死亡；1998 年，21 人因食用被李斯特菌感染的热狗和熟肉制品而死亡。2011 年 8—10 月，美国多个州的居民因食用产自科罗拉多州詹森农场的新鲜哈密瓜而导致李斯特菌疫情暴发。按照美国官方的说法，这轮疫情为美国十多年来最严重的，疫情蔓延近 30 个州，近 150 人感染，30 人死亡，1 名孕妇流产。李斯特菌是一种不怕冷冻和真空的食源性病菌，它不仅对外界有较强的抵抗力，而且广泛存在于自然界中的土壤、植物、动物、废水、粪便、下水道等地方，甚至人的身上都可以找到它的身影，是一种严重危害人类健康的细菌。冰箱中的食物更是它最重要的生存场所，绝大多数冰箱储存的食品中都能找到它，且研究已证实，肉类、蛋类、禽类、海产品、乳制品、蔬菜等食物是李斯特菌的感染源。

健康的成年人对李斯特菌具有一定的抵抗力，所以最易感染李斯特菌的人群是老人、小孩、孕妇和身体免疫力比较差的人；此外，克罗恩病的易感人群也容易感染李斯特菌。一般情况下，感染李斯特菌后，轻者会出现发烧、肌肉疼痛、恶心、腹泻等症状，重者会出现头痛、痉挛、颈部僵硬、身体失衡等症状。感染李斯特菌可引发多种疾病，因为每个被诊断感染李斯特菌的患者都会遭受侵入性感染，这就意味着细菌通过他们的肠道扩散到了血液，并导致血液感染，甚至扩散到中枢神经系统。所以，感染李斯特菌最严重的可引起血液和脑组织感染，导致败血症、脑膜炎等，临床致死率高达 30%～40%。

感染耶尔森菌的中毒临床表现是急性胃肠炎、小肠结肠炎，甚至还有败血症、类风湿性关节炎、阑尾炎、脑膜炎等。因为很多人感染这种细菌是通过冷藏的食物，所以医学界把感染耶尔森菌之后得的传染病称为“冰箱肠炎”。

（2）冰箱储物中的沙门氏菌。

沙门氏菌是冰箱中一种常见的食源性致病细菌，它主要污染肉类食品，鱼、禽、奶、蛋类食品也可受此菌污染。沙门氏菌食物中毒全年都可发生，吃了未煮透的病、死牲畜肉或在屠宰后其他环节污染的牲畜肉是引起沙门氏菌食物中毒的最主要原因。美国人喜欢吃半熟的鸡蛋甚至是生鸡蛋，由于鸡蛋容易携带沙门氏菌，所以感染沙门氏菌的概率就比较高。我国的民众喜欢将鸡蛋煮熟吃，这样就大大减少了感染沙门氏菌的概率。

（3）冰箱储物中的厌氧菌。

厌氧菌也是冰箱中常见的致病细菌，它能在冰箱中的无氧环境下生长。尤其是一些包装食品非常适宜厌氧菌的生长，如果在冰箱中存放时间过长，即使没有开封也容易感染厌氧菌，使食物变质，产生有毒物质。厌氧菌能引起人体不同部位的感染，包括阑尾炎、胆囊炎、中耳炎、口腔感染、心内膜炎、子宫内膜炎、脑脓肿、心肌坏死、骨髓炎、腹膜炎、脓胸、输卵管炎、脓毒性关节炎、肝脓肿、鼻窦炎、肠道手术或创伤后伤口感染、盆腔炎以及菌血症等。近年来，厌氧菌感染已受到外科医生的重视，在各种外科感染中厌氧菌的检出率都在50%以上。根据医学资料报道，厌氧菌在腹部感染中的检出率为60.7%，在阑尾脓肿、阑尾切除术后切口化脓中的检出率为70.6%。厌氧菌不仅可引起严重的胸腹部感染和脓肿，而且很多严重的软组织坏死性感染几乎都与厌氧菌有关。老年脑血管病患者，意识障碍、吞咽困难患者，慢性疾病、肿瘤、器官移植、血液病患者是厌氧菌的易感染人群。

（4）冰箱储物中的霉菌。

冰箱储物中的霉菌的种类很多，它属于真菌类有害微生物，冰箱中主要的致病真菌有枝孢菌、曲霉和青霉属的霉菌，这些霉菌对人或动物都具有致病性，是冰箱中潜在的致病风险。霉菌很容易在淀粉类制品、蔬菜、水果等食物中滋生，被感染的食物出现霉变腐烂，营养成分丧失，产生毒素。

（5）冰箱储物中的大肠杆菌。

大肠杆菌是冰箱中最常见的食源性致病细菌，大部分大肠杆菌通常被看作“机会致病菌”。据文献报道，有小部分特殊类型的大肠杆菌具有相当强的毒力，一旦感染，将造成严重后果。人体感染肠出血性大肠杆菌后，潜伏期通常为4～8天，发病时会发生严重的痉挛性腹痛和反复发作的出血性腹泻，同时伴有发热、呕吐等表现，多为肠出血性大肠杆菌产生的毒素所致。有一些严重感染者，毒素随血液流动播散，造成溶血性贫血，红细胞、血小板减少；肾脏受到波及时，还会发生急性肾功能衰竭甚至死亡。通常情况下，大肠杆菌对多种抗生素敏感，但耐药的菌株也不少见。暴发于德国的大肠杆菌O104由于可产生分解抗生素的酶，因此治疗更为棘手。对于普通人而言，对付此类病菌的最佳手段是预防。例如，不吃在冰箱存放太久的食物，经冰箱储存的食物要经过加热煮沸才能吃用。

（6）冰箱储物中的痢疾杆菌。

痢疾杆菌也是冰箱中可检出的致病细菌，它属于志贺菌属，是人类细菌性痢疾的病原菌。由志贺菌属痢疾杆菌引起的肠道传染性病叫作细菌性痢疾，又称志贺菌病，是夏秋季节最常见的肠道传染病之一。人体一旦急性感染痢疾杆菌，经1～3天的潜伏期后，即会发病。临床表现分为普通型痢疾、中毒型痢疾和慢性痢疾，绝大多数痢疾杆菌感染者属于普通型痢疾。因痢疾杆菌能产生毒素，所以大部分感染者都有中毒症状，如头痛、乏力、呕吐、腹痛和水样腹泻等，起病急，恶寒、发热，体温常在 39 ℃以上，甚至出现休克。

痢疾杆菌的传播途径主要是通过患者和带菌者排出的粪便，通过污染的手、食品、水源或生活接触，或苍蝇、蟑螂等间接方式传播，它在冰箱中可交叉污染，并且存活期很长。人群对痢疾杆菌普遍易感，学龄前儿童患病多与不良卫生习惯有关。

3. 毒物的生物学特性

李斯特菌的生命力非常顽强，在 0 ～ 45 ℃都能生存，即使在冰箱的低温环境中也能够生长繁殖，因而被称为“冰箱里的杀人菌”。而且，李斯特菌既不惧酸性环境，也不怕碱性环境，还能适应浓盐水环境，因此什么食物都可能被它污染。曾有人对我国 700 多种食品进行过检测，结果李斯特菌带菌率为 3. 5% 。此外，李斯特菌还有潜伏期长的特性。食用携带李斯特菌的食物后，不一定马上出现症状，其潜伏期可长达六七十天，因此很容易被人忽视。李斯特菌还是一种厌氧菌，在无氧条件下，李斯特菌的侵袭力会比正常情况下高出 100 多倍。因此，在消费者看来卫生很有保障的食品，反而可能暗藏被李斯特菌污染的风险。如绝大多数人都认为真空包装食品方便、卫生、安全，因为真空包装断绝了食品与空气的接触机会，不会轻易滋生细菌，而且能延长食物的保存日期。事实上，真空包装在卫生、安全方面有了一定的保证，但同时无氧环境也可能成了李斯特菌繁殖的有利条件。

沙门氏菌具有一定的嗜冷性，0 ～ 4 ℃能缓慢生长。一旦将冰箱里的食物置于常温下，这种细菌就开始滋生、繁衍、活跃起来，一般常温下两小时，就会繁衍出足以感染致病的数量。由沙门氏菌引起的食品中毒症状主要有恶心、呕吐、腹痛、头痛、畏寒和腹泻等，还可伴有乏力、肌肉酸痛、视觉模糊、中等程度发热、躁动不安和嗜睡，延续时间 2 ～ 3 天，平均致死率为 4. 1% 。在摄入含毒食品之后. 症状一般在 12 ～ 14 小时内出现，有些潜伏期较长。

厌氧菌在无氧条件下比在有氧条件下生长好，而在含 18% 氧气浓度的空气环境下的固体培养基中不能生长。这类细菌缺乏完整的代谢酶体系，其能量代谢以无氧发酵的方式进行。它能引起人体不同部位的感染。随着培养技术的不断改进，可以及时分离和鉴定厌氧菌。厌氧菌感染的报道渐渐增多，厌氧菌在细菌感染性疾病中的重要地位已日益受到临床工作者的重视。

霉菌属于多细胞的真核微生物，在自然界分布很广。当霉菌污染食物或在农作物上生长繁殖时，就会使食品发霉或使农作物发生病害，不仅造成经济损失，还会使食物腐败变质。霉菌毒素是霉菌在其所污染的食品中产生的有毒代谢产物，存在于丝状霉菌的菌丝体及其孢子中。当环境条件适宜时，如食品在冰箱中存放时间长、温度较高、湿度较大条件下，食物就有发生霉变的可能。

大肠杆菌是现代生物学中研究得最多的一种细菌，作为一种模式生物，其基因组序列已全部测出。用分子生物学方法在大肠杆菌中得出的结论可用于对其他生物的研究。此外，在生物工程中，大肠杆菌被广泛用作基因复制和表达的宿主。大肠杆菌对热的抵抗力较其他肠道杆菌强，55 ℃加热 60 分钟或 60 ℃加热 15 分钟仍有部分细菌存活。大肠杆菌在自然界的水中可存活数周至数月，在温度较低的粪便中存活更久。

痢疾杆菌在人体外 10 ～ 37 ℃水中可生存 20 天，在牛乳、水果、蔬菜中可生存 1 ～ 2 周，在粪便中（15 ～ 25 ℃）可生存 10 天，在光照下 30 分钟可被杀死，经 58 ～ 60 ℃加热10 ～ 20 分钟即死亡，在冰块中能生存 3 个月，在蝇肠内可存活 9 ～ 10 天。痢疾杆菌对化学消毒剂敏感，用 1% 石碳酸处理 15 ～ 30 分钟便可杀死该病菌。

4. 预防措施

（1）冰箱使用一段时间后出现异味时，要对内部清洗一次，以免积存污物，滋生细菌。清洗前要切断电源，用餐具清洗剂冲洗，洗后擦拭干净或晾干。疏通并清除下水管污物。用茶叶或吸味剂放入箱内吸收异味。食品宜用保鲜袋或保鲜纸封好或放入密封容器中，可以防止食品受潮、失水、串味。带水的食品要除去水分后放入，以免因大量水分蒸发而形成过多冰霜。

（2）冰箱里的食物不宜存放太久，最好在保质期之前食用。一般而言，鱼虾在冷藏室中可存放 1 ～ 3 天，在冷冻室中可存放 3 ～ 6 个月。家用电冰箱的冷藏温度一般为 -15 ℃，最佳冰箱也只能达到 -20 ℃，而水产品，尤其是鱼类，在贮藏温度未达到 -30 ℃以下时，鱼体组织就会发生脱水或其他变化。如鲫鱼长时间冷藏，就容易出现鱼体酸败，肉质发生变化，不可食用。因此，冰箱中存放鱼虾的时间不宜太久。牛奶、酸奶在冷藏室中可存放 5 ～ 7 天。保鲜纯牛奶、保鲜饮料奶、发酵酸奶、常温纯牛奶的可存放时间有差异。保鲜纯牛奶在冰箱冷藏室 0 ～ 5 ℃之间保存，一般保质期在 7 天。常温纯牛奶在常温下保存即可，保存温度最好不低于 0 ℃。牛奶不宜在冷冻室中储存，否则其品质会受到损害。

（3）未打开的罐头食品在冷藏室可保存 1 年时间，但是开过封的罐头即使放在冷藏室中也不宜久存。因为存放于冷藏室中虽可减少细菌污染，但却不能有效地防止罐头包装物中的铝等有害物质释放到食品中。有实验表明，水果罐头在开罐存放 54 天后，食品含铝量增加 20 倍。人体内吸收的铝达到一定量，还是会发生铝中毒的。

（4）面包在冷藏室中可存放 5 ～ 6 天，在冷冻室中可存放 2 ～ 3 个月。但是面包放在冰箱里容易变干、变硬。如果一定要在冰箱里贮存面包，不妨先在面包外裹三层保鲜纸，这样既有助于保鲜，又不会失去水分。

（5）肉类在冷藏室中可存放 2 ～ 3 天，在冷冻室中可存放 10 ～ 12 个月。肉煮熟或卤制后在冷藏室中存放 2 ～ 3 天对鲜味的影响不大，但储存时间不应该超过 4 天。肉类在冰箱中储存时间太长，虽然外表看起来还新鲜，但是实际上已经变质了。肉类在冷冻前不要水洗，根据每次用量将大块肉切成小块，分装在食品袋内或用保鲜膜包好，存放在冰箱冷藏室或冷冻室内，随用随取，用一袋取一袋。对鸡、鸭、鹅，存放前必须先开膛取出内脏。

（6）香肠、腊肉等肉类干制品最好是用保鲜膜封好，放到盒内，置于冷冻室内可储存 2 个月。如果放在冷藏室只能存放 3 ～ 5 天，存放时间太长会导致产品变质变味。

（7）鲜鸡蛋在冷藏室中可存放 1 个月，熟蛋可冷藏 7 天，但不能在冷冻室中储存。在超市和高级商场销售的鸡蛋，一般已经过表面清洗和消毒处理，可以直接存放在冷藏室的架上。自由市场销售的鸡蛋一般未经过表面清洗和消毒，蛋壳上还覆盖着一层天然的抑菌物质，这层“保护膜”可防止外面的微生物侵入，延长保存时间。但是，其蛋壳表面可能沾着粪便、杂草、泥土等污物和沙门氏菌，不可直接放入冰箱，最好先装在保鲜袋中，或用保鲜膜包裹后才放入冰箱。这样既可防止蛋壳内的水分蒸发，又能防止病源细菌污染其他食物。其实，在自由市场里买的“脏兮兮”的鸡蛋，由于蛋壳上还覆盖着一层天然的“保护膜”，是可以不用放入冰箱储存的，只要放在干燥通风、阴凉避光的地方，存放半个月不会变质。在超市里买的外壳光鲜干净的鸡蛋，就一定要放入冰箱冷藏。

（8）叶菜类蔬菜在冷藏室中可存放 3 ～ 5 天，但不能在冷冻室中储存。叶菜类蔬菜从摘下后营养成分就开始减少，在室温条件下 4 ～ 5 天内叶绿素、叶酸、胡萝卜素等会流失 50% 以上。如果存放在冷藏室中，可以在很大程度上减少蔬菜中营养物质的流失。叶菜类蔬菜最好先不水洗，用保鲜膜包裹后放入冰箱即可；如果经水洗后再储存，会加快蔬菜的营养物质流失，缩短储存时间。

（9）苹果在室温条件下适宜保存期为 15 天以内，在冷藏室中的适宜保存期为 30 天内。苹果在室温条件下贮藏 7 ～ 15 天营养成分就出现明显改变，果皮出现皱缩、手感变软，重量减少，维生素 C 含量的损失就达 50%，而亚硝酸盐的含量明显增高。如果苹果存储在冷藏室中，贮藏 30 天才开始出现较明显改变。这是由于低温贮藏时，苹果的呼吸速率减慢，乙烯释放量减少，营养成分与水分的消耗较少，因而储存时间较长。

（10）为了预防食物在冰箱中受到致病菌的污染而致使人体感染食源性疾病，世界卫生组织提出处理和制备食品的实用指导——《食品安全五大要点》：

一是保持清洁。拿食品前要洗手，准备食品期间还要经常洗手；便后洗手；清洗和消毒用于准备食品的所有场所和设备；避免虫、鼠及其他动物进入厨房和接近食物。

二是生熟分开。生的肉、禽和海产食品要与其他食物分开；处理生的食物要有专用的设备和用具，如刀具和切肉板；使用器皿储存食物以避免生熟食物互相接触。

三是安全煮熟。食物要热透、做熟，尤其是肉、禽、蛋和海产食品；汤要煮开以确保达到 100 ℃；熟食再次加热要彻底。

四是在安全的温度下保存食物。熟食在室温下不得存放 2 小时以上；所有熟食和易腐烂的食物应及时冷藏（最好在 5 ℃以下）；熟食在食用前应保持较高的温度（60 ℃以上）；即使在冰箱中也不能过久储存食物；冷冻食物不要在室温下化冻。

五是使用安全的水和食物原料。食用安全的水或进行处理以保证安全；挑选新鲜和有益健康的食物；选择经过安全加工的食品，如经过低热消毒的牛奶；水果和蔬菜要洗干净，尤其是要生食时；不吃超过保鲜期的食物。

（十三）厨房中常见的食源性毒物——副溶血性弧菌

1. 简述

副溶血性弧菌（*Vibrio Parahemolyticus*）是厨房中常见的食源性致病菌，它在食物中毒中占有相当大的比率。副溶血性弧菌中毒一般表现为急发病，潜伏期 2 ～ 24 小时，一般为 10 小时发病。发病初时的主要症状为腹痛，尤其在脐部附近腹痛剧烈。腹痛是本病的特点，多为阵发性绞痛，并有腹泻、恶心、呕吐、畏寒发热、大便似水样等症状。便中混有黏液或脓血，部分患者有里急后重感，重症患者因脱水，使皮肤干燥及血压下降而造成休克。少数患者可出现意识不清、痉挛、面色苍白或发绀等现象，若抢救不及时，呈虚脱状态，可导致死亡。副溶血性弧菌不仅能通过消化道感染人体，还可以通过血液感染。如果在处理海鲜时不小心划破了皮肤，细菌就可能通过伤口进入血液，破坏红细胞，引发溶血，甚至死亡。

2. 毒物的种类及污染状况

副溶血性弧菌是一种嗜盐性细菌。副溶血性弧菌食物中毒，是进食被该菌污染的海产品，如墨鱼、海鱼、海虾、海蟹、海蜇，以及含盐分较高的腌制食品，如咸菜、腌肉等引起的。在处理加工食材时，如果所使用的操作台、刀墩、砧板、容器、贮藏室等工具生熟不分，副溶血性弧菌可通过上述工具污染其他食物，特别是熟食制品。被副溶血性弧菌污染的食物，在较高温度下存放，食用前不加热，或加热不彻底，也可引起食物中毒。副溶血性弧菌主要分布在海水和水产品中，我国华东地区沿岸海水的副溶血性弧菌检出率为 47.5%～66.5%，海产鱼虾的平均带菌率为 45.6%～48.7%，夏季可高达

90%以上。除了海产品以外，畜禽肉、咸菜、咸蛋、淡水鱼等都发现有副溶血性弧菌的存在。由于海水是副溶血性弧菌的污染源，海产品、海盐、带菌者等都有可能成为传播该菌的途径。人群带菌者对各种食品的直接污染是食品中副溶血性弧菌的来源。据流行病学调查发现，沿海地区饮食从业人员、健康人群及渔民副溶血性弧菌带菌率为11.7%左右，有肠道病史者带菌率可达31.6%～88.8%；沿海地区的炊具副溶血性弧菌带菌率高达61.9%。食物在加工时容易发生副溶血性弧菌间接污染，如果在食用前加热不彻底或者生吃，可导致副溶血性弧菌污染中毒。副溶血性弧菌还有可能造成海域附近的河流、池塘和井水的污染，从而使该区域的淡水产品也受到副溶血性弧菌的污染。副溶血性弧菌污染中毒多发生在夏秋季的沿海地区，常常造成集体中毒事件。近10年来由于物流快速发展，海鲜通过空运快递大量销往各地，内地城市副溶血性弧菌污染中毒事件也逐渐增多。

3. 毒物的生物学特性

副溶血性弧菌是兼性厌氧菌，形状为多杆菌或稍弯曲弧菌。副溶血性弧菌嗜盐畏酸，30～37 ℃为生长适温，盐浓度2.5%～3%为最适生长环境，在3%～3.5%盐水中繁殖迅速，每8～9分钟为一个生长周期。盐浓度低于0.5%则不生长；最适宜的pH值为8.0～8.5。副溶血性弧菌存活能力极强，在厨房里的潮湿处、抹布和砧板上能生存1个月以上，在海水中可存活47天。副溶血性弧菌对酸较敏感，当pH值在6以下则不能生长，在普通食醋中1～3分钟即死亡。副溶血性弧菌对高温抵抗力小，50 ℃下20分钟、65 ℃下5分钟或80 ℃下1分钟即可被杀死。副溶血性弧菌对常用的消毒剂抵抗力很弱，可被低浓度的酚和煤酚皂溶液杀灭。

4. 毒物的限量标准

我国《食品中致病菌限量》中制定了副溶血性弧菌的限量标准，规定在熟制水产品、即食生制水产品、即食藻类制品、即食水产调味品中，同批次采集5份样品，副溶血性弧菌浓度均不得超出1000 MPN/g（或MPN/mL），仅允许其中1份样品在100～1000 MPN/g（或MPN/mL）之间，（MPN/g代表每克样品中含细菌群落的数量）。

5. 预防措施

（1）不生食海鲜；注意海鲜是否干净、新鲜，食用前应用淡水反复冲洗，食用时煮熟煮透，再加适量食醋；生熟食品分开存放，装海产品的器具及接触海产品的手应洗净擦干再接触其他食品。

（2）切生、熟食物的厨具要分开，用完后进行严格的消毒处理。生、熟食物也应分开放置，避免造成交叉污染。副溶血性弧菌怕酸，用白醋处理海鲜不仅能杀灭部分副溶血性弧菌，还有助于去除海鲜的部分腥味，美味又健康。

（3）除了食材以外，砧板也可能是致病菌的大本营。木质或竹质的砧板容易出现裂痕、碎末，藏匿较多细菌。而且这两类材质的砧板容易吸水长霉，滋生霉菌，尤其在南方更加危险。塑料砧板虽不会吸收水分，不易长霉，但有纹路，易有划痕，同样容易吸附食物残渣，藏匿细菌。建议用小刷子刷洗，并竖立放置控干水分。相对而言，一些新型材质的砧板，如不锈钢砧板，不容易出现划痕，也不易吸水长霉，值得推荐使用。

（十四）春秋季节多发的变形杆菌食物中毒

1. 简述

变形杆菌（*Proteus*）是我国常见的引起食品中毒的细菌，它广泛分布在水、土壤、垃圾和各种腐败有机物中，并且是人与动物肠道中的寄生菌，3%～5%的健康人群的肠道中都存在普通变形杆菌。在健康人群中变形杆菌一般情况下不致病，但是在春秋季节气候温暖的条件下，变形杆菌能在食品中大量繁殖。食用了被变形杆菌严重污染的食品后，变形杆菌能在人体内迅速繁殖，并产生肠毒素，使食品蛋白质中的组氨酸转化为组胺，从而引起过敏型和胃肠型的食品中毒。

2. 毒物的种类及污染状况

变形杆菌属有五个种群，即普通变形杆菌、奇异变形杆菌、摩尔根氏变形杆菌、雷极氏变形杆菌和无恒变形杆菌。其中以普通变形杆菌和奇异变形杆菌与临床关系较密切。特别是奇异变形杆菌可引起败血症，病死率较高。

变形杆菌属于腐败性细菌，在自然界分布广泛，在土壤、污水和动植物食品中均可检出，其中肉类制品、水产品和豆制品极易受其感染。被变形杆菌污染的食品，通常在感官、性状上无明显改变，很容易被人误食导致中毒。据文献报道，在夏秋季的食品中，变形杆菌的检出率为11.3%～60.0%。由于变形杆菌对生长繁殖的营养要求不高，在普通的食品上便能够快速繁殖，因此在食品细菌性中毒事件中，变形杆菌引起的中毒次数仅次于沙门氏菌。变形杆菌在动物中带菌率为0.9%～62.7%，其中以犬类动物的带菌率最高。

据文献报道，变形杆菌中毒会引起急性胃肠炎，中毒潜伏期最短为2小时，最长为30小时，一般为10～12小时。中毒的临床症状主要为头痛、头晕、恶心、呕吐、阵发性剧烈腹痛、腹泻、水样便，腹泻物有特殊臭味，一日内腹泻可多达10多次，体温37.8～40 ℃，一般多在39 ℃以下，伴全身无力。变形杆菌中毒发病率较高，一般为50%～80%，病程通常1～2天，多者可达3～4天，少有死亡病例，愈后一般良好。变形杆菌中毒还可诱发尿道炎、尿道结石、肾盂肾炎、中耳炎、菌血症及脊髓炎等多种疾病。变形杆菌在鱼类和蟹类动物性食品中污染率较高，其次为豆制品和凉拌菜。这些被变形杆菌污染的食品，未经过加热或加热不彻底，极易造成食物中毒，应该引起足够的重视。

3. 毒物的生物学特性

变形杆菌是需氧或兼性厌氧细菌，其生长繁殖对环境条件要求不高，在4～7 ℃下即可繁殖，属低温菌，因此，变形杆菌可以在低温储存的食品中繁殖。变形杆菌对热抵抗力不强，加热55 ℃持续1小时可被杀灭。在湿润的固体琼脂平板上常呈扩散生长，培养24小时便形成以接种部位为中心的厚薄交替的波纹状菌苔。此现象可被苯酚或胆盐等抑制，在血琼脂平板上有溶血现象。培养条件下的变形杆菌有一股强烈的腐败臭味，菌落和菌苔在阳光或日光灯下可发出淡黄色荧光。在含有胆盐、0.1%碳酸、4%乙醇、0.25%苯乙醇、0.4%硼酸、5%～6%琼脂培养基上或40 ℃以上培养时，形成圆形、较扁平、透明或半透明的菌落，此为该属细菌的特征。

4. 毒物的限量标准

变形杆菌不是食品的常规检测项目，目前国内外尚无限量标准。

5. 预防措施

（1）夏秋季节气温升高，要注意食品卫生，避免食品受到污染。

（2）肉类食品要低温保藏，避免食用发霉、发臭的腐败食品。

（3）集体食堂的熟食一定要加热煮透才能食用。

（4）鱼类和蟹类等肉类食品要蒸煮熟透后才能食用。

（5）预防污染、控制繁殖、食用前彻底加热杀灭病原菌，是预防变形杆菌食物中毒的三个主要环节，发现中毒后要立即停止食用可疑食品。

（十五）集体饭堂多发的产气荚膜杆菌毒素中毒

1. 简述

产气荚膜杆菌（*Clostridium perfringens*）广泛分布于土壤、污水、人和动物的肠道、粪便中（健康人群的肠道中带菌率为2%～5%），是肉类食物的污染源之一。产气荚膜杆菌可产生肠毒素，食入被其污染的食品会引发中毒型肠道炎。产气荚膜杆菌肠毒素中毒的潜伏期约为10小时，临床表现为腹痛、腹胀、水样腹泻。由于产气荚膜杆菌的芽孢耐热、耐干燥、耐消毒药，因此它成为烧烤肉类和集体饭堂时有发生的肉类食品中毒的污染源。

2. 毒物的种类及污染状况

产气荚膜杆菌为厌氧革兰氏阴性粗大芽孢杆菌，广泛分布于土壤、污水、人和动物的肠道和粪便中。食物中毒是由人摄入产气荚膜杆菌产生的肠毒素所引起。

按产气荚膜杆菌毒素的性质和致病性不同，分为A、B、C、D、E、F六个类型，对人有致病性的主要是A、C、F三个类型，其中A型可引起气性坏疽和食物中毒，C型和F型可引起坏死性肠炎等，另外三个类型主要对动物致病。这六个类型的毒素在形态上相同，生长性状类似，主要区别是毒素性状、免疫原性和致病作用。

产气荚膜杆菌主要寄生在人和动物肠道内，产气荚膜杆菌中毒是食用了被污染的烤肉等肉类食品。这些肉在屠宰过程中被动物肠道内容物污染，食用时烤制不充分，或贮藏条件不当，导致产气荚膜杆菌生长繁殖，并产生大量的肠毒素，食用后造成中毒。外国人对烤肉情有独钟，因而产气荚膜杆菌食物中毒在国外较为常见，据报道，美国产气荚膜杆菌引起的食物中毒患者占美国全年食物中毒总数的30%。我国由产气荚膜杆菌引起的食物中毒大多发生在工厂、学校集体饭堂和街边大排档。引起食物中毒的大多是畜禽肉类和鱼类食物，牛乳也可被污染而引起中毒。

产气荚膜杆菌食品中毒可引起气性坏疽、肠毒血症、坏死性肠炎等疾病，在临床上分为食物中毒型和坏死性肠炎。潜伏期约为10小时，临床症状为腹痛、腹泻、畏寒发热，偶有恶心、呕吐、纳差、乏力，并可能出现中毒性休克、腹膜炎、脱水、酸中毒、惊厥、黄疸、肠梗阻等并发症。

3. 毒物的生物学特性

产气荚膜杆菌具有很强的生存能力，当环境条件很恶劣时，便产生耐热、耐干燥、耐消毒药的芽孢；当环境条件适宜时，芽孢恢复成营养型菌体，并大量繁殖。据文献报道，产气荚膜杆菌在烹调食物中产生的芽孢较少，但在人和动物肠道中却非常容易形成芽孢。芽孢在加热 100 ℃条件下，可存活数小时。所以，产气荚膜杆菌是一种即使经过加热烹调，其芽孢仍能够存活下来的食源性致病细菌。产气荚膜杆菌所产生的肠毒素对热的抵抗力较弱，60 ℃下加热 45 分钟便丧失活性，在 100 ℃温度下可瞬时破坏它的蛋白质结构而使之失去毒性。

4. 毒物的限量标准

产气荚膜杆菌不是食品的常规检测项目，目前国内外尚无限量标准。

5. 预防措施

（1）加强对食品加工、集体饭堂等餐饮行业的卫生监督管理，防止在屠宰、加工、运输、贮藏过程中受该菌的污染是预防该菌食物中毒的重要措施。

（2）做好烹调卫生工作是预防该菌食物中毒的基本环节，肉类食品要加热煮透才能食用。

（3）经加热处理的熟肉类，如果不能立即食用，应尽快使其降温并在低温下保存，尽量缩短存放时间。

（十六）春夏季节多发的米酵菌酸中毒

1. 简述

米酵菌酸（Bongkrekic acid）是椰毒假单胞菌酵米面亚种产生的一种毒素，对人体细胞会产生较强的毒性，可严重损害人的肝、脑、肾等器官，并引起消化系统、泌尿系统和神经系统的伤害。该毒素可引起较严重的食物中毒，且中毒死亡率较高。米酵菌酸是污染发酵玉米面制品、变质鲜银耳、变质淀粉类制品等食品的毒物。常见被米酵菌酸污染的食品有糯米面汤圆、吊浆粑、小米或高粱米面制品、马铃薯粉条、甘薯淀粉、米粉、河粉和木耳、银耳、腐竹、黄花菜等需要泡发才能食用的食物。春夏期间温度适宜，环境湿度大，是米酵菌酸中毒事件多发的季节。

2. 毒物的种类及污染状况

米酵菌酸是由椰毒假单胞菌属酵米面亚种产生的一种可以引起食物中毒的毒素。进食该毒素污染的食物可引起人或动物中毒，重者可致死亡。米酵菌酸是发酵玉米面制品、变质鲜银耳及其他变质淀粉类制品引起中毒的主要原因。米酵菌酸中毒症状出现较快，一般进食毒物后 2 ～ 24 小时出现上腹不适、恶心、呕吐（重者呕吐咖啡色样物）、轻微腹泻、头晕、全身无力等。重者可出现皮肤黄染、肝脾肿大、皮下出血、呕血、血尿、少尿、意识不清、烦躁不安、惊厥、抽搐、休克等，体温一般不升高，病死率高达 40% ～ 100% 。

我国北方地区有吃酵米面的习惯。所谓酵米面就是将玉米、高粱米、小米等粮食，以水浸泡发酵而制成，然后用来做面条、面饼、饺子等食品。这种酵米面在制作和保存过程中很容易感染米酵菌酸而引起食品中毒。糯米面汤圆、吊浆粑、小米或高粱米面制品、马铃薯粉条、甘薯淀粉、米粉、河粉、木耳和银耳等是常见被米酵菌酸污染的食品。据新闻报道，2020 年 10 月 5 日，黑龙江鸡西县某家庭聚餐时食用了自制的“酸汤子”发生食物中毒，导致 9 人死亡。经流行病学调查和疾控中心采样检测后发现，在自制的“酸汤子”中检出高浓度米酵菌酸，同时在患者胃液中亦检出米酵菌酸，因此该事件被定性为由椰毒假单胞菌污染产生米酵菌酸引起的食物中毒事件。

春夏季节气温在 25 ～ 35 ℃之间，非常适宜椰毒假单胞菌生长繁殖，如果食品储存不当或时间过长，容易导致食物中毒。广东省市场监督管理局曾发文提醒广大消费者，在选购河粉、米粉、米线（尤其是散装品）时，要确认产品生产日期、保质期，湿河粉、米粉、米线最好当天食用完。在木耳、银耳、腐竹、黄花菜等需要泡发才能食用的食物中也可能产生米酵菌酸。干品木耳、银耳本身并没有毒素且营养丰富，在短时间浸泡过程中产生米酵菌酸的可能性非常低；但如果食材已过期变质，并且浸泡时间过长，便有可能产生米酵菌酸毒素。近年来因食用木耳导致中毒的事件屡见报端，轻度中毒者出现上腹不适、恶心、呕吐、腹泻、头晕、全身无力等症状，重度中毒者全身器官衰竭甚至死亡。

3. 毒物的生物学特性

椰毒假单胞菌生长繁殖温度为 25 ～ 37 ℃，最适生长温度为 37 ℃，最适产毒温度为 26 ℃，pH 5 ～ 7 范围内生长较好。米酵菌酸的耐热性极强，经 100 ℃煮沸或高压处理亦不能破坏其毒性。因此，被米酵菌酸污染的食材，无论制成何种食品、无论采用何种日常的烹煮方法，均不能破坏其毒性，进食后仍可引起食物中毒。但米酵菌素不耐日晒，实验发现，含有米酵菌酸的变质银耳经过两天日晒后能破坏95%以上的毒素，紫外线照射也有较好的去毒效果。所以，在经过干制的银耳和木耳中，米酵菌酸检出率远低于鲜品。

4. 毒物的限量标准

《食品安全国家标准　食品中米酵菌酸的测定》（GB 5009. 189—2016）规定了食品中米酵菌酸的测定方法，目前国内外尚未制定限量标准。

5. 预防措施

（1）保持良好的厨房卫生环境，不留剩饭剩菜，及时洗净餐具，不留食物残渣。

（2）自制谷类发酵食品时，不使用霉变的玉米等原料。浸泡原料时要勤换水，保持卫生、无异味，磨浆后要及时晾晒或烘干成粉。发酵食品的贮藏环境要通风防潮，不要直接接触土壤，以防污染。

（3）谷类发酵制品贮存不当或贮存时间过长，容易产生米酵菌酸毒素，加热食用后仍可以引起食物中毒，一般应在购买当天食用完。

（4）食用木耳或银耳时，要将其表面清洗干净，然后使用干净的容器和水泡发，一次不宜泡发过多，泡发好后要及时食用；要彻底清洗干净后再烹调。如需要凉拌，也要在选好食材的基础上，用开水焯熟，并适当添加大蒜、醋等调味品；不要食用自采的鲜银耳或鲜木耳，特别是已变质的鲜银耳或鲜木耳。木耳或银耳浸泡后如有异味，或手摸感觉有黏液产生，应立即丢弃，不可食用。除了木耳、银耳以外，腐竹、黄花菜等需要泡发才能食用的食物，也可能产生米酵菌酸，因此其泡发时间不宜过长。不要食用浸泡过夜的木耳、银耳、腐竹和黄花菜。

（十七）接触动物者多发的空肠弯曲菌食品中毒

1. 简述

空肠弯曲菌（*Campylobacter jejuni*）是一种人畜共患病的细菌性病原菌，也是儿童急性肠炎的主要致病菌。空肠弯曲菌广泛分布于动物体内，是肠道中的正常菌群之一。据文献报道，动物携带空肠弯曲菌的检出率非常高，健康人群带菌率为1.2%～3.0%。空肠弯曲菌主要以粪－口传播的方式，经食物、饮水、接触动物等途径传播。空肠弯曲菌中毒的临床症状为头痛发热、肌肉酸痛、腹痛腹泻、恶心呕吐，大便水样、恶臭、有脓血，少数中毒者会出现败血症、腹膜炎、急性胆囊炎。

2. 毒物的种类及污染状况

空肠弯曲菌可以引起人和动物发生多种疾病，并且是一种食物源性病原菌，被认为是引起全世界人类细菌性腹泻的主要原因。空肠弯曲菌的感染范围很广，人群普遍易感，发展中国家5岁以下（尤其1岁以内）儿童发病率最高，发病率随年龄升高而下降。发达国家的卫生条件较好，空肠弯曲菌的分离率以10～29岁的人群最高，说明成人对该病的免疫力并不比儿童强。发展中国家和发达国家的这一差异与卫生条件有关，发展中国家的成人平时经常少量接触空肠弯曲菌，体内获得一定水平的免疫力，所以发病率低。

空肠弯曲菌是牛、羊、狗及禽类等多种动物的正常寄居菌。据文献报道，动物携带空肠弯曲菌的检出率依次为：猪88%，狗69%，猫53%，牛43%，鸡11%。由于这些动物的生殖道或肠道有大量细菌，故可通过分娩或排泄物污染食物和饮水。当人与这些动物密切接触或食用被污染的食品时，病原体就进入人体。动物大多数是无症状带菌，且带菌率高，因而是重要的传染源和贮存宿主。流行病学调查发现，感染空肠弯曲菌肠炎的患者中，近90%的患者有与动物密切接触史，直接接触小猫、小狗等宠物都可引起感染和传播。由于感染空肠弯曲菌的患者的粪便均具有传染性，处理不当也会成为传染源。发展中国家由于卫生条件差，重复感染机会多，可形成传染性免疫（也称带菌免疫）。这些无症状的带菌者可以不断排菌，排菌期长达6～7周，甚至15个月之久，所以也是重要的传染源。

空肠弯曲菌主要以粪－口传播的方式，经食物、饮水、接触动物等途径传播。市场上销售的肉类、奶类、蛋类大多数已被空肠弯曲菌污染，如果食用时未经加工或加工不适当，或者吃入被污染的凉拌菜、生蛤、调味品、汉堡包等，均可引起感染中毒。空肠弯曲菌还可以污染蔬菜、水果、各类熟食品、牛奶等食品，从而引起人的中毒。水源传播也很重要。有文献报告，空肠弯曲菌引起的腹泻患者中，有60%的人在发病前一周有饮生水史。另外，空肠弯曲菌除了人与人、人与动物之间密切接触可发生水平传播外，还可由患病的母亲垂直传播（即母婴传播或围生期传播）给胎儿或婴儿。

感染空肠弯曲菌致病的潜伏期为1～10天，平均5天，食物中毒型潜伏期约20小时。发病为初期出现头痛发热、肌肉酸痛等前驱临床症状，随后出现腹泻、恶心呕吐。患者发热占半数以上，一般为低到中度发热，体温38 ℃左右，个别可高热达40 ℃，伴有全身不适。儿童高热可伴有惊厥。腹泻一般初为水样稀便，继而呈黏液或脓血黏液便，有的为明显血便。每日的腹泻次数多为 4 ～5 次，重症者可达 20 余次。病变累及直肠、乙状结肠者，可有里急后重感。轻症患者可呈间歇性腹泻，每日 3 ～4 次，间有血性便。病情重者可持续高烧伴严重血便，或呈中毒性巨结肠炎，或出现伪膜性结肠炎及下消化道大出血。部分病情较重者常有恶心呕吐、嗳气、食欲减退等症状。多数患者 10 天内自愈，轻者 24 小时即愈。少数患者病情迁延，间歇腹泻持续 2 ～3 周，或愈后复发或呈重型。

空肠弯曲菌也可引起肠道外感染，多见于 35 ～70 岁的患者或免疫功能低下者。常见的临床症状是发热、咽痛、干咳、荨麻疹、颈淋巴结肿大或肝脾肿大、黄疸及神经症状。少数中毒者会发生败血症、血栓性静脉炎、心内膜炎、心包炎、肺炎、脓胸、肺脓肿、腹膜炎、肝脓肿、胆囊炎、关节炎及泌尿系统感染。另有少数中毒者还可发生脑血管意外、蛛网膜下腔出血、脑膜脑炎、脑脓肿、脑脊液呈化脓性改变。

孕妇感染者常见上呼吸道症状、肺炎及菌血症，可引起早产、死胎或新生儿败血症及新生儿脑膜炎，病死率不高，老年人偶有发生。

3. 毒物的生物学特性

空肠弯曲菌最适生长温度为 37 ～42 ℃，对环境的抵抗力较弱，易被干燥、直射阳光及弱消毒剂杀灭。该菌在水、牛奶中存活时间较长，如在 4 ℃温度下可存活 3 ～4 周，在鸡粪中可保持活力达 96 小时，人粪中可保持活力达 7 天以上。空肠弯曲菌对酸碱有较大耐力，因此易在胃肠道生存。

4. 毒物的限量标准

空肠弯曲菌不是食品的常规检测项目，目前国内外尚无限量标准。

5. 预防措施

（1）接触动物或生的动物制品后要及时洗手，尤其儿童应尽量少接触小猫、小狗等宠物，接触后要及时洗手。

（2）肉类食品要低温贮藏，要烧熟、煮透后才可食用。

（3）牛奶等乳制品要加热消毒后才可食用。

（4）加工和储存食品时要注意卫生，防止交叉污染。

（5）养成良好的个人卫生习惯。

食物中的寄生虫

寄生虫对人体的危害，主要包括其作为病原引起寄生虫病及作为疾病的传播媒介两方面。寄生虫病对人体健康的危害非常严重，是全世界普遍存在的公共卫生问题。在占世界总人口77%的发展中国家，特别是热带和亚热带地区，寄生虫病广泛流行，严重威胁着当地居民的健康和生命。21世纪，随着人类社会的发展，人们的饮食结构和饮食方式也呈现出多元化的趋势，品种丰富的生鲜食品进入人们的生活，但也带来了一系列的食品安全与健康问题。一些食源性动物的肉类、水产品及蔬菜都含有各种病原体，这些病原体有相当大一部分属于寄生虫。人们食用的食品如果有寄生虫寄生或是被寄生虫所污染，食用后将引起一系列的局部或全身病变。据流行病学调查报告显示，至2020年底，我国已发现200多种寄生虫，被寄生虫感染的人已达7亿之多。并且发生食源性寄生虫感染的人数有增长的趋势，寄生虫感染已日益成为影响食品安全和人们健康的重要因素，成为我国及全球亟待解决的重要公共卫生问题。

（一）猪肉中的绦虫

1. 简述

猪绦虫病是由寄生在猪肉中的绦虫引起的寄生虫疾病。猪绦虫（*Taenia solium*）的囊尾蚴是严重危害人体的寄生虫之一，被误食进入人体后可以寄生在人体的任何部位发育，引起囊虫病。囊虫病对人健康的危害性远大于绦虫成虫，发病症状及严重程度因囊虫数目和寄生部位而异。人体皮下组织和肌肉组织为囊虫病多发部位，其次是脑、眼、心、肝、肺、腹膜、上唇、乳房、子宫、神经鞘等部位。囊尾蚴寄生在皮下组织时，则出现皮下结节。结节坚实而有弹性，不痛不痒，患者没有不舒适的感觉，经过一段时间后结节钙化。囊尾蚴寄生在肌肉内时，可引起肌肉酸胀不适的感觉。囊尾蚴如果寄生在脑内，会引发脑囊虫病。该病对患者危害极大，会引起患者颅压增高、头痛、呕吐和癫痫样发作，严重的可导致死亡。

2. 毒物的种类及污染状况

猪绦虫又称猪带绦虫、有钩绦虫，是世界性分布的一种寄生虫，也是中国主要的人体寄生绦虫。猪和野猪是猪绦虫主要的中间宿主，人是其终宿主，也可作为其中间宿主。当猪绦虫的虫卵或孕节被猪或野猪等中间宿主吞食后，虫卵在小肠内孵化出猪囊尾蚴，然后猪囊尾蚴借助其小钩和分泌物的作用钻入小肠壁，经血循环或淋巴系统而到达宿主身体各处寄生。在寄生部位约经 10 周后猪囊尾蚴发育成熟。猪囊尾蚴在猪体内寄生的部位为运动较多的肌肉，以股内侧肌多见，次之依次为深腰肌、肩胛肌、膈肌、心肌、舌肌等处，还可以寄生于脑、眼等处。囊尾蚴在猪体内可生存 3 ～5 年。被囊尾蚴寄生的猪肉俗称为“米猪肉”或“豆猪肉”。当猪肉中的活囊尾蚴被误食进入人体后，不但可以在人的肠中直接发育成成虫，还可以穿过肠壁，随血液流动到达全身各组织，引起囊虫病。据媒体报道，南京淮安一名女孩因晕倒、抽搐等病症入院，初时被当作癫痫治疗，后来发现是脑感染猪绦虫囊虫病。经确诊后，医生从她的大脑中竟取出一条长达 3 cm 的、活的、白色的猪绦虫的囊尾蚴。患者是误食了猪肉中的猪绦虫囊尾蚴，经消化道进入肠壁后再通过肠系膜静脉进入血管，最后经血液循环将囊尾蚴送到大脑，引起一系列的症状。

人体感染猪绦虫虫卵的方式有三种，即自体内感染、自体外感染和异体（外来）感染。自体内感染是绦虫病患者反胃、呕吐时，肠道逆蠕动使孕节反流入胃中引起感染。自体外感染是患者误食自己排出的虫卵而引起再感染。异体（外来）感染是误食他人排出的虫卵引起。据文献报道，有 16% ～ 25% 的猪带绦虫病患者伴有囊尾蚴病，而囊尾蚴病患者中约 55. 6% 伴有猪绦虫成虫寄生。

依据囊尾蚴的寄生部位，人体猪绦虫囊尾蚴病可分为三类，即皮下及肌肉囊尾蚴病、脑囊尾蚴病和眼囊尾蚴病。

（1）皮下及肌肉囊尾蚴病。囊尾蚴在皮下（或黏膜下）、肌肉中形成结节。结节数目可由 1 个至数千个，以躯干和头部较多，四肢较少。结节在皮下呈圆形或椭圆形，直径为 0. 5 ～1. 5 cm，硬度近似软骨，手可触及，与皮下组织无黏连，无压痛。皮下结节通常分批出现，并可自行逐渐消失。感染较轻时可无症状；寄生数量多时，可有自觉肌肉酸痛无力、发胀、麻木等症状。

（2）脑囊尾蚴病。由于囊尾蚴在脑内寄生部位与感染程度不同，以及宿主对寄生虫的反应不同，所以，脑囊尾蚴病的临床症状极为复杂。有的患者可无任何症状，但有的可发生猝死。脑囊尾蚴病病程缓慢，通常的发病时间为 1 个月至 1 年，最长可达 30 年。癫痫发作、颅内压增高、精神症状是脑囊尾蚴病的三大主要症状，其中以癫痫发作最为多见。据流行病学调查报告，在 1590 例脑囊虫病患者中，有癫痫发作的占 61%。囊尾蚴寄生于脑实质、蛛网膜下腔和脑室时，均可使颅内压增高。对 315 例脑囊尾蚴病患者进行腰穿的检查发现，38. 4% 患者出现颅内压增高症状。患者可出现记忆力减退、视力下降及精神症状，有些患者可出现头痛头晕、呕吐、神志不清、失语、肢麻、局部抽搐、听力障碍、精神障碍、痴呆、偏瘫和失明等症状。最近我国学者提出，脑囊尾蚴病的临床症状可分为癫痫型、脑实质型、蛛网膜下腔型、脑室型、混合型和亚临床型六种类型，其中以癫痫型最为多见。不同类型患者的临床表现和严重性不同，治疗原则与预后也不一样。脑囊尾蚴病患者对脑炎的发生起到诱导作用，并可使脑炎加重而导致死亡。

（3）眼囊尾蚴病。囊尾蚴可寄生在眼的任何部位，但绝大多数在眼球深部，其中51.6%寄生在玻璃体，37.1%寄生在视网膜下。眼囊尾蚴病通常累及单眼，症状轻者表现为视力障碍，常可见虫体蠕动，重者可致失明。据流行病学调查报告，对452例眼囊尾蚴病患者做眼底检查发现，39.16%的患者出现不同程度的眼底异常，其中，视神经乳头水肿者占25%，视神经萎缩者占5%，有41例表现为视神经水肿合并出血症。在眼部症状发生之前，约有11%患者有发烧史，29%的患者发生头痛。眼内囊尾蚴的寿命为1～2年，在囊尾蚴存活期间，一般患者尚能忍受；但囊尾蚴一旦死亡，虫体的分解物可产生强烈刺激，造成眼内组织变化，玻璃体混浊、视网膜脱离、视神经萎缩，同时可并发白内障，继发青光眼等病状，最终导致眼球萎缩而失明。

我国猪绦虫病分布很普遍，散发病例见于我国27个省（区、市）。近年来，各地的感染人数呈增加的趋势。猪绦虫病主要分布在云南、黑龙江、吉林、山东、河北、河南等省，其他省也有局限性流行。据流行病学调查发现，凡是猪绦虫病发病率高的乡村，猪体囊尾蚴和人体囊尾蚴感染率亦高，三者呈平行消长。猪绦虫病患者以青壮年为主，且农村的患者多于城市。据文献报道，在近2000例囊尾蚴病患者中，青壮年患者占83.8%，其中男性占75.29%，女性占24.71%。猪绦虫病流行的主要原因是猪的饲养管理不善导致猪感染囊尾蚴，以及居民食肉的习惯或方法不当。我国普遍采用栏圈养猪，但也有些地方采用放养，或仔猪敞放，或是厕所建造简陋，猪能自由出入吞食粪便。此外，有些猪绦虫病流行地区的居民，不习惯使用厕所，或人厕畜圈相连，人为制造生猪感染猪绦虫的机会。据流行病学调查发现，在猪绦虫病严重的流行区，当地人群都有吃生的或未煮熟的猪肉的习俗。如云南省少数民族地区在节庆日的菜肴中，有白族的“生皮”、傣族的“剁生”、哈尼族的“噢嚅”等，这些菜肴都是以生猪肉为材料。又如西南地区的“生片火锅”、云南的“过桥米线”、福建的“沙茶面”等，都是将生肉片在热汤中稍烫，蘸佐料或拌米粉或面条食用的特色菜肴。熏肉或腌肉不经过加热蒸煮直接食用，也可导致感染猪绦虫。这些食俗都存在使人感染猪绦虫的风险。此外，用于做包子或饺子的肉馅中如果含有猪肉绦虫囊尾蚴，若蒸煮时间过短，未将囊尾蚴杀死，也能致人感染绦虫。使用同一刀具和砧板切生、熟肉，易造成交叉污染而致人感染绦虫病。

3. 毒物的生物学特性

猪和野猪是猪绦虫主要的中间宿主，人是其终宿主，也可作为其中间宿主。当猪绦虫的虫卵或孕节被猪或野猪等中间宿主吞食后，虫卵在小肠内孵化出猪囊尾蚴，然后猪囊尾蚴借其小钩和分泌物的作用钻入小肠壁，经血循环或淋巴系统而到达宿主身体各处寄生。在寄生部位约经10周后猪囊尾蚴发育成熟。囊尾蚴在猪体内可生存3～5年。当人误食生的或未煮熟的含囊尾蚴的猪肉后，囊尾蚴在小肠受胆汁刺激而翻出头节，附着于肠壁，经2～3个月发育为成虫，并排出孕节和虫卵。成虫在人体内寿命可达25年以上，其受精后每个妊娠节片可含3万～5万个虫卵。猪绦虫的虫卵和孕节在人体中虽然不能继续发育为成虫，但可发育成囊尾蚴，导致囊虫病的发生。猪绦虫对环境的抗性低，猪肉在-12 ℃环境下经12小时，或在80 ℃环境下经5分钟，肉中囊尾蚴可全部被杀死。

4. 预防措施

（1）加强农贸市场上的猪肉在出售前的质量检验，避免被猪绦虫感染的猪肉流入市场。

（2）不吃生的或未煮熟的猪肉，不吃带有囊尾蚴的猪肉。

（3）生熟食物要分开存放，切剁生、熟食物的刀具和砧板要分开使用，同时养成饭前便后洗手的习惯，以防病从口入。

（4）经粪便采样检查确诊已感染绦虫病的患者应立即治疗。初期感染者服食一种特效杀虫药，将绦虫的头部排出体外。服药后应留取24小时粪便，仔细淘洗，检查排出的绦虫有无头节。经过治疗后，3～4个月内在粪便采样中未再发现绦虫的节片和虫卵，则可视为治愈。

（二）牛肉中的绦虫

1. 简述

牛绦虫病是由寄生在牛肉中的绦虫引起的寄生虫疾病。绦虫是一种巨大的肠道寄生虫，成虫的体长一般为4～8米，最长可达20多米。牛绦虫（*Teniasaginatus*）的成虫寄生于脊椎动物，幼虫主要寄生于无脊椎动物或以脊椎动物为中间宿主。寄生人体的绦虫有30余种，其中牛肉中的牛绦虫是感染人致病的较常见的寄生虫之一。牛绦虫又称牛带绦虫、肥胖带绦虫或无钩绦虫，其中间宿主有牛、野山羊、野猪、驯鹿、美洲驼、角马、绵羊等动物，人是其唯一的终宿主。人一旦吃入感染牛绦虫的牛肉，牛绦虫的囊尾蚴将其头端嵌入肠壁，寄生在人的肠腔内吸取营养，约经3个月发育成成虫，人肠内可寄生成虫一条或数条不等。牛绦虫病潜伏期约为3个月，症状轻重程度与体内寄生虫的数量有关，轻度感染者可毫无症状，重者症状明显，甚至可因并发症而死亡。

2. 毒物的种类及污染状况

牛绦虫是世界性分布的一种寄生虫，我国各省均有分布。牛绦虫的幼虫寄生于黄牛、水牛、牦牛、绵羊、野山羊、野猪、美洲驼、角马、驯鹿、鹿等动物的肌肉内，成虫可寄生在人的小肠。动物食草时吞食牛绦虫的虫卵后，虫卵在其十二指肠内孵化成囊尾蚴。牛肉绦虫的囊尾蚴不在人体中寄生，所以牛肉绦虫感染者不会引起囊虫病。但是，人吃进未煮熟的含有牛绦虫囊尾蚴的牛肉时，会被感染致病。牛绦虫囊尾蚴进入人体内后，囊尾蚴将其头端嵌入肠壁，寄生在人的肠腔内吸取营养，约经3个月发育成成虫。人肠内可寄生成虫一条或数条，每条牛绦虫成虫的体长4～8米，最长可达20多米，有1000～2000个体节，每个节片含有约10万粒虫卵。牛绦虫的虫卵或其妊娠节片随粪便排出体外，污染水源及牧草，将会再一次进入动物体内寄生，造成周而复始的感染。

因为牛绦虫的节片能自动脱离虫体随大便排出，有时单个节片能从肛门爬出，所以，绦虫感染者的临床表现为直肠内有绦虫蠕动的感觉，并且患者均有肛门瘙痒、不适的感觉。感染绦虫病后，临床症状为食欲亢进，病久食欲不振，出现消瘦、无力、头昏、上中腹部疼痛，有时疼痛很剧烈，但进食以后疼痛多数能缓解。有少数感染者会出现恶心、腹泻、便秘、神经过敏、失眠、癫痫样发作与晕厥等神经症状和过敏性瘙痒、结节性瘙痒症状。症状轻重程度与体内寄生虫的数量有关，轻度感染者可毫无症状，重者症状明显，甚至可因并发症而死亡。

3. 毒物的生物学特性

牛绦虫的成虫没有小钩（猪绦虫有钩），带状，白色或乳白色，没有口和消化道，头节近方型，有4个吸盘，靠吸盘吸附在肠壁上吸收营养。成虫的颈节能不断长出节片，每天能长7～8个节片，体节可分为未成熟节和成熟节。成熟节片有雌雄两套生殖器官，子宫内储有10多万个虫卵，这些节片可随时脱落，随粪便排出体外。牛绦虫的成虫在肠道内可存活10～20年，节片可直接浸浴在宿主半消化的食物中。

4. 预防措施

（1）地螨是牛身上绦虫的中间宿主。在温暖、多雨的季节中，地螨通常在早晨爬到牧草上吸收雨露。这些沾有地螨的牧草一旦被牛吞食，便会感染牛的小肠。所以，早晨放牧时，要待露珠渐渐消散之后再进行。冬季地螨在土壤中越冬，牛缺乏维生素和微量元素时喜欢啃食泥土，因而可能将地螨吞食。因此，冬季可在饲料中添加一些微量元素和多种维生素，可以有效地避免牛因为缺乏这些微量元素而啃食泥土，减少被感染的概率。

（2）每年的6—10月，给牛喂食驱虫药物，能够很好地预防感染绦虫。

（3）加强对牛的饲养管理，为防止牛感染绦虫，应将厕所与牛舍分开，以防牛饲料被人的大便污染。

（4）加强肉类的检验工作，杜绝屠宰场出售带有牛绦虫幼虫的牛肉。只要食用的牛肉中没有活的囊尾蚴，人类便不会感染牛绦虫。

（5）注意个人卫生，改良饮食和卫生习惯，肉类必须煮熟煮透；切生菜和熟菜的刀具、砧板要分开，用后应洗刷干净，防止污染。

（6）正规的西餐厅制作牛排的食材，均经过正规的养殖场和屠宰场的认证，无论三成熟还是八成熟，食用都是安全的。自己做牛排时，切勿贪图尝鲜，要完全做熟后食用才安全。

（7）到牧区旅游时，不要生吃小贩制售的土法炮制的风干牛肉，以防感染牛绦虫。

（三）猪肉中的旋毛虫

1. 简述

猪旋毛虫病是由旋毛虫（*Trichinella spiralis*）寄生在人和动物的小肠中引起的一种严重的人畜共患的寄生虫病。除了人群易感旋毛虫外，已知对旋毛虫易感的动物包括猪、犬、猫、鼠、狐狸、狼、野猪等100多种。家畜中猪和犬最易感染旋毛虫病，带有旋毛虫的猪肉是人群感染旋毛虫病的主要来源。人吃入生的或未煮熟的猪肉非常容易感染旋毛虫。旋毛虫的囊包侵入人体后在十二指肠释出幼虫，并发育为成虫。成虫交配后产出数以千计的幼虫，并大部分进入黏膜下的微血管，随着血液循环到达心肌和骨骼肌等横纹肌内，在其中发育为感染性幼虫。人群感染旋毛虫发病潜伏期为2～45天，多为10～15天。感染早期的临床表现为恶心、呕吐、腹痛、腹泻等，感染发展到急性期的时候，主要临床表现为发热、水肿、皮疹、肌痛等。重症患者常常感到咀嚼、吞咽、呼吸、眼球活动时疼痛。严重时多因呼吸肌、心肌和其他脏器的病变和以及虫体毒素等的作用，引起心肌和呼吸的麻痹等而导致死亡。

2. 毒物的种类及污染状况

旋毛虫又称旋毛形线虫，是一种体型很小、前细后粗的白色小线虫，雄虫长1.4～1.6 mm，雌虫长3～4 mm，肉眼勉强可以看到。

据文献报道，旋毛虫病呈世界性分布，在欧洲及北美流行较为严重。该病在我国云南、西藏、河南、湖北、黑龙江、吉林、辽宁、福建、广东、贵州、甘肃等省和自治区呈现局部与暴发性感染流行的特点，其中以西南地区感染旋毛虫病例较多。原因是这些地区的居民有吃生肉及生皮的习俗，易致本病的流行。据流行病学调查，除了人群易感旋毛虫外，已知对旋毛虫易感的动物包括猪、犬、猫、鼠、狐狸、狼、野猪等100多种。调查发现，猪和犬最易感染旋毛虫病，带有旋毛虫的猪肉和狗肉是人群感染旋毛虫病的主要来源。据文献报道，老鼠感染旋毛虫的概率较高，而猪感染旋毛虫主要是吞食老鼠造成。此外，猪的活动范围很广，吃到动物尸体的机会很多，对动物粪便的嗜食性较强。所以，许多地区的猪旋毛虫感染率达50%以上。犬的活动范围更广，可以吃到多种动物的尸体，因而犬感染旋毛虫的概率远远大于猪。显然，人群感染旋毛虫主要是吃入生肉或未煮熟的猪肉、狗肉所致。

旋毛虫侵入人体的过程是：人吃入活旋毛虫囊包，囊包经胃液消化，在十二指肠释出幼虫。幼虫在小肠内经过2～5天发育为成虫。成虫交配后，钻入肠腺和淋巴间隙，经过7～10天产出幼虫。一条雌虫在肠内约生活6周时间，所产出的幼虫可以达到1500条。成虫产出的幼虫大部分进入黏膜下的微血管，随着血液循环到达心肌和骨骼肌等横纹肌部位，在其中发育为感染性幼虫。感染性幼虫外被一层结缔组织包裹，包囊内的幼虫生命力很强，在体内可以存活很长时间。由于旋毛虫幼虫在人体内有一个发育过程，因此人群感染旋毛虫后不会立即发病，其临床病症分潜伏期、早期和急性期三个时期。感染潜伏期为2～45天，多为10～15天。潜伏期长短与病情轻重呈负相关。临床症状轻重则与感染虫量呈正相关。感染早期为旋毛虫成虫在小肠阶段，临床表现为恶心、呕吐、腹痛、腹泻等。急性期是旋毛虫幼虫移行时期，发病急、病情进展迅速为其特点，主要临床表现为发热、水肿、皮疹、肌痛等。发热时多伴畏寒，以弛张热或不规则热为常见，体温多在38～40 ℃之间，持续2周，重者最长可达8周。约80%患者在发热的同时，出现眼睑、颜面、眼结膜水肿，重者下肢或全身水肿，多持续1周左右。皮疹多与发热同时出现，好发于背、胸、四肢等部位。患者全身肌肉疼痛甚剧，显著乏力。重症患者常常感到咀嚼、吞咽、呼吸、眼球活动时疼痛。此外，旋毛虫病累及咽喉可有吞咽困难和嘻哑；累及中枢神经系统常表现为头痛、脑膜刺激征，甚而出现抽搐、昏迷、瘫痪等临床表现；累及肺部可导致咳嗽和肺部啰音，眼部常有失明、视力模糊和复视等临床表现；累及心肌可出现心音低钝、心律失常、奔马律和心功能不全等临床表现，严重时多因呼吸肌、心肌和其他脏器的病变以及虫体毒素等的作用，引起心肌和呼吸的麻痹等导致死亡。

3. 毒物的生物学特性

旋毛虫的感染性幼虫外被一层结缔组织包裹，包囊内的幼虫生命力很强，在体内可以存活很长时间。据文献报道，旋毛虫幼虫在人体中经31年、在猪体中经11年仍有感染力，在体外即使在－20 ℃的温度下，仍可存活125天以上，晾干、腌制、熏烤及涮食等方法通常不能将其杀死，但在70 ℃的温度下很快死亡。

4. 预防措施

（1）卫生检疫部门应加强检疫，未经检验合格的猪肉不准上市出售。

（2）加强食品卫生管理与宣传教育，不食生的或未熟的哺乳动物肉及肉制品。

（3）猪肉在－15 ℃冷藏20天，可将旋毛虫包囊内的幼虫杀死。

（4）提倡科学养猪，提倡圈养，保持猪舍清洁，猪饲料要煮熟以防猪只感染，病猪要及时隔离治疗。

（5）经常开展灭鼠工作，防止猪吞食死亡的老鼠等动物尸体，以减少感染和传播的机会。

（6）感染旋毛虫病的患者要及时治疗。据了解，目前对旋毛虫病的治疗尚无特效药物，临床应用较多且疗效较好的药物是噻苯哒唑，能抑制雌虫产幼虫，并可驱除肠道内的早期幼虫和杀死肌纤维间的幼虫，同时兼有镇痛、退热和抗炎作用。近年来应用丙硫苯咪唑治疗，也有良好疗效。若体温过高或出现心脏和中枢神经系统受累的征象及严重的毒血症时，可辅以肾上腺皮质激素治疗，利用其非特异性的消炎和抗变态反应的作用以缓解症状。

（四）淡水鱼虾类中的肝吸虫

1. 简述

肝吸虫（*Liver fluke*）是一种寄生在淡水鱼类中的病源性寄生虫。人生食或吃入未熟透的淡水鱼虾类水产食品，便有可能被肝吸虫感染，因而引起肝吸虫病（又称华支睾吸虫病）。肝吸虫病是一种人畜共患的寄生虫病，人感染肝吸虫后，其成虫寄生于人体的肝胆管内，进而引起寄生虫病。

2. 毒物的种类及污染状况

肝吸虫，又称华支睾吸虫（*Clonorchis sinensis*），是寄生在淡水鱼类中的一种病源性寄生虫。经流行病学调查证实，淡水鱼中有12科、39属、68种鱼受到肝吸虫感染，其中包括草鱼（鲩鱼）、青鱼（黑鲩）、鲢鱼、鳙鱼（大头鱼）、鲮鱼、鲤鱼、鳊鱼和鲫鱼等都是肝吸虫的重要宿主。肝吸虫病的感染途径，通常是肝吸虫的虫卵随患者或受感染的动物（如猫、狗等）的粪便排入水中，被淡水螺吞食，并在其体内发育成尾蚴；尾蚴从螺体逸出，浮游在水中，钻入淡水鱼虾体内，在其体内发育成囊蚴；当人或猫、狗等动物吃了生鱼或未煮熟的鱼虾时被感染；蚴虫进入肝内胆小管中发育为成虫。肝吸虫在人体内的发育过程大约需1个月的时间，发育成成虫后则一直在体内存活，最久可达20～30年。虫卵在体内不会繁殖，但如果重复食入虫卵则会增加感染总数，导致病变。肝吸虫的成虫寄生在人体的肝胆管内，数量多时可能导致管道堵塞引起肝胆管癌。

现代医学研究表明，吃鱼生或吃未煮熟的鱼虾，易诱发肝吸虫病。该病是由肝吸虫寄生在肝脏胆管内所引起的慢性寄生虫病。人轻度感染肝吸虫病后，通常症状不明显，有的仅在大便检查时发现肝吸虫的虫卵；中度感染者发病缓慢，有食欲不振、腹胀、轻度腹泻等消化道症状，以及乏力、精神不振等表现；严重感染者多呈急性发病，表现为肝隐痛与压痛、肝肿大、腹泻、消瘦、贫血、心悸、失眠症状，随之可并发胆管炎、胆囊炎、肝脓肿，后期可发展成肝硬化、肝癌、胆管癌。重症儿童患者会影响生长和智力发育。

肝吸虫对人群的感染没有性别、年龄和种族之分，人群普遍易感。肝吸虫病流行的关键因素是当地人群是否有生吃鱼肉或吃半熟鱼肉的习惯。实验证明，在厚度约1 mm的鱼肉内的肝吸虫囊蚴，在90 ℃的热水中1秒钟就会死亡，在75 ℃的热水中3秒钟内死亡，在70 ℃和60 ℃的热水中分别在6秒钟和15秒钟内全部死亡。肝吸虫囊蚴在食用醋中可存活2个小时，在酱油中可存活5小时。在烧烤、打火锅或蒸全鱼时，如果温度不够、时间不足或鱼肉过厚，均有可能没有把鱼肉中的囊蚴全部杀死，导致感染肝吸虫病。有人认为吃鱼生时只要蘸酸辣的调料，就能既杀虫又消菌；但实验证明，这种方法并不能杀死肝吸虫的囊蚴。还有人认为吃鱼生时喝高度酒，可以杀灭鱼肉里的寄生虫。其实这种观点也是错误的。因为即使用70度的酒精也要24小时才能杀死肝吸虫，平时人们饮用的酒的度数远远低于这个浓度，何况酒精在胃中被食物与胃液稀释，根本不足以杀死藏在鱼肉里的肝吸虫囊蚴，更不能预防感染肝吸虫病，反而可直接加重对肝脏的损害，增加肝吸虫病对肝脏的危害。经流行病学调查发现，成年人感染肝吸虫病的方式以食鱼生为多见，如广东珠江三角洲、香港、台湾等地人群，主要通过吃鱼生、鱼生粥或用生鱼片打火锅而被感染；东北朝鲜族居民主要是用生鱼片佐酒吃而被感染；小孩的感染则与他们在野外进食未烧烤熟透的鱼虾有关。此外，抓鱼后不洗手或用口叼鱼、使用切过生鱼的刀具和砧板切熟食、用盛过生鱼的器皿盛熟食等都有使人感染肝吸虫病的可能。广东人素来注重饮食营养，认为生食比熟食更有营养，特别是喜欢吃鱼生。因此，肝吸虫病在广东省一些地区较为流行。

据医学调查显示，经常吃淡水鱼生的人群，肝吸虫病的发病率明显高于吃深水鱼生的人群。肝吸虫多存在于淡水鱼虾的脊背部分和尾部，而鱼生恰恰是取材于肝吸虫聚集的鱼脊背部分的鱼肉，因此感染率更高。

虽然鱼生美味可口，且从营养学角度说，鱼生没有经过传统的炒、炸、蒸等烹饪方法，营养物质没有流失，是一道极富营养的菜肴；但是，从卫生角度考虑，鱼生特别是淡水鱼生，没有经过加热处理，会成为人们患寄生虫病的根源。所以，在食用鱼生、享受美味佳肴的同时，要权衡它给人们的健康带来的风险。

3. 毒物的生物学特性

肝吸虫的成虫体形狭长，背腹扁平，前端稍窄，后端钝圆，状似葵花籽，体表无棘。虫体大小一般为（10～25）mm×(3～5）mm。口吸盘略大于腹吸盘，前者位于体前端，后者位于虫体前 1/5 处。消化道简单，口位于口吸盘的中央，咽呈球形，食道短，其后为肠支。肠支分为两支，沿虫体两侧直达后端，不汇合，末端为盲端。

肝吸虫的排泄囊为一略带弯曲的长袋，前端到达受精囊水平处，并向前端发出左右两支集合管，排泄孔开口于虫体末端。雄性生殖器官有睾丸 1 对，前后排列于虫体后部 1/3，呈分支状。两睾丸各发出 1 条输出管，向前约在虫体中部汇合成输精管，通储精囊，经射精管入位于腹吸盘前缘的生殖腔，缺阴茎袋、阴茎和前列腺。

肝吸虫雌性生殖器官有卵巢 1 个，浅分叶状，位于睾丸之前，输卵管发自卵巢，其远端为卵模，卵模周围为梅氏腺。卵模之前为子宫，盘绕向前开口于生殖腔。受精囊在睾丸与卵巢之间，呈椭圆形，与输卵管相通。肝吸虫的虫卵形似芝麻，淡黄褐色，一端较窄且有盖，卵盖周围的卵壳增厚形成肩峰，另一端有小瘤。卵甚小，大小为（27～35）μm×(12～20）μm。

成虫寄生于人或哺乳动物的胆管内。虫卵随胆汁进入消化道，混于粪便中排出，在水中被第一中间宿主淡水螺吞食后，在螺体消化道孵出毛蚴，穿过肠壁在螺体内发育，经历了胞蚴、雷蚴和尾蚴三个阶段。成熟的尾蚴从螺体逸出，遇到第二中间宿主淡水鱼类，则侵入鱼体内肌肉等组织发育为囊蚴。终宿主因食入含有囊蚴的鱼而被感染。囊蚴在十二指肠内脱囊。一般认为脱囊后的后尾蚴沿肝汁流动的逆方向移行，经胆总管至肝胆管，也可经血管或穿过肠壁经腹腔进入肝胆管内。通常在人群感染肝吸虫后 1 个月左右，尾蚴发育为成虫。成虫在人体中的寿命尚缺准确数据，一般认为可长达 20～30 年。

4. 预防措施

（1）做好宣传教育工作，使群众了解肝吸虫病的危害性及其传播途径，自觉不吃鱼生及未煮熟的鱼肉或虾，改进烹调方法和饮食习惯，注意生、熟吃用的厨具要分开使用。

（2）家养的猫和狗，如粪便检查阳性者应给予治疗；不要用未经煮熟的鱼、虾喂猫、狗等动物，以免引起感染。加强粪便管理，不让未经无害化处理的粪便排放至鱼塘。

（3）结合农业生产清理塘泥或用药杀灭螺蛳，对控制肝吸虫病也有一定的作用。

（五）淡水蟹虾类中的肺吸虫

1. 简述

肺吸虫（*Paragonimus westermani*）是一种寄生在淡水蟹、蝲蛄、小龙虾中的病源性寄生虫。人如果生食或吃入未熟透的淡水蟹、蝲蛄、小龙虾类水产食品，便有可能被肺吸虫感染，因而引起肺吸虫病。肺吸虫病是一种人畜共患的寄生虫病。肺吸虫在人体中除可寄生于肺部外，也可寄生于皮下、肝、脑、脊髓、肌肉和眼眶等处，引起全身性吸虫病。人体感染肺吸虫后，初期在临床上无明显症状，急性期可有腹痛、腹泻、便血。如果肺吸虫寄生于脑部，可形成脑内多发性囊肿，患者出现剧烈的头痛、癫痫、瘫痪、视力减退、头颈强直、失语等症状。

2. 毒物的种类及污染状况

肺吸虫，又称卫氏并殖吸虫，是一种寄生在淡水蟹、蝲蛄、小龙虾类中的病源性寄生虫。肺吸虫种类很多，全世界已报告40余种，其中仅部分能引起人群致病。在我国人群中寄生的肺吸虫，主要有卫氏肺吸虫和斯氏肺吸虫两种。虫体主要寄生于人体肺部，以咳嗽、咳棕红色痰为主要表现；也可寄生于人体的多种组织器官，如脑、脊髓、胃肠道、腹腔和皮下组织等，并产生相应的症状。卫氏肺吸虫病分布于浙江、台湾、辽宁、吉林、黑龙江等地，斯氏肺吸虫病分布于四川、江西、云南、福建、广东、贵州、陕西等地。人和动物（犬、猫、猪和野生动物）是肺吸虫的终宿主。人生食蟹（尤其是石蟹）、蝲蛄、小龙虾，肺吸虫的囊蚴便经口进入人体消化道，然后在胃和十二指肠内囊蚴破裂，幼虫脱出并穿过肠壁进入腹腔，穿过横膈进入胸腔和肺，在肺内发育为成虫。肺吸虫的成虫在人体内可活 5 ～ 6 年，长者达 20 年。寄生在人体的肺吸虫不论成虫或幼虫都有移行的特点，在移行途中可寄生于其他脏器，但在肺以外的其他脏器，幼虫大多数不能发育为成虫。如果虫体移行至皮肤，可出现皮肤或肌肉的皮下结节。这种症状多见于下腹部和大腿处，也可在胸壁、腹壁、阴部、腋窝、颈部、四肢等处，出现蚕豆大至核桃大、圆形或椭圆形的皮下结节，散在或多个成串，稍隆出皮面，皮色正常，有轻度的痒感或刺痛感。结节初起时较软，后期变硬。结节有游走性是本病的特点。虫体的代谢产物或虫体死亡后所产生的异性蛋白吸收后出现变态反应，临床表现为荨麻疹，血中嗜酸性白细胞增多。

肺吸虫病是以肺部病变为主的全身性疾病，患者的临床表现复杂，症状的轻重与入侵虫种、受累器官、感染程度、机体反应等多种因素有关。起病大多缓慢，还因准确的被感染日期不明，故潜伏期难以推断。潜伏期长者 10 余年，短者仅数天，但多数在 6 ～ 12 个月。患者可有低热、咳嗽、果酱样黏痰和血痰、乏力、盗汗、食欲不振、腹痛、腹泻或荨麻疹等临床表现。按其侵犯的主要器官不同，临床上可分为肺型、腹型、脑型、结节型四种类型。

肺型以肺部为肺吸虫最常寄生的部位，症状以咳嗽、血痰、胸痛最为常见。典型的痰呈果酱样黏痰，如伴肺部坏死组织则呈烂桃样血痰。90% 患者可反复咯血，经年不断，痰中或可找到虫卵。当肺吸虫移行进入胸腔时，常引起胸痛、渗出性胸腔积液或胸膜肥厚等改变。卫氏并殖吸虫感染者常见咳嗽，少见血痰，但胸痛、胸腔积液症状较多见，少数患者可有荨麻疹或哮喘发作病症。

腹型以腹部为肺吸虫最常寄生的部位，尤以右下腹为多见，轻重不一，亦可有腹泻、肝大、血便或芝麻酱样便，在其中或可找到成虫或虫卵。患者里急后重感明显，体检腹部压痛，偶有肝、脾、淋巴结肿大及腹部结节、肿块或腹水。腹部肿块似有囊性感，数目不等，直径 1 ～4 cm。肺吸虫常在肝内形成嗜酸性脓肿，导致肝大及肝功能异常。

脑型以脑部为肺吸虫最常寄生的部位，常因卫氏并殖吸虫感染所引起，多见于儿童及青壮年，在流行区其感染率可高达 2% ～ 5% 。脑型临床表现有：出现颅内压增高症状，如头痛、呕吐、意识迟钝、视盘水肿等，多见于早期患者；出现脑组织破坏性症状，如瘫痪、失语、偏盲、共济失调等，一般出现在后期；出现刺激性症状，如癫痫发作、视幻觉、肢体异常感觉等，多因病变接近脑皮质所致；出现炎症性症状，如畏寒、发热、头痛、脑膜刺激征等，多见于疾病早期。

结节型以四川并殖吸虫引起多见，其发生率为 50% ～ 80% 。结节可发生于腹、胸、背、腹股沟、大腿、阴囊、头颈、眼眶等部位，黄豆至鸭蛋大。结节为典型嗜酸性肉芽肿，内有夏科氏结晶，或可找到虫体，但无虫卵，约有 20% 卫氏并殖吸虫患者可有此征象。结节多位于下腹部及大腿皮下或深部肌肉内，1～6 cm 大小，孤立或成串存在。

3. 毒物的生物学特性

肺吸虫的成虫体肥厚，长度在 7.5～12 mm，呈半粒花生状，口吸盘与腹吸盘大小相近，子宫盘曲成团，卵黄腺呈滤泡状，密布于虫体两侧。肺吸虫发育和感染过程大致为：肺吸虫卵进入水中发育成毛蚴，并钻入淡水螺（第一中间宿主）体内发育成胞蚴，随后发育成母雷蚴、子雷蚴，再发育成大量的尾蚴。尾蚴脱离螺体侵入螃蟹（尤其是石蟹）、蝲蛄、小龙虾（第二中间宿主）体内发育成囊蚴。人若吃了生的或未煮熟的石蟹、蝲蛄、小龙虾，囊蚴便进入人的小肠，然后幼虫脱囊而出，穿过肠壁到腹腔，再穿过横膈进入肺内发育为成虫。成虫在宿主体内可活 5～6 年，长者达 20 年。肺吸虫的成虫和幼虫都有移行的特点，在移行途中可寄生于肺和其他脏器。幼虫只能在肺部发育成为成虫；在肺以外的其他脏器，幼虫大多数不能发育为成虫。

肺吸虫囊蚴的抵抗力很强，在 55 ℃的水中经 30 分钟或 20% 盐水中腌 48 小时才能杀死。为了避免感染肺吸虫，蒸煮虾蟹时，在水开后至少还要再蒸煮 10 分钟才能确保食用安全。

4. 预防措施

（1）加强卫生宣传，不吃生的或未熟透的蝲蟹、蝲蛄、小龙虾。蒸煮虾蟹时，在水开后再蒸煮 10 分钟，彻底杀死肺吸虫成虫、卵和尾蚴，确保食用安全。

（2）不饮用生水，加强粪便管理，防止水源的污染。

（3）在流行区进行流行病学普查，发现患者要及时治疗。对粪检虫卵呈阳性的家畜应及时捕杀。

（六）食物中的广州管圆线虫

1. 简述

广州管圆线虫（*Pulmonema cantonensis*）主要寄生于鼠类肺动脉及右心内，其中间宿主包括陆地螺、淡水虾、蟾蜍、蛙和蛇等。如果人不经煮熟便食入这些被寄生虫感染的动物，易患广州管圆线虫病，该病是一种人畜共患的寄生虫疾病。管圆线虫一旦进入人体，可在人体内游走，集中钻入大脑、小脑、脑干及脊髓等处，引起脑组织病变。广州管圆线虫病轻度患者临床症状为头痛、头昏、恶心、呕吐，重度患者会发生休克、狂躁甚至死亡。

2. 毒物的种类及污染状况

广州管圆线虫最早由我国的陈心陶教授在广东家鼠及褐家鼠体内发现，当时命名为广州肺线虫。后由 Matsumoto 在我国台湾报道，至 1946 年才由 Dougherty 正式命名为广州管圆线虫。我国首例广州管圆线虫病由何竞智于 1984 年在广东省徐闻县发现，近 30 年来不断有新发广州管圆线虫病例报道，如 1997 年 10 月中旬至 11 月中旬在浙江温州地区、2002 年 8 月在福建省长乐市、2002 年 10 月在福州市以及 2006 年 8 月在北京市发生的暴发性广州管圆线虫病例。30 年前广州管圆线虫病主要分布在南方，但近 10 年来南病北移的现象很明显。目前，我国至少有 10 个省区发现有广州管圆线虫分布，并出现广州管圆线虫病例。这些情况表明，广州管圆线虫对人群的健康已构成了一定的威胁，这引起了公众卫生管理部门的高度重视。2003 年，卫生部已将广州管圆线虫病列为我国新发传染病。

广州管圆线虫是一种主要寄生于鼠类肺动脉及右心内的线虫，其中间宿主包括褐云玛瑙螺、皱疤坚螺、铜锈环棱螺、短梨巴蜗牛、中国圆田螺、东风螺和福寿螺等陆地螺，一只螺中可能潜伏 1600 多条幼虫。此外，广州管圆线虫也存在于淡水虾、蟾蜍、蛙、蛇等动物体内。如果不经煮熟便食入这些被寄生虫感染的动物，人易患广州管圆线虫病。广州管圆线虫一旦进入人体后，可在人体内游走，集中钻入大脑、小脑、脑干及脊髓等处，使人发生急剧的头痛，甚至不能受到任何振动刺激，诸如走路、坐下、翻身时头痛均会加剧，并伴有恶心呕吐、颈项强直、活动受限、抽搐等症状，重者可导致瘫痪、死亡。诊断治疗及时的情况下，绝大多数患者愈后良好；但也有个别感染虫体数量多的患者，病情严重可致死亡，或留有后遗症。

广州管圆线虫病主要病理改变是充血、出血、脑组织损伤及肉芽肿炎症反应。最明显的症状为急性剧烈头痛或脑膜脑炎表现，其次为颈项强直，可伴有颈部运动疼痛、恶心呕吐、低度或中度发热。头痛一般为胀裂性乃至不能忍受，起初为间歇性，继后发作渐频或发作期延长，止痛药仅对 45% 的患者有短时间的缓解。头痛部位多发生在枕部和双颞部。据医学统计分析，在重症病例中，58% 的病例发热伴有神经系统异常表现，16% 的患者有视觉损害，12% 有眼部异常，5% 存在缓慢进行性感觉中枢损害，17% 的可累及脑神经，眼外直肌瘫痪和面瘫分别为 3% 和 4%，低于 1% 的患者发生无定位的四肢软弱。据温州同批感染的 47 例患者的临床分析表明，潜伏期最短 1 天，最长 27 天，平均潜伏期为10～25天；主要症状有头痛（43例，占91.5%）、躯体疼痛（44例，占93.6%）、游走性疼痛（33例，占70.2%）、皮肤触摸痛（30例，占63.8%）、低中度发热（25例，占53.2%）和高热（2例，占4.3%）。此外，还有鼻部、眼部或肺部广州管圆线虫病的报道。

3. 毒物的生物学特性

广州管圆线虫的成虫线状，细长，体表有微细环状横纹。雌虫（17～45）mm×（0.3～0.7）mm，尾斜锥形，雄虫（11～26）mm×（0.2～0.5）mm，交合伞对称，呈肾形。广州管圆线虫具有一定的耐热性，在实验室条件下福寿螺体内的广州管圆线虫经80～90 ℃水中1分钟，或100 ℃水中30秒钟，不能将其全部杀死；水温45 ℃以下对广州管圆线虫几乎没有杀灭作用。

据文献报道，广州管圆线虫的生态特点比较复杂，不仅有众多的终宿主和中间宿主，还有多种转续宿主如淡水鱼、虾等。人体感染广州管圆线虫主要是因食用生的或半生的含有广州管圆线虫幼虫的螺类、鱼、虾，以及被广州管线虫幼虫污染的蔬菜、瓜果和饮水所致。广州管圆线虫的传播扩散，很大程度上取决于其中间宿主的多样性。不同的中间宿主的分布范围、易感性和传播能力都会有差异，所以不同的中间宿主在广州管圆线虫传播中的作用也不同。尽管广州管圆线虫的中间宿主和转续宿主多达50余种，但是由于上述的原因，只有几种中间宿主与广州管圆线虫的扩散和疾病的发生密切相关。我国的圆田螺、铜锈环棱螺、福寿螺和东风螺是几种最常见的被广州管圆线虫污染的淡水螺和陆生螺类。早期东风螺在传播广州管圆线虫中占主导地位，但随着福寿螺的入侵和不断扩散，其传播广州管圆线虫的作用已超出东风螺。目前我国发生的广州管圆线虫病例，其感染途径主要是吃用福寿螺。福寿螺自1981年从台湾引进广东，之后很快被引种到广西、海南、福建、浙江和江西等地，现已成为当地重要的贝类，也是我国首批公布外来入侵物种中危害极大的16种生物之一。福寿螺是各种鼠类喜吃的贝类，而福寿螺亦喜吃各种老鼠的粪便，因此，造成广州管圆线虫在螺与鼠之间不断地循环。此外，福寿螺产卵量大，繁殖能力强。据医学调查，广州管圆线虫幼虫对福寿螺的自然感染率高达65.5%。由于福寿螺养殖后放任不管，现已成为农业一害。随着福寿螺在我国分布范围不断扩大，广州管圆线虫的自然疫源地也将随之迅速扩大。

4. 预防措施

（1）提高群众的自我保健意识，防止病从口入，不要吃生或半生的螺类、蛙类、鱼、河虾、蟹等，不吃生菜，不喝生水。

（2）广州管圆线虫 的幼虫可经皮肤侵入机体，因此应防止在加工螺类过程中受到感染。

（3）加工过生鲜水产品的刀具及砧板，必须清洗消毒后方可再使用；盛过生水产品的器皿，不可盛放其他直接入口的食品，避免交叉感染。

（4）不要用生鲜的水产品喂食猫、犬。

（七）菱角、莲藕等水生植物中的姜片虫

1. 简述

姜片虫（*Fasciolopsis buski*）是寄生于人体小肠中的一种寄生虫，可致人群感染姜片虫病。该病是人、猪共患的寄生虫病，其中间宿主是扁卷螺类，终宿主是人和猪（或野猪），并以菱角、莲藕、荸荠、茭白、水浮莲、浮萍等水生植物为传播媒介。人如果生食菱角、莲藕、荸荠、茭白等水生植物或饮用生水，容易被姜片虫感染致病。姜片虫病患者常见的临床症状为腹痛、腹泻，并表现出消化不良、排便量多、稀薄而臭，或腹泻与便秘交替出现，甚至发生肠梗阻。在营养不足、反复中度感染的病例（尤其是儿童）中，可出现低热、消瘦、贫血、浮肿、腹水以及智力减退和发育障碍等症状，少数可因器官衰竭、虚脱而死亡。

2. 毒物的种类及污染状况

姜片虫全称布氏姜片虫，是寄生于人体小肠中的一种大型吸虫，也是人类最早认识的寄生虫之一。据文献报道，姜片虫病流行于亚洲的印度、孟加拉、缅甸、越南、老挝、泰国、印度尼西亚、马来西亚、菲律宾、日本和中国。我国已发现有人或猪姜片虫病流行的地区有浙江、福建、广东、广西、云南、贵州、四川、湖南、湖北、江西、安徽、江苏、上海、山东、河北、陕西和台湾等。流行病学调查发现，人体姜片虫病主要流行于地势低洼、水源丰富和种植莲藕、菱角及其他可供生食的水生植物的地区。猪姜片虫病也是流行于种植水生植物和以水生青饲料喂猪的地区。我国姜片虫病的流行多见于东南沿海的平原水网地区、湖泊区及江河沿岸的冲积平原、三角洲地带和内陆的平原及盆地。随着水利建设和养猪业的发展，水生植物种植面积相应增加，如果不采取措施，必将促进姜片虫病的流行。

人体姜片虫病一般以青少年为多见，但在严重流行区各年龄组的感染率均很高，这

主要取决于感染姜片虫囊蚴的概率。生食莲藕、菱角、茭白等水生植物，尤其在收摘菱角时，边采边食极易于感染姜片虫病。在城镇集市上购得的菱角、莲藕也可能藏有活的囊蚴。有资料报道，在一只菱角上找到688个姜片虫的囊蚴。实验证明姜片虫尾蚴可在水面上形成囊，如果自然水体中存在姜片虫尾蚴，则饮用生水可能引起感染姜片虫病。猪感染姜片虫较为普遍，因此猪成为最重要的保虫宿主。用含有姜片虫活囊蚴的青饲料（如水浮莲、水萍莲、蕹菜、菱叶、浮萍等）喂猪，是猪感染姜片虫病的原因。将猪舍或厕所建在种植水生植物的塘边、河旁，或用粪便施肥，均可增加粪内虫卵流入水体的概率。另外，这种水体含有机物多，有利于扁卷螺类的孳生繁殖，由此便构成了姜片虫完成生活史所需的全部条件。

流行病学调查发现，人、猪感染姜片虫有季节性，因虫卵在水中的发育及幼虫期在扁卷螺体内的发育繁殖均与温度有密切关系。一般夏秋季是感染流行的主要季节，而南方出现感染的时间要早一些、感染流行时间长一些，北方则迟一些、感染流行时间短一些。江浙和广东一带水生植物上的囊蚴以6—10月为多，而此时正是菱角等水生食材成熟的季节。据我国文献报道，感染姜片虫幼虫的扁卷螺类有大脐圆扁螺、尖口圈扁螺、半球多腺扁螺和凸旋螺等，并以菱角、莲藕、荸荠、茭白、水浮莲、浮萍等水生植物为传播媒介。

人如果生食菱角、莲藕、茭白等水生植物，或饮用生水容易感染姜片虫而发病。由于姜片虫具有发达吸盘，吸附力强，人被感染后虫体便吸附在小肠上，可导致被吸附部位的黏膜坏死、脱落，肠黏膜发生炎症、点状出血、水肿以至形成溃疡或脓肿。病变部位可见中性粒细胞、淋巴细胞和嗜酸性粒细胞浸润，肠黏膜分泌增加，血中嗜酸性粒细胞增多。人感染姜片虫病的发病潜伏期为1～3个月，轻度感染者症状轻微或无症状，中、重度者可出现食欲缺乏、腹痛、间歇性腹泻、恶心、呕吐等胃肠道症状，以腹痛为主。腹痛常位于上腹部与右季肋下部，少数在脐周，发生于早晨空腹或进食后，偶有剧痛与绞痛。患者常有肠鸣音亢进、肠蠕动增强、肠胀气，不少患者有自动排虫或吐虫史。儿童患者常有神经症状出现，如夜间睡眠不好、磨牙、抽搐等。少数患者因长期腹泻，严重营养不良，可出现低热、消瘦、贫血、浮肿、腹水以及智力减退和发育障碍等症状。重度晚期患者可发生器官衰竭、虚脱或继发肺部、肠道细菌感染，造成死亡。偶有患者出现虫体集结成团导致肠梗阻的症状。

3. 毒物的生物学特性

姜片虫成虫寄生在终宿主小肠上段，虫卵随终宿主粪便排入水中，在适宜温度26～32 ℃下经3～7周的发育孵出毛蚴。毛蚴侵入扁卷螺的淋巴间隙中，经胞蚴、母雷蚴、子雷蚴阶段，形成许多尾蚴，自螺体陆续逸出。成熟的尾蚴从螺体逸出后，吸附在水生植物如水红菱、荸荠、茭白等及其他物体的表面，分泌出成囊物质包裹其体部，脱去尾部形成囊蚴。尾蚴亦可不附着在媒介植物或其他物体上，而能在水面结囊。囊蚴呈半圆形，光镜下可见两层囊壁：外层草帽状，脆弱易破；内层扁圆形，透明而较坚韧。人食入囊蚴后，在消化液和胆汁作用下，囊蚴逸出并附于十二指肠或空肠上段的黏膜上吸取营养，经 1～3 个月发育为成虫。成虫主要寄生在小肠，严重感染时可扩展到胃和大肠，虫体数目可多达数千条，通常仅数条至数十条。在猪体中观察发现，感染后 5～7 个月内产卵量最多，一天约可产 2.5 万个卵，9 个月后排卵数渐减少。估计姜片虫的寿命在猪体不超过两年，在人体最长可达 4 年半。

姜片虫囊蚴具有一定的抵抗力，在温度 28～30 ℃的湿纸上可存活 10 天以上，在 5 ℃下可存活 1 年。姜片虫囊蚴不耐高热，在沸水中 1 分钟，或阳光下曝晒 1 天即死亡。姜片虫囊蚴对干燥环境的抵抗力也很弱，所以在离种植地较远的人群中，通常感染率低或无感染者。

4. 预防措施

（1）加强粪便管理，防止人、猪粪便通过各种途径污染水体。

（2）不生食未经刷洗干净及沸水烫过的菱角、莲藕、荸荠等水生食材，不喝河塘的生水。

（3）不用被囊蚴污染的青饲料喂猪，避免为姜片虫完成生活史创造条件。

（4）在流行区开展人和猪的姜片虫病普查普治工作，选用适宜的方法杀灭扁卷螺。

（八）蛙类、蛇类中的曼氏迭宫绦虫

1. 简述

蛙类和蛇类体内常见寄生曼氏迭宫绦虫（*Spirometra mansoni*），其幼虫和成虫均可寄生于人的体内，引起裂头蚴病。此病是我国重要的人类食源性寄生虫病之一，近年来，世界各地不断有新的病例被报道，对曼氏迭宫绦虫的研究逐渐引起了人们的重视。

2. 毒物的种类及污染状况

曼氏迭宫绦虫广泛分布于世界各地，其成虫常见于蛙类、蛇类以及猫、犬等肉食动物体内，其幼虫和成虫均可寄生于人体内，引起疾病，尤其以幼虫寄生引起的裂头蚴病更为常见。曼氏裂头蚴病多见于东亚和东南亚各国，在我国已有数千例报告，病例来自广东、吉林、福建、四川、广西、湖南、浙江、海南、江西和江苏等21个省、自治区、直辖市。

曼氏迭宫绦虫的终宿主主要是猫和犬，其生活史中需要3个宿主，第一中间宿主是剑水蚤，第二中间宿主为蛙，蛇、鸟类和猪等多种脊椎动物为其转续宿主。人可成为其第二中间宿主、转续宿主或终宿主。成虫寄生于犬、猫、虎等肉食动物的小肠内。虫卵自子宫孔产出后随宿主粪便排出体外，经发育成为钩球蚴。钩球蚴被第一中间宿主剑水蚤吞食后，在其体腔内发育为原尾蚴，原尾蚴内含6个钩。含有原尾蚴的剑水蚤被第二中间宿主蝌蚪吞食，随蝌蚪发育为蛙，原尾蚴也发育为裂头蚴。裂头蚴有较强的伸缩能力，常移行到蛙的肌肉中，以大腿及小腿部分为最多。如果受感染的蛙被蛇等非正常宿主吞食，裂头蚴不在其肠内发育为成虫，而是穿出肠壁，在腹腔、肌肉及皮下等处继续生存，因此，蛇、鸟、猪为其转续宿主。猫、犬等终宿主吞食了感染裂头蚴的中间宿主或转续宿主后，裂头蚴在终宿主肠内发育为成虫。

曼氏迭宫绦虫成虫寄生在人的肠道中，会引起消化道症状，其幼虫可迁移并寄生于皮下、眼睛、口腔、内脏、脑和脊髓等组织器官中，引起裂头蚴病，表现为皮下肿胀疼痛、眼睑红肿下垂、结膜充血、流泪、头痛、抽搐、肢体麻木和感觉异常等症状，其危害远大于成虫寄生。常见寄生于人体的部位依次是眼睑部、四肢、躯体、皮下、口腔颌面部和内脏。被侵袭部位可形成嗜酸性肉芽肿囊包，致使局部肿胀，甚至发生脓肿。曼氏迭宫绦虫引起的裂头蚴病临床表现有如下五种类型：

（1）眼裂头蚴病：最常见的类型，占临床病例的45.6%。多累及单侧眼睑或眼球，表现为眼睑红肿、结膜充血、畏光、流泪、微疼、奇痒或有虫爬感等，有时伴有恶心、呕吐及发热等症状。在红肿的眼睑和结膜下，可有流动性、硬度不等的肿块或条索状物，直径约1 cm。偶尔破溃，裂头蚴自动逸出而自愈。若裂头蚴侵入眼球内，可发生眼球凸出，眼球运动障碍；严重者出现角膜溃疡，甚至并发白内障而失明。眼裂头蚴病在临床上常误诊为麦粒肿、急性葡萄膜炎、眼眶蜂窝织炎、肿瘤等，往往在手术后才被确诊。

（2）皮下裂头蚴病：占临床病例的31.0%。常累及躯干表浅部，如胸壁、乳房、腹壁、外生殖器以及四肢皮下，表现为游走性皮下结节，可呈圆形、柱形或不规则条索状，大小不一，直径为0.5～5.0 cm，局部可有瘙痒、有虫爬感等，若有炎症时可出现间歇性或持续性疼痛或触痛，或有荨麻疹。

（3）口腔颌面部裂头蚴病：占临床病例的20.1%。常在口腔黏膜或颊部皮下出现硬结，直径为0.5～3.0 cm，患处红肿、发痒或有虫爬感，并多有小白虫（裂头蚴）逸出史。

（4）脑裂头蚴病：占临床病例的2.3%，临床表现酷似脑瘤，常有阵发性头痛史，严重时昏迷或伴喷射状呕吐、视力模糊、间歇性口角抽搐、肢体麻木、抽搐，甚至瘫痪等，极易误诊。

（5）内脏裂头蚴病：仅占临床病例的1%。临床表现因裂头蚴移行位置而定。有的可经消化道侵入腹膜，引起炎症反应；有的可经呼吸道咳出；还有见于脊髓、椎管、尿道和膀胱等处，引起较严重后果。

人体感染裂头蚴有两种途径，即裂头蚴或原尾蚴经皮肤或黏膜侵入，或误食被裂头蚴或原尾蚴污染的食物。感染方式主要有如下3种：

（1）局部敷贴生蛙肉。局部敷贴生蛙肉为主要感染方式，约半数以上患者因此而感染。我国民间有蛙肉有清凉、解毒作用的说法，人们常用生蛙肉敷贴眼、口颊、外阴等部位的伤口或脓肿。若蛙肉中有裂头蚴，即可经伤口或正常皮肤、黏膜侵入人体。

（2）吞食未煮熟的蛙、蛇、鸡或猪肉。民间有吞食活蛙治疗疮疖或疼痛的习俗，或喜食未煮熟的肉类，其中的裂头蚴可穿过人体肠壁而进入腹腔，然后移行到其他部位。

（3）误食感染的剑水蚤。饮用水或游泳时误吞湖塘水，使受感染的剑水蚤有机会进入人体。

3. 毒物的生物学特性

曼氏迭宫绦虫的成虫呈带状，长60～100 cm，宽0.5～0.6 cm。头节细小，长1.0～1.5 mm，宽0.4～0.8 mm，呈指状，其背、腹面各有一条纵行的吸槽。颈部细长，链体有节片约1000个，节片一般宽度均大于长度，但远端的节片长宽几近相等。成节和孕节的结构基本相似，均具有发育成熟的雌雄性生殖器官各一套，肉眼即可见到，每个节片中部凸起的子宫在孕节中更为明显。卵呈橄榄形，两端稍尖，长52～76 μm，宽31～44 μm，呈浅灰褐色。卵壳较薄，一端有卵盖，内有一个卵细胞和若干个卵黄细胞。曼氏迭宫绦虫的裂头蚴长带形，白色，约300 mm×0.7 mm，头端膨大，中央有一明显凹陷，与成虫头节略相似；体不分节，但具有不规则横皱褶；后端多呈钝圆形。裂头蚴活时伸缩能力很强。

4. 预防措施

（1）提高群众的自我保健意识，防止病从口入。曼氏裂头蚴病主要经皮肤或经口感染，宣传教育有重要意义。避免用蛙和蛇皮、肉敷贴皮肤、伤口，不生食或食用未熟透的蛙、蛇、鸟、猪及其他动物肉类，以防止感染。近年来因生食蛇血、生吞蛇胆及各种野味所致曼氏迭宫绦虫感染有上升趋势，应予以足够重视。

（2）饮用生水误吞剑水蚤也可感染曼氏迭宫绦虫，另外，在游泳时原尾蚴经眼结膜侵入也有零星报道，值得警惕。此外，加强肉食检疫对预防本病也有一定意义。

（九） 肉类食物中的弓形虫

1. 简述

所有的哺乳动物和鸟类，如鼠类、猪、羊、牛、家兔和鸡、鸭、鹅等，都可以感染弓形虫，而且感染率很高。人的感染来源主要是这些动物的肉类，如火锅的温度不够或时间过短，其中的弓形虫没有杀死就有传染的危险。猫和猫科动物是弓形虫的终宿主。感染弓形虫的猫，其粪便是重要的传染来源。正常人感染弓形虫绝大多数没有症状，或者症状很轻；只有少数人初次感染时有发热、淋巴结肿大、头痛、肌肉关节痛和腹痛等，几天或数周后随着人体产生免疫力，症状消失，只是形成的包囊在身体里可能存在几个月、几年或者更长时间，一般都能自愈。但是，有严重免疫缺陷的患者，弓形虫感染症状很严重。怀孕妇女感染后可传染给胎儿，有可能发生非常严重的后果。

2. 毒物的种类及污染状况

弓形虫（*Toxoplasma Gondii*）是细胞内寄生虫。弓形虫侵入人体后，经淋巴或直接进入血液循环，造成虫血症，然后再散播到全身各部位，破坏大脑、心脏、眼底，致使人的免疫力下降，易患各种疾病。感染初期，机体无特异性免疫。血流中的弓形虫很快播散侵入各个器官，在细胞内以速殖子形式迅速分裂增殖，直到宿主细胞破裂后，逸出的速殖子再侵入邻近细胞。如此反复，发展为局部组织的坏死病，同时伴有以单核细胞浸润为主的急性炎症反应。在慢性感染期，只有当包囊破裂，机体免疫力低下时，才会出现虫血症播散。弓形虫可侵犯人体任何器官，其多发部位为脑、眼、淋巴结、心、肺、肝和肌肉。随着机体特异性免疫的形成，血中弓形虫被清除，组织中弓形虫形成包囊，可长期在宿主体内存在而无明显症状。包囊最常见于脑和眼，其次为心肌和骨骼肌。宿主免疫力一旦下降，包囊破裂逸出的缓殖子除可播散并引起上述组织坏死病变外，还可引起机体速发型超敏反应，导致坏死和强烈的肉芽肿样炎症反应。淋巴结是获得性弓形虫病最常侵犯的部位。其炎症反应具有特征性，表现为高度的滤泡增生、生发中心的边缘细胞胞浆呈嗜酸性变和组织巨噬细胞不规则聚集。淋巴结中无典型肉芽肿形成。眼部可产生单一或多发性坏死灶，有单核细胞、淋巴细胞和浆细胞浸润，病灶中可查见滋养体或包囊。坏死性视网膜炎为首发病变，随后可发生肉芽肿性脉络膜炎、虹膜睫状体炎、白内障和青光眼。脑损害可表现为局灶性或弥漫性脑膜脑炎，伴有坏死和小神经胶质细胞结节。在坏死灶及坏死灶附近血管周围有单核细胞、淋巴细胞和浆细胞浸润，其周边可查到弓形虫。先天性弓形虫脑病尚可见脑室周围钙化灶，大脑导水管周围血管炎症、坏死和脑积水等。肺内可见坚硬的白色结节、坏死斑，脾脏肿大、坏死，血管周围有浸润现象。

弓形虫可以引起人和各种动物的传染，由于其宿主多，传染途径因宿主不同而异。感染弓形虫的患者，可在人和人之间互相传染。据流行病学调查发现，大多数人都是弓形虫带虫者，形成带虫免疫，因此，被弓形虫感染后很难出现初次感染的症状。弓形虫病患者的尿液、唾液、眼泪、鼻涕带有弓形虫包囊。急性发作的患者的喷嚏可以成为飞沫传染源。患弓形虫病的女性，在月经期弓形虫活动最强烈，其所排的经血里面常含有大量的弓形虫包囊，是一个不小的传染源。另外，患弓形虫病的男性的精液中也带有弓形虫包囊，人类通过性行为可以互相传染。据文献报道，对于人群而言，食物是弓形虫的主要传染源。人食用感染动物的鲜肉及其制品，如腊肉、香肠、火腿肠、肉罐头等都是感染弓形虫的主要原因。此外，感染动物生产的食物，如鸡蛋、奶及其加工食物也都具有传染性，如奶制品、奶油制品、蛋类制品、蛋糕、各类饼干、点心等有时也能成为传染源。

人感染弓形虫致病的临床表现一般分为先天性和后天获得性两类，均以隐性感染为多见。临床症状多由新近急性感染或潜在病灶活化所致。

先天性弓形虫病的临床表现复杂。多数婴儿出生时可无症状，其中部分于出生后数月或数年发生视网膜脉络膜炎、斜视、失明、癫痫、精神运动或智力迟钝等。如果临床表现出视网膜脉络膜炎、脑积水、小头畸形、无脑儿、颅内钙化等，应考虑本病的可能。

后天获得性弓形虫病病情轻重不一，免疫功能正常的宿主表现出急性淋巴结炎最为多见，约占90%。免疫缺损者如艾滋病患者、器官移植者、恶性肿瘤患者常有显著的全身症状，如高热、斑丘疹、肌痛、关节痛、头痛、呕吐、谵妄，并发生脑炎、心肌炎、肺炎、肝炎、胃肠炎等。

眼弓形虫病多数为先天性，后天所见者可能为先天潜在病灶活化所致。临床上有视力模糊、盲点、怕光、疼痛、泪溢、中心性视力缺失等，很少有全身症状。炎症消退后视力改善，但通常不能完全恢复。

3. 毒物的生物学特性

弓形虫的发育分两个阶段，即肠黏膜外阶段与肠黏膜内阶段。前者在各种中间宿主和终宿感染的组织细胞内发育，后者仅在终宿主小肠黏膜的上皮细胞内发育。

肠黏膜外阶段：弓形虫的卵囊、包囊或假包囊被中间宿主或终宿主吞食后，在肠腔内分别释放出子孢子、缓殖子或速殖子，虫体可直接或经淋巴和血液侵入肠外组织、器官的各种有核细胞内，也可通过吞噬细胞和吞噬作用进入细胞内。虫体主要在胞质内，也可在胞核内进行分裂繁殖。在急性期，速殖子迅速裂体增殖，使受侵的细胞破裂，速殖子又侵入新的细胞增殖。随着机体特异性免疫的形成，弓形虫速殖子在细胞内的增殖减慢并最终发育成包囊，虫体进入缓殖子期。包囊可在宿主体内长期存在。宿主免疫功能低下时，包囊破裂放出大量缓殖子，形成虫血症，并可侵入新的宿主细胞迅速增殖。

肠黏膜内阶段：弓形虫的卵囊、包囊或假包囊被终宿主吞食后进入小肠。子孢子、缓殖子或速殖子可直接侵入小肠黏膜上皮细胞内进行无性生殖，并形成裂殖子。细胞被破坏后释放出裂殖子，裂殖子再侵入新的上皮细胞。经数代增殖后，部分裂殖子在上皮细胞内发育为雌、雄配子体，二者结合受精成为合子，最后发育为卵囊。卵囊成熟后从上皮细胞脱出进入大肠腔，随粪便排出体外。排出的卵囊经外界 2 ～ 3 天的发育而成熟，具有感染力。

不同发育期弓形虫的抵抗力有明显差异。滋养体对温度和一般消毒剂都较敏感，加热到 54 ℃能存活 10 分钟，在甲酚磺酸溶液或 1% 盐酸溶液中 1 分钟即死亡。包囊的抵抗力较强，4 ℃下可存活 68 天，胃液内可耐受 3 小时；但不耐干燥及高温，在 56 ℃下 10 ～ 15 分钟即死亡。弓形虫的卵囊对酸、碱等常用消毒剂的抵抗力都很强；但对热的抵抗力弱，80 ℃下 1 分钟即死亡。

4. 预防措施

（1）加强对家畜、家禽和可疑动物的监测和隔离；加强饮食卫生管理，严格执行肉类食品卫生检疫制度。

（2）不吃生或半生的肉、蛋、乳制品。接触过肉类的手以及物品，如菜板、刀具等要用肥皂水和清水冲洗干净。

（3）蔬菜和水果在食用前要彻底清洗。

（4）家猫最好用干饲料和烧煮过的食物喂养，定期清扫猫窝，但孕妇不要参与清扫。

（5）孕妇不养猫，不接触猫、猫粪和生肉，不要让猫舔手、脸及食具等；要定期做弓形虫常规检查，以减少先天性弓形虫病的发生。

（6）低温（－13 ℃）和高温（67 ℃）均可杀死肉中的弓形虫。

（7）做好水、粪管理工作，要特别注意防止可能带有弓形体卵囊的猫粪污染水源，食物和饲料等。

三 食物中的动植物食源性毒物的危害

人们在日常生活中接触到大量的食物，而有些动植物食物本身在未经煮熟前具有毒性物质，或者其某些部位即使经过高温烹调，毒素仍然具有活性。如果误食这些具有毒性的食物，会造成食物中毒，轻者会导致病痛，重者会危及生命。常见的动植物食源性毒物有如下几种。

（一）有毒的蘑菇对健康的危害

1. 简述

毒蘑菇亦称毒菌，是指大型真菌的子实体被食用后致人或畜禽产生中毒反应的物种。自然界中的毒菌估计达1000种以上，我国已知有毒的毒蘑菇有435种（图力古尔等，2014），且分布广泛。因此在广大山区、农村和乡镇，误食毒蘑菇中毒的事例比较普遍，以春夏季最为多见，几乎每年都有严重中毒致死的报告。据我国卫生部统计报告，2010年全国食用毒蘑菇死亡人数共112人，占全部食物中毒死亡人数的61%。据资料记载，2001年江西永修县曾发生1000多人因误食毒蘑菇中毒，为新中国成立以来最大的毒蘑菇中毒事件。据全国突发公共卫生事件报告管理系统（2004—2014年）上报的毒蘑菇中毒事件的统计，11年间共上报蘑菇中毒事件576起，累计报告中毒病例3701例，死亡786例，病死率为21.24%。毒蘑菇中毒死亡人数占整个食物中毒死亡人数的35.57%。毒蘑菇中毒已成为我国食物中毒事件中导致死亡的最主要原因。导致毒蘑菇中毒事件多发，并且死亡率高的主要原因是人们缺乏对毒蘑菇的识别能力，以及基层疾控和医疗单位缺乏对毒蘑菇中毒的判别和处置能力。大多数毒蘑菇的毒性较低，中毒表现轻微；但有些蘑菇毒素的毒性极高，可迅速致人死亡。由于许多毒蘑菇和食用菌的外观特征没有明显区别，甚至非常相似，而且至今还没有找到快速可靠的毒蘑菇鉴别方法，有时连专家也需要借助显微镜等工具才能准确辨别，因而一般人很容易误食毒蘑菇而中毒。经医学调查发现，毒蘑菇中毒患者中的多数人，并不是不知道毒蘑菇的存在，而是受到了一些民间流传的、不科学的所谓“毒蘑菇识别方法”的误导而采食毒蘑菇造成中毒。

2. 毒物的种类及危害状况

陈作红等编著的《毒蘑菇识别与中毒防治》（科学出版社出版 2016 年版）中，详细介绍了我国蘑菇中毒概况与案例、毒蘑菇中毒症状类型及其毒素成分、毒蘑菇中毒诊断与治疗和毒蘑菇形态特征与识别方法。陈作红等专家根据作用靶标器官将我国的毒蘑菇中毒症状分为 7 种类型，即急性肝损害型、急性肾功能衰竭型、神经精神型、胃肠炎型、溶血型、横纹肌溶解型和光过敏性皮炎型。本书作为科普读物，受篇幅所限，仅从《毒蘑菇识别与中毒防治》一书中摘录介绍各个类型中具代表性的毒蘑菇形态特征。

（1）引起急性肝损害型中毒症状的毒蘑菇。

引起急性肝损害型的毒蘑菇主要是含有剧毒鹅膏种类。近年来，在我国引起中毒死亡事件的剧毒鹅膏种类主要有灰花纹鹅膏菌、致命鹅膏菌、淡红鹅膏菌、裂皮鹅膏菌等。

A. 灰花纹鹅膏菌。

灰花纹鹅膏菌（*Amanita fuliginea* Hongo）是我国南方地区导致毒蘑菇中毒死亡的主要种类之一。灰花纹鹅膏菌的子实体（图 3.1）菌盖中等大小，直径 5 ～ 9 cm，深灰色、暗褐色至近黑色，具深色纤丝状隐花纹或斑纹，边缘平滑，无沟纹。菌褶离生，白色，较密；短菌褶，近菌柄端渐变狭。菌柄长 5 ～ 15 cm，白色至浅灰色，常被浅褐色鳞片，基部近球形。菌环顶生，灰色，膜质。菌托浅杯状，白色。担孢子（8 ～ 10）μm ×（7.0 ～ 9.5）μm。在我国主要分布于华东、华中、华南和西南地区。夏秋季生于亚热带阔叶林或针阔混交林中地上。

图 3.1　灰花纹鹅膏菌不同发育阶段的子实体
（图片来源：陈作红等，2016。图 3.2 至图 3.30 图片来源同此。）

灰花纹鹅膏菌是一种具有剧毒的蘑菇，其毒素主要是肽类毒素，可损害人的内脏器官，尤其是肝脏和肾脏。误食灰花纹鹅膏菌 50 g，便可致一个成年人死亡。灰花纹鹅膏菌中毒的潜伏期为 6 ～ 12 小时，也有个别病例 20 小时后才出现中毒症状。潜伏期过后出现恶心、呕吐、剧烈腹痛。此后的 1 ～ 2 天患者中毒症状消失，近似康复，但是，随即出现肝功能恶化，引起内出血，导致各种器官功能衰竭，5～15 天患者死亡。据文献记载，1995 年 6 月 12 日，湖南省长沙县星沙镇土桥村的杨某一家及其亲朋好友共 14 人，因误食灰花纹鹅膏菌发生严重的中毒事件。虽经医院紧急抢救治疗，有 5 人脱险，逐渐恢复健康，但另外 9 人由于重度中毒而死亡。2003 年 6 月，湖南省城步县发生一起灰花纹鹅膏菌中毒事件，12 名食用者全部中毒，其中 8 人不幸死亡。2008 年 5 月中旬，广东省从化市一家四口在山上采来 4 个灰花纹鹅膏菌煮汤，喝完汤后 10～12 小时，全家人陆续出现中毒症状。我国南方每年 4—6 月是灰花纹鹅膏菌生长最旺盛的季节，也是发生毒蘑菇中毒事件最多的季节。据文献报道（陈作红等，2016），1994—2012 年，在我国湖南、江西等地发生了 33 起由灰花纹鹅膏菌引起的中毒事件，导致共 352 人中毒，其中 79 人死亡。据湖南省疾控中心介绍，灰花纹鹅膏菌是导致当地中毒人数和死亡人数最多的野生蘑菇。据不完全统计，2015—2018 年，发生灰花纹鹅膏菌中毒事件 70 余起，200 余人中毒。

B. 致命鹅膏菌。

致命鹅膏菌（*Amanita exitialis* Zhu L. Yang & T. H. Li）为鹅膏菌科鹅膏菌属毒蘑菇，又名致命白毒伞、大白伞、白毒伞。致命鹅膏菌的子实体（图 3.2）菌盖中等大小，直径 4～12 cm，白色，边缘平滑，无沟纹。菌褶离生，白色，稠密；短菌褶，近菌柄端渐窄。菌柄白色，光滑或被白色纤毛状鳞片，内部实心至松软，基部近球形。菌环顶生至近顶生，白色，膜质。菌托浅杯状，白色。担子具 2 小梗。担孢子（9.5～12.0）μm×（9.0～11.5）μm。在我国，致命鹅膏菌分布于华南和西南地区，生长于亚热带阔叶林中地上。在广东省 3—5 月出菇，在云南省 8—10 月出菇。

图 3.2　致命鹅膏菌不同发育阶段的子实体

致命鹅膏菌的毒素为鹅膏毒肽和毒伞肽，毒性极强，中毒症状以肝损害型为主，死亡率很高。鹅膏毒肽（amanitin）是鹅膏菌所含的最重要致死毒素，鹅膏毒肽为双环八肽，天然鹅膏肽有 α－鹅膏毒肽、β－鹅膏毒肽等 9 种。鹅膏毒肽能溶于水，化学性质稳定，耐高温和酸碱。食入后，可迅速被消化道吸收进入肝脏，并能迅速与肝细胞 RNA 聚合酶结合抑制 mRNA 的生成，造成肝细胞坏死而致急性肝功能衰竭，严重者可致死。鹅膏毒肽和毒伞肽中毒以潜伏期长为特点，毒素的毒性强而且稳定，对肝、肾、血管内壁细胞及中枢神经系统的损害极为严重。中毒者大多数为肝功能衰竭，死亡率高达90%。鹅膏毒肽对人的致死剂量为0.1 mg/kg体重，一个中等大小的致命鹅膏菌子实体足以毒死一个成年人。据资料报道，2000年3月17日，广东省广州市白云区发生一起9名民工误食毒蘑菇，导致8人中毒死亡的特大食物中毒事故。在某工地工作的湖北、湖南籍民工周某等9人，将在一公园山坡上采集到的野生蘑菇（约1.75 kg）用电饭煲煮食。当晚10时，首例患者出现恶心、呕吐、腹痛、腹泻等胃肠道症状。至18日下午4时，9人陆续发病。9名中毒者分别在3月18日上午8时以后，陆续到某职工医院求诊，医院以普通的胃肠道疾病进行治疗，没有进行洗胃催吐、导泻等处理，患者病情反复，时好时坏。直至于3月21日上午9时周某死亡后，其他中毒者才于中午1时转至武警广东总队医院抢救。虽然武警医院采用了护肝、解毒、利尿、脱水、纠正电解质紊乱等措施尽力救治患者，但是，仍有7名中毒者抢救无效死亡。中毒者最早死亡时间为进食后第4天，最迟死亡时间为进食后第8天。

2002年3月28日，白云区太和镇大源村的湖南籍民工食用了在大源山上采集的新鲜“白毒伞”，引起6人中毒，1人死亡。2002年3月29日，越秀区一家在白云山上采集了野生蘑菇，3人进食均发生中毒，其中1人死亡。中毒者均在进食毒蘑菇后8～10小时出现不同程度的恶心、呕吐、腹痛、腹泻等急性胃肠炎症状，持续3～5天。全部中毒者出现肝肿大、肝触痛及肝区叩击痛，2例死亡者后期出现肝萎缩。多数中毒者在进食毒蘑菇后24小时内，最迟在48小时内即出现多项血液生化指标的改变，主要表现为肝功能指标急剧上升。9例中毒者的谷丙转氨酶（ALT）平均达到4787 U/L，最高达到9251 U/L；谷草转氨酶（AST）平均达到2738 U/L，最高达到5654 U/L。

以上中毒的蘑菇种类均为致命鹅膏菌，据统计，2000—2014年，致命鹅膏菌在广东地区已经引发了22起中毒事件，导致89人中毒，45人死亡。

C. 淡红鹅膏菌。

淡红鹅膏菌（*Amanita pallidorosea* P. Zhang & Zhu L. Yang）是2010年我国学者发现的一个剧毒鹅膏菌新种。淡红鹅膏菌的子实体（图3.3）菌盖中等大小，白色，有时中央淡粉红色，边缘无沟纹，但有时有辐射状裂纹。菌褶白色；短菌褶，近菌柄端渐变窄。菌柄白色、污白色至淡黄褐色，基部近球状。菌环近顶生，膜质，白色。菌托浅杯状，白色。担子体遇5% KOH快速变黄色。担孢子（6～8）μm×(6.0～7.5) μm。在我国主要分布于东北、华北、华中、西南和西北地区，夏秋季生于各种针阔混交林中地上，有时生于阔叶林中地上。

淡红鹅膏菌是一种具有剧毒的野生蘑菇，严禁食用。据报道，2011年8月，山东泰安发生一起7人误食淡红鹅膏菌中毒事件，其中3人死亡。调查发现，8月21日晚6

图 3.3 淡红鹅膏菌

时，来自外省的 7 人进食了采自泰山景区的野生淡红鹅膏菌约 2 kg，平均每人进食量约 300 g，其中 2 人进食量较少且未喝汤。22 日凌晨，7 人陆续出现中毒症状，平均潜伏期约 12 小时，发病时间集中，发病率 100%，患者在当地医院进行输液治疗后症状无明显改善，于 23 日收入泰安市中心医院 ICU 病房。25—26 日，7 名患者被转入济南市传染病医院治疗；27—29 日，3 名患者相继死亡。据报道，近年来在吉林、山东、贵州先后发生多起误食淡红鹅膏菌中毒事件。

D. 裂皮鹅膏菌。

裂皮鹅膏菌（*Amanita rimosa* P. Zhang & Zhu L. Yang）是 2010 年我国学者发现的一个剧毒鹅膏菌新种。裂皮鹅膏菌的子实体（图 3.4）菌盖小型，直径 3 ～ 5 cm，白色，有时中部米色至浅黄褐色，边缘无沟纹，但有时有辐射状裂纹。菌褶白色；短菌褶，近菌柄端变窄。菌柄白色至污白色，有时被白色细小鳞片，基部近球形。菌环近顶生，膜质，白色。菌托浅杯状，白色。担子体遇 5% 氢氧化钾快速变黄色。孢子（7.0 ～ 8.5）μm ×（6.5 ～ 8.0）μm。在我国主要分布于华东、华中和华南地区，夏秋季生于南亚热带及中亚热带的阔叶林中地上。

裂皮鹅膏菌是一种具有剧毒的野生蘑菇，能严重损害肝肾功能和凝血功能，导致中毒死亡。据报道，2015 年 6 月 28 日，家住无锡市胡埭镇、籍贯为贵州省的余某与几个亲戚上山采集了裂皮鹅膏菌并带回家。当晚，余某及其父亲、岳母、妻子，以及 3 个孩子一家 7 口人都吃了这种蘑菇。第二天早上起，全家人相继出现恶心、呕吐、腹泻等症状，虽经医院紧急抢救，但由于病情加重，7 月 1 日均出现肝肾功能损害和凝血功能异常。至 7 月 23 日，3 个孩子和余某的岳母因抢救无效死亡。2016 年 5 月，广东省东莞市发生一起裂皮鹅膏菌中毒事件，5 人中毒，均抢救无效身亡。据资料报道，2016 年在湖南、江苏、广东先后发生 5 起误食裂皮鹅膏菌中毒事件。

图 3.4　裂皮鹅膏菌

（2）引起急性肾功能衰竭型中毒症状的毒蘑菇。

引起急性肾功能衰竭型的毒蘑菇现已知有含奥来毒素和含 2－氨基－4，5－己二烯酸毒素两类，包括赤脚鹅膏、拟卵盖鹅膏、欧氏鹅膏、假褐云斑鹅膏、异味鹅膏等。误食含奥来毒素的毒蘑菇后中毒的潜伏期很长，通常为食用后 36 小时到 17 天，平均为 3 天。潜伏期的长短与中毒的程度有关，潜伏期越短，中毒越严重。症状表现为厌食、恶心、呕吐、腹痛、便秘、腹泻、突然发冷、寒战、发抖、嗜睡、眩晕、味觉障碍和感觉异常。误食鹅膏菌引起的急性肾功能衰竭型中毒的潜伏期为 8 ～ 12 小时，中毒临床症状为呕吐、腹泻、腹痛等。肾功能损害的表现为急性肾小管间质肾病，临床表现少尿或无尿，生化指标表现为血液中肌酐和尿素氮升高。

A. 赤脚鹅膏。

赤脚鹅膏（*Amanita gymnopus* Corner & Bas）有毒，其菌盖中等至较大，直径 5.5 ～ 11.0 cm，白色、米色至淡褐色，被淡黄色、淡褐色至褐色的破布状至碎屑状鳞片，边缘常有絮状物，但无沟纹（图 3.5）。菌肉白色，受伤后缓慢变为淡褐色至褐色，有硫磺气味或稍辣。菌褶离生，米色、淡黄色至黄褐色；短菌褶近菌柄端渐窄。菌柄污白色至淡褐色，基部宽棒状至近球形，近光滑。菌环顶生至近顶生，膜质，白色至米色，有时在菌环下方还有一小菌环。担孢子（6.0 ～ 8.5）μm ×（5.5 ～ 7.5）μm。在我国分布于华东、华中、华南和西南地区。夏秋季生于南亚热带及中亚热带的阔叶林或针阔混交林中地上。据报道，2003 年在湖南省资兴市发生一起 4 人中毒事件。

B. 拟卵盖鹅膏。

拟卵盖鹅膏（*Amanita neo-ovoidea* Hongo）有毒，其菌盖中等至大型，直径 7 ～ 18 cm，白色至米黄色，被鳞片，边缘常有白色至米黄色絮状物，但无沟纹（图 3.6）。

图 3.5　赤脚鹅膏

菌褶白色至米黄色，短菌褶，近菌柄端渐窄。菌柄被白色絮状至粉末状鳞片，基部腹鼓状至白萝卜状，被淡黄色至赭色的破布状、环带状或卷边状鳞片。菌环上位，膜质，白色，易破碎消失。担孢子（7.0～9.5）μm×（5.0～6.5）μm。在我国分布于华东、华中、华南和西南地区。夏秋季生于亚热带针叶林或针阔混交林中地上。

据报道，2000 年在湖南省新邵、安化、邵东等地发生 3 起 8 人中毒事件。

图 3.6　拟卵盖鹅膏

C. 欧氏鹅膏。

欧氏鹅膏（*Amanita oberwinklerana* Zhu L. Yang & Yoshim. Doi）有毒，其菌盖中等大小，直径3～6 cm，白色至米色，光滑或有时被有1～3片白色、膜质鳞片，边缘无沟纹（图3.7）。菌褶白色，老时米色至淡黄色；短菌褶，近菌柄端渐窄。菌柄白色，常被白色反卷纤毛状或绒毛状鳞片，基部腹鼓状至白萝卜状。菌环上位，白色。菌托浅杯状，白色。担子体遇5%氢氧化钾不变为黄色。担孢子（8～10）μm×（6～8）μm。在我国分布于华东、华南和西南地区。夏秋季生于南亚热带及中亚热带的阔叶林、针叶林或针阔混交林中地上。据报道，2015年9月在贵州省遵义市思南县发生1起2人中毒事件。

图3.7　欧氏鹅膏

D. 假褐云斑鹅膏。

假褐云斑鹅膏（*Amanita pseudoporphyria* Hongo）有毒，其菌盖中等至大型，直径5～15 cm，淡灰色、灰色至灰褐色，具深色纤丝状隐生花纹或斑纹，边缘常悬垂有白色菌环残余，但无沟纹（图3.8）。菌褶白色，短菌褶，近菌柄端渐窄。菌柄白色，常被白色纤毛状至粉末状鳞片，基部棒状、腹鼓状至梭形。菌环顶生至近顶生，白色，宿存或破碎消失。菌托浅杯状，白色至污白色。担孢子（7～9）μm×（5.0～6.5）μm。在我国分布于华东、华中、华南、西南和西北地区。夏秋季生于各种针叶林或针阔混交林中地上。

E. 异味鹅膏。

异味鹅膏（*Amanita kotohiraensis* Nagas. & Mitani）有毒，其菌盖中等大小，直径4～7 cm，白色至米色，被白色的毡状至碎片状鳞片，边缘常悬垂有絮状物，但无沟纹（图3.9）。菌肉常有刺鼻气味。菌褶淡黄色，短菌褶，近菌柄端渐窄。菌柄白色，基部

近球形，被有白色疣状、颗粒状至近锥状鳞片。菌环上位至近顶生，白色。担孢子（7.5～9.5）μm×（5.0～6.5）μm。在我国分布于华东、华中、华南和西南地区。夏秋季生于亚热带常绿阔叶林或针阔混交林中地上。据报道，2003年6月7—20日在四川省德阳市发生1起81人中毒事件，无人死亡。

图3.8　假褐云斑鹅膏

图3.9　异味鹅膏

（3）引起神经精神型中毒症状的毒蘑菇。

引起神经精神型中毒的毒蘑菇种类较多，包括小毒蝇鹅膏、东方黄盖鹅膏、小豹斑鹅膏、土红鹅膏、芳香杯伞、鹿花菌等。误食这类毒蘑菇后10分钟至6小时内出现中毒症状。临床表现为大汗、发热、流涎、流泪、发冷、心跳减慢、血压降低、呼吸急促、瞳孔缩小、眼花、视力减弱甚至模糊不清、支气管痉挛、急性肺水肿。严重中毒者可能发生抽搐、昏迷或木僵，最后因呼吸抑制而死亡。含有毒蝇母和蜡子树酸的毒蘑菇中毒，潜伏期很短，一般在食后30分钟至2小时发病。中毒后主要表现有烦躁不安、精神异常、痉挛、视物不清或幻视等。在光盖伞属和斑褶伞属、球盖菇属的毒蘑菇中，含有光盖伞素或光盖伞辛，可引起交感神经兴奋、瞳孔散大、心跳加快、血压升高、体温增高、脸面潮红、出汗、发冷，产生听觉、味觉改变，甚至有明显的幻觉。有的人中毒后会失去时间和空间感觉，有的极度愉快，狂歌乱舞，或如同醉酒者一样处于喜怒无常、哭笑皆非、如痴若呆、似梦非梦的状态。一般数小时后恢复正常。幻觉诱发物中毒一般潜伏期短、发病快，半小时至1小时发病，主要出现异常神奇的各种幻觉反应。在幻视、幻想、幻听时多伴有兴奋愉快、狂笑乱语、手舞足蹈，有的如同醉汉，步态不稳、神志不清。通常，轻度中毒者在3～10天内随毒性消失而恢复正常；重度中毒者病程长达1～3月，易被误诊为急性精神分裂症。

A. 小毒蝇鹅膏。

小毒蝇鹅膏（*Amanita melleiceps* Hongo）有毒，其菌盖小型，直径2～5 cm，黄色至蜜黄色，中部色稍深，成熟后边缘近白色，被淡黄色至污白色的破布状、毡状至细疣状鳞片，边缘有沟纹（图3.10）。菌褶离生，白色；短菌褶，近菌柄端平截。菌柄米色

图3.10　小毒蝇鹅膏

至白色，基部球状至卵状，被有白色至淡黄色的粉末状至疣状鳞片。担孢子（8.5～10.5）μm×(6.0～7.5）μm。在我国分布于华东、华中和华南地区。春夏季生于南亚热带及中亚热带的针叶林或针阔混交林中地上。该菌对苍蝇的毒杀力较强。

B. 东方黄盖鹅膏。

东方黄盖鹅膏（*Amanita orientigemmata* Zhu L. Yang & Yoshim. Doi）有毒，其菌盖中等，直径4～10 cm，黄色至淡黄色，中部色稍深，被白色至污白色的毡状、破布状至碎片状鳞片，边缘有短沟纹（图3.11）。菌褶离生至近离生，白色至米色；短菌褶，近菌柄端平截。菌柄米色至白色，基部近球状，被有白色至淡黄色的破布状、碎片状至疣状鳞片。菌环白色，膜质，易脱落。担孢子（8～10）μm×(6.0～7.5）μm。在我国分布于东北、华东、华南和西北地区。夏秋季生于各种针叶林、针阔混交林或阔叶林中地上。

图3.11 东方黄盖鹅膏

C. 小豹斑鹅膏。

小豹斑鹅膏（*Amanita parvipantherina* Zhu. L. Yang et al.）有毒，其菌盖小型，直径3～6 cm，淡灰色、淡褐色至淡黄褐色，被米色、白色、污白色或淡灰色的角锥状鳞片，边缘有沟纹（图3.12）。菌褶离生至近离生，白色至米色；短菌褶近菌柄端平截。菌柄淡黄色、米色至白色，基部近球形至卵形，被白色、米色至淡黄色或淡灰色鳞片。菌环上位，膜质，白色至米色。担孢子（8.5～11.5）μm×(7.0～8.5）μm。在我国分布于华北、华中、华南和西南地区。夏秋季生于温带和亚热带的阔叶林、针叶林或针阔混交林中地上。

图 3.12　小豹斑鹅膏

D. 土红鹅膏。

土红鹅膏（*Amanita rufoferruginea* Hongo）有毒，其菌盖中等大小，直径 4 ～ 7 cm，黄褐色，密被土红色、橘红褐色至皮革褐色的粉末状至絮状鳞片，边缘有沟纹（图 3.13）。菌褶离生至近离生，白色；短菌褶，近菌柄端平截。菌柄密被土红色、锈红色的粉末状鳞片，基部腹鼓状至卵形，被土红色至褐色的疣状、絮状至粉末状鳞片。菌环上位至近顶生，膜质，易破碎而脱落。担孢子（7 ～ 9）μm ×（6.5 ～ 8.5）μm。在我国分布于华东、华中、华南和西南地区。夏秋季生于南亚热带及中亚热带的针叶林、阔叶林或针阔混交林中地上。

图 3.13　土红鹅膏

E. 芳香杯伞。

芳香杯伞［*Clitocybe fragrans*（With.）P. Kumm.］有毒，其子实体一般较小，菌盖直径2～6 cm，初扁半球形，后平展，开伞后中部凹陷，白色至浅黄色，湿润时边缘有条纹（图3.14）。菌肉白色，有香气。菌褶白色，延生，中等密，不等长。菌柄长3～8 cm，直径0.4～0.8 cm，同菌盖颜色，近平滑，松软至空心，基部有绒毛。担孢子近球形，大小为（3.5～5.0）μm×（3.0～4.5）μm。在我国分布于西南、华南地区。夏秋季林中地上群生至丛生。

图3.14　芳香杯伞

F. 鹿花菌。

鹿花菌［*Gyromitra esculenta*（Pers.）Fr.］有毒，其子囊盘高10～15 cm，宽4～8 cm，不规则，脑形，初时光滑，逐渐多褶皱，红褐色、紫褐色或金褐色、咖啡色或褐黑色，粗糙，边缘部分与菌柄连接（图3.15）。菌柄长4～6 cm，直径0.8～2.5 cm，多短粗，污白色，空心，表面粗糙而凹凸不平。子囊孢子（17～22）μm×（8～10）μm，椭圆形，透明，含2个小油滴。在我国分布于东北、华中等地区。春至夏初多单生或群生于林中地上。李海蛟等学者（2020）在我国华中和西南地区发现了一个隶属于鹿花菌属鹿花菌亚属的有毒新种——毒鹿花菌。该种在形态上与鹿花菌十分相似，但毒鹿花菌的囊盘被分化较为明显，外表面几乎由一层栅状细胞排列而成，而鹿花菌的囊盘被基本没有分化。此外，毒鹿花菌通常具有更长的菌柄并生于阔叶林地上。该菌有毒，不能食用，易与可食用的羊肚菌相混淆。

图 3.15　鹿花菌

（4）引起胃肠炎型中毒症状的毒蘑菇。

能引起胃肠道刺激产生胃肠炎型中毒的蘑菇种类很多，常见的引起胃肠炎型的毒蘑菇有大青褶伞、细褐鳞蘑菇、方形粉褶蕈、网孢海氏牛肝菌、砖红垂幕菇、纯黄白鬼伞、肥脚白鬼伞、毒红菇等。胃肠炎型毒蘑菇中毒潜伏期较短，一般在食后 10 分钟至 6 小时发病。中毒的主要表现为急性恶心、呕吐、腹痛、水样腹泻，或伴有头昏、头痛、全身乏力。一般病程短、恢复较快，愈后较好，死亡率小。但严重中毒者会出现吐血、脱水、电解质紊乱、昏迷，以及急性肝、肾功能衰竭，甚至导致死亡。

A. 大青褶伞。

大青褶伞［*Chlorophyllum molybdites*（G. Mey.）Massee］有毒，别名绿褶菇、铅青褶伞、青褶环伞、摩根小伞、铅绿褶菇。大青褶伞的子实体较大，白色（图 3.16）。菌盖直径 5 ～ 25 cm，呈半球形或扁半球形，后期近平展，中部稍凸起，幼时表皮暗褐色或浅褐色，逐渐裂变为鳞片，中部鳞片大而厚，呈褐紫色，边缘渐少或脱落。菌盖部菌肉白色或带浅粉红色，松软。张开的大青褶伞足有成人手掌的两倍，通体白色，伞盖上点缀着星星点点的褐色突起。菌柄长 10 ～ 28 cm，直径 1.0 ～ 2.5 cm，圆柱形，污白色至浅灰褐色，纤维质，菌环以上光滑，菌环以下有白色纤毛；基部稍膨大，空心；菌柄菌肉伤后变褐色，干时有芳香气味。菌环上位，膜质，可移动。担孢子（8 ～ 12）μm ×（6 ～ 8）μm，宽卵圆形至宽椭圆形，光滑，近无色至淡青黄色，具平截芽孔。

大青褶伞在我国主要分布于内蒙古、华南地区。华南地区主要分布于广东、广西、香港、海南、台湾等地。多在夏秋季生长于野外林中、林缘草地上，群生或散生。也能在家中花盆基质、食用菌腐殖土中生长。据报道，大青褶伞是引起毒蘑菇中毒事件最多的种类之一。

图3.16 大青褶伞

B. 细褐鳞蘑菇。

细褐鳞蘑菇（灰鳞蘑菇）（*Agaricus moelleri* Wasser，*Agaricus praeclaresquamosus* Freeman）有毒，其菌盖直径6～7 cm，扁平状至伸展，中央有钝凸，污白色，成熟后常变为淡粉色，被灰色、深灰色鳞片，中央近黑色（图3.17）。菌肉白色，菌褶离生，初期粉红色，后变为粉褐色。菌柄长6～7 cm，直径5～8 mm，圆柱形，基部近球形，有边缘，白色，内部菌肉黄色。菌环上位至中位，膜质，大型，污白色。各部位伤后变黄色。担子(18～20) μm×(6～7) μm。担孢子 (4.5～5.5) μm×(3.0～3.5) μm，椭圆形，光滑。褐色。分布于我国大部分地区。夏秋季生于阔叶林中地上。该菌即使煮透后食用也能引起胃肠炎症状。

图3.17 细褐鳞蘑菇

C. 方形粉褶蕈。

方形粉褶蕈（赭红赤褶菌）[*Entoloma quadratum*（Berk. & M. A. Curtis）E. Horak] 有毒，其菌盖直径10～60 mm，圆锥形至近钟形，有时具明显的尖突，橙黄色、橙红色（鲑鱼颜色）至橙褐色，光滑，具条纹或沟纹（图3.18）。菌褶弯生或直生，较稀，宽达3 mm，与菌盖同色，褶缘略呈波状，具2排小菌褶。菌柄中生，长30～60 mm，直径2～4 mm，圆柱形，中空，纤维质至脆骨质，具纵条纹，与菌盖同色。菌肉近柄处厚达1 mm，与菌盖同色。气味和味道不明显。菌褶菌髓平行型，淡黄褐色。菌盖皮层菌丝平伏，略胶化，菌丝圆柱形，直径5～17 μm，淡黄褐色。具有锁状联合。担孢子宽7.5～10.5 μm，方形。担子（38～56）μm×（12～15）μm，棒形，具4个担子小梗，小梗长4.0～6.5 μm。褶缘不育。褶缘囊状体（50～75）μm×（12～15）μm，圆柱形至棒形，多，无色。无侧生囊状体。在我国分布于广东、广西、海南、江西、台湾，亚洲其他地区和北美洲也有分布。方形粉褶蕈单生至散生于阔叶林中地上。

图3.18　方形粉褶蕈

D. 网孢海氏牛肝菌。

网孢海氏牛肝菌 [*Heimioporus retisporus*（Pat. & C. E. Baker）E. Horak] 有毒，其菌盖中等大小，直径4～10 cm，砖红色至红褐色。菌肉黄色，不变色或变色不明显（图3.19）。子实层弯生，菌管及管口黄色，不变色或微变蓝。菌柄顶部黄色，中下部红色至土红色，被明显紫红色至土红色网纹。担孢子（8～12）μm×（7.5～9.0）μm（不含纹饰），椭圆形至宽椭圆形，有不完整网纹。在我国分布于华东、华中、华南和西南地区。夏秋季生于热带和亚热带阔叶林或针阔混交林中地上。该菌可引起肠胃炎症状和腹泻，中毒严重者会死亡。

图 3.19　网孢海氏牛肝菌

E. 砖红垂幕菇。

砖红垂幕菇［*Hypholoma lateritium*（Schaeff.）P. Kumm.］有毒，其菌盖直径 1～9 cm，半球形至平展，浅茶褐色或红褐色至砖红色（图 3.20）。菌肉较厚，味稍苦。菌褶弯生至稍直生，黄白色至灰白色、浅紫褐色。菌柄长 3～10 cm，直径 0.4～0.8 cm，黄白色。担孢子（6～7）μm×（4～5）μm，宽椭圆形至椭圆形，壁厚，萌发孔平截，浅黄褐色。分布于我国各地。晚夏和秋季丛生至簇生于腐烂的阔叶树倒木、树桩或埋地腐木上。

图 3.20　砖红垂幕菇

F. 纯黄白鬼伞。

纯黄白鬼伞［*Leucocoprinus birnbaumii*（Corda）Singer］有毒，其菌盖宽 1.2 ～ 3.7 cm，种子形，后平展，中央脐凸形，肉质，浅黄色，中部橘黄色至黄色，黏或干，上覆灰白色块状鳞片和绒毛，边缘有条纹，撕裂，波状（图 3.21）。菌肉淡黄色，厚 0.5 ～ 1.5 mm，无味道和气味。菌褶白色或黄色，盖缘处每厘米 5 ～ 11 片，不等长，离生或直生，褶缘平滑。菌柄长 4.5 ～ 9.0 cm，直径 2 ～ 4 mm，中生，圆柱形，具球茎状膨大基部，淡黄色至黄色，上有绒毛，空心。菌环位于中上部，单环，易脱落。担孢子卵圆形至广椭圆形，大小为（8 ～ 10）μm ×（6 ～ 75）μm，光滑，有芽孔，芽孔处略下陷，无色至淡黄色，类糊精质，内含 1 个中生大油球。在我国分布于华南等地区。夏秋季群生或散生于林中地上或家中花盆中。

图 3.21　纯黄白鬼伞

G. 肥脚白鬼伞。

肥脚白鬼伞［*Leucocoprinus cepistipes*（Sowerby）Pat.］有毒，其子实体较小。菌盖直径 4 ～ 7 cm，白色至蛋黄色，扁半球形，菌盖展开后中央明显凸起，具有细小、松软易脱落的污白色鳞片，中部凸起部分颜色深，边缘有条棱（图 3.22）。菌肉白色，味苦，很薄。菌褶白色，离生，稍密，不等长。菌柄棒形，内部空心，白色至淡黄色，基部膨大成球形，杵状，具菌环，长 3 ～ 8 cm。担孢子无色，光滑，卵圆形至椭圆形，大小为（6 ～ 8）μm ×（4 ～ 5）μm。在我国分布于华北、华南地区。群生于林中地上、路边或菜地。据报道，2011 年 9 月湖南省桂阳县发生一起误食肥脚白鬼伞致 5 人中毒事件，表现为胃肠炎型症状。

图 3.22　肥脚白鬼伞

H. 毒红菇。

毒红菇［*Russula emetica*（Schaeff.）Pers.］有毒，其子实体中等大。菌盖直径 5～9 cm，菌盖扁半球形，后变平展，老时下凹，浅粉红色至珊瑚红色，边缘色较淡，有棱纹，表皮易剥离，表面黏（图 3.23）。菌肉薄，白色，近表皮处红色，味辛辣。菌褶直生，较稀，等长，纯白色，褶间有横脉。菌柄圆柱形，长 3～6 cm，直径 1～2 cm，白色或粉红色，内部松软。担孢子无色，有小刺，宽椭圆形或近球形，大小为（8.0～11.0）μm×(7.0～9.0) μm。广泛分布于我国各地。夏秋季松树林或阔叶林中地上单生或散生。

图 3.23　毒红菇

（5）引起溶血型中毒症状的毒蘑菇。

引起溶血型中毒的蘑菇种类主要有卷边桩菇、红角肉棒菌、东方桩菇。误食这类毒蘑菇后症状出现快，一般30分钟至3小时即出现恶心、呕吐、上腹痛和腹泻等肠胃症状。紧接着随溶血症状的发展，导致尿液减少甚至无尿，尿液中出现血红蛋白，以及贫血。溶血会导致包括急性肾功能衰竭、休克、急性呼吸衰竭、弥散性血管内凝血等并发症。严重中毒者出现脉弱、抽搐、幻觉及嗜睡等症状，可因肝脏、肾脏严重受损和心力衰竭而导致死亡。

A. 卷边桩菇。

卷边桩菇（卷边网褶菌）［*Paxillus involutus*（Batsch）Fr.］有毒，其菌盖直径6～16 cm，初期半球形至扁半球形，后渐平展，中部下凹，呈漏斗状，边缘内卷，黄褐色至橄榄褐色，湿时稍黏，成熟后具少量绒毛至近光滑（图3.24）。菌肉较厚，浅黄色。菌褶延生，较密，有横脉，不等长，靠近菌柄部分的菌褶间联结成网状，黄绿色至青褐色，伤后变暗褐色。菌柄长5～9 cm，直径0.6～1.6 cm，圆柱形或基部稍膨大，偏生，实心，与菌盖同色。担孢子（6.0～11.5）μm×（5.5～7.0）μm，椭圆形，光滑，锈褐色。在我国分布于东北、西南地区。春末至秋季群生、丛生或散生于杨树等阔叶树林中地上。

图3.24　卷边桩菇

B. 红角肉棒菌。

红角肉棒菌［*Podostroma cornu-damae*（Pat.）Boedijn］有毒，其子座棒状，高3～10 cm，直径0.5～1.0 cm，有时呈指状分枝，先端钝圆或尖。表面红色、紫红色至橙红色，颜色十分鲜艳（图3.25）。菌肉白色，弹性较强。子囊孢子三角形或四角形，表面密生刺突，大小为（4.0～6.5）μm×（4.0～4.5）μm。在我国分布于华中、华南地区。夏季生于腐木上，罕见。据报道，在日本、韩国发生多起中毒死亡事件。

图3.25　红角肉棒菌

C. 东方桩菇。

东方桩菇（*Paxillus orientalis* Gelardi et al.）有毒，其菌盖中等大小，直径4.0～5.5 cm，浅漏斗状，边缘内卷，菌盖表面污白色至淡灰褐色，被褐色鳞片（图3.26）。菌褶下延，密，污白色至淡褐色，伤后变为灰褐色。菌柄淡灰色至淡褐色，光滑。担孢子（6～8）μm×（4～5）μm。在我国分布于西南地区。夏秋季生于亚热带针阔混交林中地上。

图3.26　东方桩菇

（6）引起横纹肌溶解型中毒症状的毒蘑菇。

亚稀褶红菇（*Russula subnigricans* Hongo）别名亚稀褶黑菇、毒黑菇、火炭菇，有剧毒。其子实体中等大小，菌盖浅灰色至煤灰黑色，菌盖直径 6 ～ 12 cm，扁半球形，中部下凹呈漏斗状，表面干燥，有微细绒毛，边缘色浅而内卷，无条棱。菌肉白色，受伤处变红色而不变黑色（图 3. 27）。菌褶直生或近延生，浅黄白色，伤后变红色，稍稀疏，不等长，厚而脆，不分叉，往往有横脉。菌柄椭圆形，粗短，一般长 5 ～ 9 cm，粗 1. 0 ～ 2. 5 cm，较盖色浅，内部实心或松软。担孢子球形或近球形，有疣和网纹，无色，大小为（7 ～ 9）μm ×（6 ～ 7）μm。在我国主要分布于湖南、贵州、云南、四川、江西、福建、广东等地，通常在夏秋季的阔叶林中及混交林地上分散或成群生长。

亚稀褶红菇是我国毒蘑菇中毒事件中较常见的一种剧毒蘑菇，近年来在湖南、湖北、浙江、贵州、云南频频发生中毒事件。误食亚稀褶红菇的中毒症状为恶心呕吐、腹部剧烈疼痛、流口水、筋骨痛或全身发麻、神志不清、昏迷等。中毒者 2 ～ 3 天后表现急性血管内溶血，小便酱油色，因急性溶血导致肾功能衰竭而死亡，死亡率达 70%。云南省疾控中心近年来的监测数据表明，90% 的食用野生菌死亡病例是由于误食亚稀褶红菇和毒鹅膏菌造成的。2000 年 8 月 17 日，湖南省茶陵县湖口镇发生了一起 15 名伐木农民工误食亚稀褶红菇中毒，导致 8 人死亡的事件。误食亚稀褶红菇后，发病时间最短的为 10 分钟，大部分中毒者在 1 小时内出现症状。症状开始时表现为恶心、呕吐、腹痛、腹泻，并有乏力感，24 小时后出现肌肉痉挛性疼痛、瞳孔缩小、血尿或血红蛋白尿、全身乏力、呼吸困难，出现血尿或血红蛋白尿、酱油色尿液。生化指标表现为肌酸激酶急剧上升，高的达到 10 万单位以上。严重者最后导致多器官功能衰竭死亡。

图 3. 27　亚稀褶红菇受伤处变红色

（7）引起光敏性皮炎型中毒症状的毒蘑菇。

引起光过敏性皮炎型的毒蘑有两种，即污胶鼓菌和叶状耳盘菌。误食这类毒蘑菇中毒的潜伏期较长，最快食后 3 小时发病，一般在 1 ～ 2 天发病。中毒症状主要表现为

“日晒伤”样的红、肿、热、刺痒、灼痛。严重者皮肤出现颗粒状斑点，针刺般疼痛，发痒难忍，发病过程中伴有恶心、呕吐、腹痛、腹泻、乏力、呼吸困难等症状。在日光下症状会加重。经 4 ～5 天后渐好转，病程长者可达 15 天。

A. 污胶鼓菌。

污胶鼓菌［*Bulgaria inquinans*（Pers.）Fr.］有毒，其子囊盘直径 3 ～15 mm，陀螺形，黄棕色至黑色。菌肉质地坚硬，断面胶质（图 3.28）。子囊筒形或近棒形，具长柄，有子囊孢子部分较长。子囊孢子两种：大孢子（11 ～14）μm ×（6 ～7）μm，紫黑色；小孢子（5 ～7）μm ×（2 ～4）μm，浅黄色，不等边，椭圆形。在我国分布于东北地区。夏秋季散生或丛生于桦树、柞树、榆树等的倒木和木桩上，常生长在遮阴面，雨后大量出现。该菌含有光过敏型神经毒素，但经过特殊加工处理后可食用。

图 3.28　污胶鼓菌

B. 叶状耳盘菌。

叶状耳盘菌［*Cordierites frondosa*（Kobayasi）Korf］有毒，其子囊盘宽 1.5 ～3.0 cm，花瓣状、盘形或浅杯形，边缘波状。子实层表面近光滑（图 3.29）。囊盘被有褶皱。黑褐色至黑色，由多片叶状瓣片组成，干后墨黑色，脆而坚硬。具短柄或不具柄。子囊（43 ～48）μm ×（3 ～5）μm，细长，棒形。子囊孢子（5.5 ～7.0）μm ×（1.0 ～1.5）μm，稍弯曲，近短柱形，无色，平滑。在我国分布于东北和华中地区。夏秋季生于阔叶树倒木或腐木上。该菌极似木耳，木耳产区多发生误食中毒事件。

图 3. 29　叶状耳盘菌

（8）引起其他类型中毒症状的毒蘑菇。

A. 毒沟褶菌。

毒沟褶菌（*Trogia venenata* Zhu L. Yang et al. ）俗名小白菌、鸡冠菌、指甲菌、蝴蝶菌，有毒。其子实体菌盖长宽各 1 ～6 cm，半圆形至扇形，花瓣状，具一短柄，质地柔韧，半透明状，无味（图 3. 30）。基部菌丝白色，菌盖近白色至米汤色，幼时稍带浅紫色；上表面较有光泽，下表面具明显的放射状脉纹。干后呈浅褐色。担孢子（6 ～8）μm ×（4 ～5）μm。毒沟褶菌在我国主要分布于西南地区，如云南中部和西北部的大理、祥云、腾冲、楚雄、景东等地。夏秋季生于亚热带常绿阔叶林或混交林下腐木上。成熟期在每年的 7—9 月。

图 3. 30　毒沟褶菌

毒沟褶菌是一种含非蛋白质氨基酸毒性成分的毒蘑菇。据文献记载，从1978年起，在云南海拔1800～2600 m的一个山村，每年7—9月雨季都发生几十例村民不明原因的猝死。到2006年8月，云南共发生不明原因猝死事件100多起，造成300多人死亡。2008年，经中国科学院昆明植物研究所的调查和研究，证实是村民误食毒沟褶菌导致猝死。据医学报告，误食毒沟褶菌后，中毒者在猝死前的伴随症状为心跳加速、头晕、恶心、出虚汗等，但因个人体质差异，发病时间从几个小时至几天不等。相关部门根据研究结果印刷了大量宣传册，在村民猝死的发生地进行广泛宣传，以警告人们不要食用毒沟褶菌。经过宣传取得了一定成效，2010年开始没有出现当地村民猝死的报告。

B. 发光类脐菇。

发光类脐菇（*Omphalotus olearius*）导致的中毒在国内尚属首次报道（张烁等，2016）。发光类脐菇的子实体小至中型，菌盖直径3～6 cm，漏斗形，黄色至亮黄色；菌褶向菌柄方向延生，较密，金黄色至橘黄色；菌柄长3～7 cm，直径0.3～0.8 cm，圆柱形，黄色至亮黄色，向基部逐渐变细（图3.31）。孢子印白色，担孢子近球形，(5～7) μm×(4.50～6.55) μm。发光类脐菇中毒事件发生在云南省元谋县（2015年8月1日）某电厂12名男性工人一起食用了一种野生菌100～200 g，进食后10分钟至0.5小时出现症状。临床表现为出现不同程度的恶心、呕吐、腹痛、腹泻，头晕、胸闷症状。4名症状较轻者门诊给予处理后未进行治疗，3名患者给予机械洗胃，药用炭胃管注入保留等促进毒物排泄治疗，其他患者给予保肝等对症支持治疗。8名患者3～4天后病愈出院。

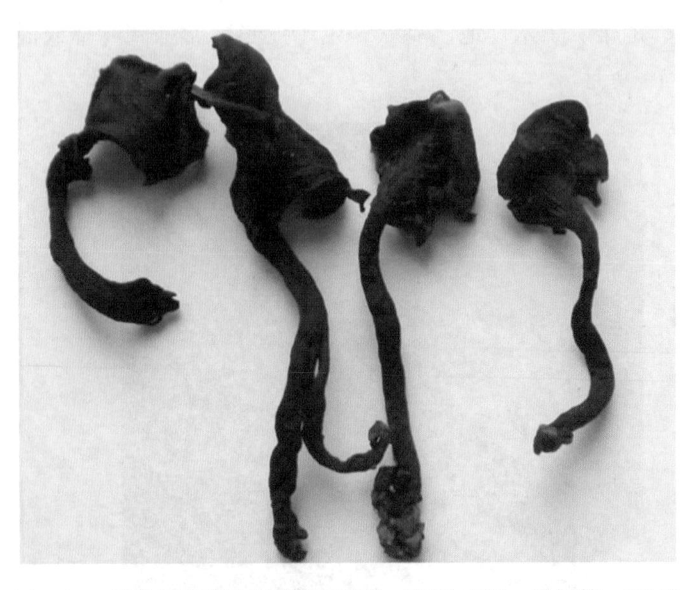

图3.31　干燥后发光类脐菇的子实体（图片来源：张烁等，2016）

3. 毒物的生物学特性

据文献报道，一种毒蘑菇可能含有多种毒素，一种毒素可存在于多种毒蘑菇中。目前已知的毒性较强的蘑菇毒素，主要有鹅膏肽类毒素（毒肽、毒伞肽）、鹅膏毒蝇碱、光盖伞素、鹿花毒素、奥来毒素。毒蘑菇的中毒机理非常复杂，不同种类的毒蘑菇其毒性不同，即使是同一种毒蘑菇，也可能因误食者的体质不同而临床表现各异。有关各种毒蘑菇所含毒素种类、成分和中毒机制，可查阅陈作红等编著的《毒蘑菇识别与中毒防治》一书，本书不作详述。

4. 预防措施

（1）毒蘑菇作为多发性食物中毒的毒源，如何鉴别毒蘑菇是长期以来人们十分关心的事。有关部门也曾做过大量的科普知识宣传工作，但误食毒蘑菇中毒事件仍屡有发生。这是因为鉴别毒蘑菇并不容易，许多毒蘑菇的生态习性与食用菌相似，特别是绝大多数的野生食用菌形态特征与毒蘑菇不易区别，甚至有许多毒蘑菇同样味道鲜美，因此容易误食毒蘑菇而致中毒。陈作红等编著的《毒蘑菇识别与中毒防治》一书中，列出了一些外观形态上非常相像的可食用的蘑菇和有毒的蘑菇（图 3. 32）。

脱皮大环柄菇 *Macrolepiota detersa*（可食）

大青褶伞 *Chlorophyllum molybdites*（有毒!）

稀褶红菇 *Russula nigricans*（可食）

亚稀褶红菇 *Russula subnigricans*（剧毒!!）

图 3. 32　形态相似的可食用的蘑菇和有毒的蘑菇（图片来源：陈作红等，2016）

黑木耳 *Auricularia heimuer*（可食）

叶状耳盘菌 *Cordierites frondosa*（有毒!）

肺形侧耳 *Pleurotus pulmonarius*（可食）

毒沟褶菌 *Trogia venenata*（有毒!）

隐花青鹅膏 *Amanita manginiana*（可食）

灰花纹鹅膏菌 *Amanita fuliginea*（剧毒!!）

图 3. 32　形态相似的可食用的蘑菇和有毒的蘑菇（续）

梯棱羊肚菌 *Morchella importuna*（可食）

鹿花菌 *Gyromitra esculenta*（有毒!）

黄蜡鹅膏 *Amanita sp.*（可食）

黄盖鹅膏 *Amanita subjunquillea*（剧毒!!）

美味扇菇 *Panellus edulis*（可食）

日本类脐菇 *Omphalotus japonicus*（有毒!）

图 3. 32　形态相似的可食用的蘑菇和有毒的蘑菇（续）

因为鉴别毒蘑菇并不容易，所以唯一的预防办法是在野外不要轻易采摘和食用不认识的蘑菇。同时，不偏听偏信那些不科学的鉴别毒蘑菇的方法。必须在分辨清楚或请教有实践经验者之后，证明确实无毒时方可食用。

（2）由于有些毒蘑菇和可食用的蘑菇在外观特征上没有明显的差别，且至今尚未找到快速可靠的毒蘑菇鉴别方法，因而人们误食毒蘑菇而引发中毒的事件时有发生。经医学调查发现，毒蘑菇中毒患者中的多数人，并不是不知道毒蘑菇的存在，而是受到了一些民间流传的、不科学的毒蘑菇识别方法的误导，而采食毒蘑菇，造成中毒。归纳起来，民间和网上流传的“教你一招”，或毒蘑菇识别方法的谣传有下列五个方面：

谣传之一：鲜艳的蘑菇都是有毒的，无毒蘑菇颜色朴素。这一谣传流传最广，影响力最大，杀伤力最强，甚至上升到了箴言的高度。其实，根据蘑菇颜色判断是否有毒是错误的。一些剧毒的蘑菇，如白毒伞是世界上毒性最强的大型真菌之一，但它的颜色并不鲜艳，而是非常素雅，还有微微的清香，符合传说中无毒蘑菇的形象，很容易被误食，并且中毒者死亡率极高。确实有一些颜色鲜艳的蘑菇是有毒的，如毒蝇鹅膏蘑菇，鲜红色菌盖点缀着白色鳞片，非常美丽，但它却是毒性极高的蘑菇。然而，也有一些可食蘑菇是“美貌与安全”并重的。例如，同样来自鹅膏属的橙盖鹅膏蘑菇，具有鲜橙黄色的菌盖和菌柄，未完全张开时包裹在白色的菌托里，非常漂亮，但它却是无毒的食用菌，是夏天游历川藏地区不可不尝的美味。还有鸡油菌、金顶侧耳、双色牛肝菌和正红菇等，都是颜色鲜艳、无毒的食用菌。

谣传之二：生长在清洁的草地或松树、栎树上的蘑菇大多数是可食用的无毒蘑菇，生长在阴暗、潮湿的肮脏地带的蘑菇往往是有毒的。事实上，所有的蘑菇都不含叶绿素，无法进行光合作用，不能自养，只能寄生、腐生或与高等植物共生。此外，无论有毒无毒的蘑菇都需要较高的环境湿度，喜欢在阴暗潮湿的地方生长。对于蘑菇生长环境的“清洁”和“肮脏”，并没有具体的划分标准，更与生长于其中的蘑菇的毒性无关。例如，常用牛马粪便作为培养基栽培的食用菌鸡腿菇和草菇，是无毒的食用菌；相反，生长在相对清洁的林地中的白毒伞却是剧毒蘑菇。蘑菇生长环境中的高等植物，尤其是与很多种蘑菇共生的松树和栎树也不能作为蘑菇无毒的判断依据。有些生长在松树和栎树上的蘑菇是无毒的，而白毒伞也生长在栎树林、松林或由二者构成的混交林中，它却是有毒的蘑菇。还有报道称，附生在有毒植物上的无毒蘑菇种类也可能沾染毒性，采食时须格外注意。

谣传之三：毒蘑菇往往有鳞片、黏液，菌杆上有菌托和菌环。真相是很多毒蘑菇并没有独特的形态特征，这条标准的适用范围非常狭窄，只有鹅膏属的毒蘑菇具有这种识别特征。鹅膏属是伞菌中有毒种类最为集中的类群，这个属的毒蘑菇生有菌托和菌环、菌盖上往往有鳞片，确实是符合有毒蘑菇的识别特征。这一鉴别标准可以避开包括白毒伞和毒蝇鹅膏在内的一大批毒蘑菇。但是，这一鉴别标准并不适用形态高度多样化的蘑菇世界，更不能引申为没有这些特征的蘑菇就是无毒的。很多毒蘑菇并没有这些独特的形态特征，如亚稀褶黑菇没有菌托、菌环和鳞片，颜色也很朴素，却是有毒的蘑菇，误食会导致溶血症状，严重时可能因器官衰竭而致死。

谣传之四：毒蘑菇虫蚁不食，有虫子取食痕迹的蘑菇是无毒的。事实上，人和昆虫的生理特征差别很大，同一种蘑菇很可能对一些昆虫是无毒，而对于人是有毒的。有文献报道，在 175 种野生蘑菇中大多数对黑腹果蝇是致命的蘑菇，而对人是无毒的；其中对果蝇毒性排名第二的红绒盖牛肝菌，是一种珍贵的人类可食的蘑菇。而很多对人有毒的蘑菇却是其他动物的美食，如豹斑鹅膏毒蘑菇经常被蛞蝓取食，即使是对人类致命的白毒伞也有被虫啮食的记录。

谣传之五：毒蘑菇与银器、大蒜、大米或灯芯草同煮可致后者变色，毒蘑菇经高温烹煮或与大蒜同煮后可去毒。这是有关毒蘑菇的传闻中，最容易使人上当的一种，不少中毒者正是因为没有看到“遇毒变色反应”的现象而中招的。2007 年，广州发生的一起误食致命白毒伞事件中，受害人就曾经用上述方法验毒。流传千古的“银针验毒”的原理是：银与硫或硫化物反应生成黑色的硫化银。古法提炼的砒霜纯度不高，常伴有少量硫和硫化物，用银器有可能验出毒物。但是，有毒蘑菇几乎都不含硫或硫化物，因此不会使银器变黑。至于毒蘑菇致大米、大蒜或灯心草变色，更加没有任何证据表明这种现象的存在。用致命白毒伞和大蒜同煮，结果汤色更清亮，大蒜更白，且鲜香四溢，但却可致人死地。高温烹煮或与大蒜同煮可以解毒的说法更多人相信，其危害更大。

综上所述，由于有些毒蘑菇和可食用蘑菇在外观特征上没有明显区别，且至今还没有找到快速可靠的毒蘑菇鉴别方法，那些民间和网上流传的“教你一招”和“毒蘑菇识别方法”一类谣传不可相信，更不能尝试，因为有些毒蘑菇一旦入口便没有任何解药。在野外，对于不认识的野生蘑菇，唯一安全的办法是绝对不要采食。如果吃了蘑菇后身体出现不舒服的感觉，应该及时到医院诊治，千万不可大意。

（3）毒蘑菇中毒的急救治疗原则：一般采用催吐、洗胃、导泻、灌肠等措施迅速排除胃肠内尚未被吸收的有毒物质，同时给患者服用特效解毒药，以及进行保肝护肾治疗以防止心力衰竭。据文献报道，灵芝子实体煎剂和灵芝孢子粉对减轻毒蘑菇中毒症状、降低死亡率有显著效果。

许多毒蘑菇的生态习性与食用菌相似，特别是绝大多数的野生食用菌形态特征与毒蘑菇不易区别，甚至有许多毒蘑菇同样味道鲜美，因此易使人误食而致中毒。由于毒蘑菇种类多且毒素成分复杂，我国在毒素成分提取和毒性方面的研究尚少，在已知的毒菌中绝大多数毒素成分尚不清楚，有些种类被怀疑有毒，甚至有的食用菌在国外已分离出有毒化学物质。目前国内外对毒蘑菇研究的对象，主要是鹅膏菌属 *Amanita* 的毒蘑菇，在我国还有更多的毒蘑菇毒素有待开展研究，已知有些毒蘑菇至今无特效解毒药物。虽然有一些报告指出，灵芝可用于毒蘑菇中毒的解救，但是临床应用实例还不多。因此，防止中毒最安全的办法是绝对不要采食不认识的野生蘑菇。

（二）有毒的野菜对健康的危害

1. 简述

野菜，即非人工种植的可以食用的植物。它通过风力、动物等途径传播种子，天然生长，是大自然的宝藏之一。野菜一般有着纯净的品质，是大自然的美妙馈赠，也是人与自然相生相伴的见证。野菜无污染、营养丰富、清新可口，是极好的食材之一。很多野菜还具有药用价值，民间有“偏方治大病”一说。野菜如果食用得当，对身体有益。例如，荠菜能清肝明目，可治疗肝炎、高血压等病；蒲公英可清热解毒，是糖尿患者的佳肴；苦菜可治疗黄疸等病；野苋菜可治痢疾、肠炎、膀胱结石等病；蕨菜益气养阴，可用于高热神昏、筋骨疼痛、小便不利等病。如今，野菜不但登上了高级饭店的餐桌，也成为了人们日常的保健食品，深受人们的青睐。但是，很多有毒植物很像野菜，看上去绿油油的很是可爱，却是有毒植物，不能食用。所以，采摘和购买野菜的时候必须谨慎小心。为安全起见，不认识的野菜不要吃，不了解来源的野菜也不要吃，避免误食有毒植物和受到污染的野菜。此外，野菜不宜多吃。野菜没有成为家常菜一定有它的原因，这是人们在亲身实践中得来的经验。所以，野菜用来偶尔改变一下口味未尝不可，但不宜天天吃、大量吃。吃野菜原本是为了促进健康，如果吃用不当，带来负面作用，就适得其反。

2. 毒物的种类及危害状况

（1）钩吻。

钩吻（*Gelsemium elegans*），又称狼毒草、断肠草（图 3.33），是一种常绿木质藤本植物。花期 5—11 月，果期 7 月至翌年 3 月。在我国主要分布于江西、福建、台湾、湖南、广东、海南、广西、贵州、云南等省区。

钩吻全棵有毒，根部毒性最大，主要毒性成分为钩吻素子、钩吻素寅、钩吻素卯等。由于钩吻的花序酷似金银花，因此时有发生误吃钩吻中毒的事件。钩吻中毒的主要症状为呼吸麻痹，轻者呼吸困难，重者死于呼吸停止。

图 3.33　钩吻的花序（图片来源：杨得坡、廖文波）

（2）毒芹。

毒芹（*Cicuta virosa L.*），又称野芹菜、白头翁、毒人参、斑毒芹、走马芹（图 3.34），是伞形科毒芹属多年生草本植物。7—8 月开花结果。在我国主要分布于黑龙江、吉林、辽宁、内蒙古、河北、陕西、甘肃、四川、新疆等省区。

图 3.34　毒芹植株和花序（图片来源：薛凯、刘冰）

毒芹全棵有毒，根和花的毒性最大，其有毒物质是毒芹素和毒芹碱。毒芹的主要毒性在中枢神经系统方面，它有非常显著的致痉挛作用。中毒后常出现口唇发泡（乃至血泡），临床症状有头晕、呕吐、痉挛、皮肤发红、面色发青，最后出现麻痹现象，呼吸衰竭而死。

（3）苍耳。

苍耳（*Xanthium sibiricum* Patrin ex Widder.），又名耳棵、老苍子、苍子、葈耳、苍刺头、毛苍子、痴头猛、羊带归（图 3.35），是菊科苍耳属一年生草本植物。花期 7—8

月，果期9—10月。在我国主要分布于黑龙江、辽宁、内蒙古、河北、山东、江西、湖北、江苏等地，其他各省份均有零星分布。

图3.35　苍耳（图片来源：廖文波）

苍耳幼苗的外形很像黄豆芽（此时毒性最强），易被误食而引起中毒。误食苍耳幼苗的轻度中毒患者，一般出现头晕、头痛、乏力、食欲减退、口干、恶心、呕吐、腹痛腹泻、颜面潮红、结膜充血、荨麻疹等临床症状。中度中毒患者出现精神萎靡，烦躁不安或嗜睡，肝区痛、肝大、黄疸、发热、高血压，鼻、胃肠道等广泛出血。重度中毒患者的尿常规改变或少尿，眼睑浮肿，甚至出现腹水、昏迷、抽搐、休克、尿闭、血压下降、颈部强硬、痉挛、口吐白沫、手不停摆动等症状。严重中毒者可因肝细胞大量坏死而致肝昏迷，或肾功能衰竭，或呼吸衰竭而死亡。

（4）白屈菜。

白屈菜（*Chelidonium majus*），又名地黄连、牛金花、土黄连、断肠草、雄黄草、山黄连、假黄连（图3.36），是罂粟科白屈菜属多年生草本植物。花果期4—9月。在我国各地都有分布，以华北和东北、四川、新疆居多。

图3.36　白屈菜（图片来源：赵万义）

白屈菜全草有毒，并有强烈挥发性刺激性气味。误吃后出现呕吐、腹泻、头晕和昏迷等病症。

（5）毛茛。

毛茛（*Ranunculus japonicus* Thunb.）（图 3.37），是毛茛科毛茛属多年生草本植物。花果期 4—9 月。在我国除西藏外广为分布。

图 3.37　毛茛（图片来源：赵万义）

毛茛全株均有毒，尤其是种子的辛辣味十分强烈，毒性大。毛茛含有强烈的挥发性刺激成分，与皮肤接触可引起炎症及水泡，内服可引起剧烈胃肠炎和中毒症状。

（6）龙葵。

龙葵（*Solanum nigrum L.*）是茄科茄属龙葵亚属一年生草本植物（图 3.38）。5—8 月开花结果。在我国各地都有分布。

图 3.38　龙葵（图片来源：陈志晖）

龙葵的果实有龙葵碱毒素，不可食用。龙葵碱毒素的作用类似皂苷，能溶解血细胞。中毒时可引起头痛、腹痛、呕吐、腹泻、瞳孔散大、心跳先快后慢、精神错乱，甚至昏迷。龙葵的叶片经煮熟后无毒，可食用。

（7）海芋。

海芋［*Alocasia macrorrhiza*（L.）Schott］是天南星科海芋属多年生草本植物（图3.39）。在我国主要分布于云南、四川、贵州、湖南、江西、广西、福建、广东及沿海岛屿，在海拔200～1100 m热带雨林及野芭蕉林中也有分布。

图3.39　海芋（图片来源：张北壮）

海芋全株有剧毒，地下茎尤甚，不可食用。皮肤接触海芋汁液会发生瘙痒；眼球接触汁液能导致失明；误食其根、茎、叶，会引起舌喉发痒、肿胀，流涎、肠胃灼痛，并引起恶心、呕吐、腹泻、出汗、惊厥，重者发生窒息，心脏麻痹而死。

（8）石蒜。

石蒜［*Lycoris radiata*（L'Her.）Herb.］是石蒜科石蒜属多年生草本植物（图3.40）。8—10月开花结果。在我国主要分布于山东、河南、安徽、江苏、浙江、江西、福建、湖北、湖南、广东、广西、陕西、四川、贵州、云南，其中以长江流域及西南各地居多，多野生于山林阴湿处及河岸边。

图3.40　石蒜（图片来源：赵万义）

石蒜全株有毒，其花的毒性较大，其次是鳞茎。皮肤接触石蒜后即红肿发痒；石蒜汁液进入呼吸道会引起鼻出血；误服石蒜中毒的症状为流涎、呕吐、腹泻、舌部硬直、惊厥、手脚发冷、脉弱、休克，甚至呼吸中枢麻痹而死亡。

（9）商陆。

商陆（*Phytolacca acinosa* Roxb）是商陆科商陆属多年生草本植物，有粉花和白花两个品种（图3.41、图3.42）。7—10月开花结果。在我国分布于陕西、河北、江苏、山东、浙江、江西、湖北、广西、四川等地。

图3.41 商陆（粉花）（图片来源：廖文波）

图3.42 商陆（白花）（图片来源：郑珺）

商陆全株有毒，根的毒性最大。粉花商陆的毒性比白花商陆大。误食引起中毒时，初始会出现体温升高、心动过速、呼吸急速、恶心呕吐、腹痛腹泻，继后发生眩晕、头痛、言语不清、胡言躁动、站立不稳、抽搐、神志恍惚，甚至发生昏迷。严重中毒者可致中枢神经麻痹、呼吸运动障碍、血压下降、心肌麻痹而死亡。

（10）天南星。

天南星（*Arisaema heterophyllum* Blume）是天南星科天南星属草本植物，别名南星、白南星、山苞米、蛇包谷、山棒子（图3.43）。4—9月开花结果。在我国除西北、西藏外，大部分省区都有分布。

图 3.43　天南星（图片来源：郑珺）

天南星全株有毒，误食引起中毒时，舌、喉发痒而灼热、肿大，严重中毒者可出现窒息，呼吸停止。

（11）半夏。

半夏（*Pinellia ternata*）是天南星科半夏属多年生草本植物，别名三叶半夏、止叶老、三步跳、地文、守田等（图 3.44）。5—9 月开花结果。在我国分布于长江流域以及东北、华北等地区，在西藏也有分布。

图 3.44　半夏（图片来源：赵万义、陈志晖）

半夏全株有毒，其中块茎毒性较大。误食引起中毒时口腔、喉头、消化道黏膜均有强烈刺激感。轻度中毒可使口舌麻木；重度中毒则舌喉烧痛肿胀、不能发声、流涎、呕吐、全身麻木、呼吸迟缓、痉挛、呼吸困难，最后麻痹而死。

（12）乌头。

乌头（*Aconitum carmichaelii*）是毛茛科乌头属植物，别名草乌、附子花、金鸦、独白草、鸡毒、毒公、奚毒等（图3.45）。9—11月开花结果。在我国分布于云南、四川、湖北、贵州、湖南、广西、广东、江西、浙江、江苏、安徽、陕西、河南、山东、辽宁等地。

图3.45　乌头（图片来源：叶华谷）

乌头全株有大毒，其中毒性最大的是乌头碱，几毫克乌头碱即可致人丧命。乌头碱被吸收的速度极快，故误食后数分钟内便出现中毒症状。乌头碱主要作用于神经系统，轻度中毒者症状为先兴奋后抑制，重度中毒者出现感觉神经、横纹肌、血管运动中枢和呼吸中枢麻痹。乌头碱还可直接作用于心肌，并使迷走神经中枢兴奋，致使心律失常及心动过缓等病症。

（13）牛皮消。

牛皮消（*Cynanchum auriculatum* ）是萝藦科鹅绒藤属蔓性半灌木植物，别名飞来鹤、耳叶牛皮消、隔山消、牛皮冻（图3.46）。6—11月开花结果。在我国分布于山东、河北、河南、陕西、甘肃、西藏、安徽、江苏、浙江、福建、台湾、江西、湖南、湖北、广东、广西、贵州、四川和云南等地。

图3.46　牛皮消的叶和花（图片来源：陈志晖）

牛皮消的根部有毒，形状极似何首乌，易被当作何首乌食用而导致中毒。牛皮消中毒症状为流涎、呕吐、痉挛、呼吸困难、心跳缓慢等。

（14）曼陀罗。

曼陀罗（*Dature Stramonium*）为茄科曼陀罗属一年生草本植物，别名洋金花、大喇叭花、山茄子、夕颜、醉心花、狗核桃、醉仙桃等，有白色、黄色、粉色 3 个品种（图 3.47）。6—10 月开花结果。在我国各地均有野生或栽培的曼陀罗，其中台湾、福建、广东、广西、云南、贵州、辽宁、河北、河南等地区多为野生曼陀罗，江苏、浙江、湖北、四川、上海等地区栽培的曼陀罗较多。

曼陀罗全株有剧毒，尤以种子毒性最强。曼陀罗的幼果与可食用的黄秋葵幼果很相似（图 3.48），容易造成误食而中毒。

图 3.47　白色、黄色、粉色曼陀罗（图片来源：郑珺）

图 3.48　可食用的黄秋葵（左图）和有剧毒的曼陀罗（右图）（图片来源：张北壮）

曼陀罗中毒物的主要化学成分为莨菪碱、东莨菪碱及阿托品和曼陀罗素。其毒性作用主要是对中枢神经先兴奋后抑制，阻断乙酰胆碱反应，中毒后呈现交感神经高度兴奋状态。误食曼陀罗一般在食后半小时，最快 20 分钟出现中毒症状，最迟不超过 3 小时，症状多在 24 小时内消失或基本消失；严重中毒者在 24 小时后进入昏睡、痉挛、发绀，甚至陷入昏迷，出现血压下降、呼吸减弱等症状，最后死于呼吸循环衰竭。儿童食种子 3～8 粒即可中毒，出现头晕、眼皮重、不说话、站立不稳、瞳孔放大、口部干燥灼热、吞咽困难、声音嘶哑、产生幻觉、昏昏欲睡、体温升高、手脚发冷、肌肉麻痹等症状。

3. 预防措施

有许多形状酷似可食用的栽培蔬菜的有毒植物尚未被认识，预防食用野菜中毒最好的办法是不食用那些外形不熟悉、不认识、不了解来源的野菜。一些有微毒的野菜，需要经过水煮、浸泡才能去毒，因此一定要认真处理好才可食用。

在野外，误食有毒野菜中毒后的急救原则通常是尽快排毒和解毒。临时简便的操作方法为：①催吐。可用手指触及咽喉，直至吐出清水为止。②导泻。最方便的是直接喝肥皂水，此法还可同时除去已到肠内的毒物。③洗胃。喝下大量的凉的浓茶水，可起到洗胃的作用。严重中毒者必须尽快送往医院急救。

（三）有毒的鱼类对健康的危害

1. 简述

鱼的肉质细嫩，味道鲜美，营养丰富，容易消化，是人们喜爱的健康食物。鱼肉中含有15%～20%的蛋白质，其含量为猪肉的两倍，且属于优质蛋白，人体吸收率高，有87%～98%都会被人体吸收。鱼中含有丰富的硫胺素、核黄素、尼克酸、维生素D和钙、磷、钾、铜、锌、硒、铁等矿物质元素，对人体有多种保健作用，能有效地预防骨质疏松症。鱼肉中所含的脂肪被证实有降糖、护心和防癌作用。中医认为不同的鱼对人的保健功效与作用有所不同。鲫鱼具有益气健脾、利水消肿、清热解毒、通络下乳等功能。用鲜活鲫鱼与猪蹄同煨，连汤食用，可治产妇少乳。鲫鱼油有利于心血管功能，还可降低血液黏度，促进血液循环。鲤鱼具有健脾开胃、利尿消肿、止咳平喘、安胎通乳、清热解毒等功能。大鲤鱼留鳞去肠杂煨熟分服之，治黄疸。用活鲤鱼、猪蹄煲汤服食治孕妇少乳。鲤鱼与川贝末少许煮汤服用，治咳嗽气喘。鲢鱼具有温中益气、暖胃、润肌肤等功能，是温中补气养生食品。青鱼具有补气养胃、化湿利水、祛风除烦等功能。其所含锌硒等微量元素有助于抗癌。黑鱼具有补脾利水、去瘀生新、清热祛风、补肝肾等功能。黑鱼与生姜红枣煮食对治疗肺结核有辅助作用。黑鱼与红糖炖服可治肾炎。产妇食清蒸黑鱼可催乳补血。墨鱼具有滋肝肾、补气血、清胃去热等功能，是妇女的保健食品，有养血、明目、通经、安胎、利产、止血、催乳等功能。草鱼具有暖胃和中平肝祛风等功能，是温中补虚养生食品。带鱼具有暖胃、补虚、泽肤、祛风、杀虫、补五脏等功能，可用作迁延性肝炎、慢性肝炎的辅助治疗。肝炎患者用鲜带鱼蒸熟后取上层油食之，久服可改善症状。

鱼虽然是不可多得的优质食材，但不是所有的鱼都是餐桌上的美味。据有关文献报道，自然界中存在的有毒鱼类至少有1200种，且分布非常广泛，其中大部分分布在印度洋和太平洋水域，以及非洲东部和南部、澳大利亚、法属波利尼西亚、菲律宾、印度尼西亚、日本南部和中国沿海等区域的海岸线附近的淡水或海水水域。在众多含有毒素的鱼类中，按其所含毒的种类区分，常见的有含神经毒素、血液毒素、胆汁毒素、卵毒、刺毒、组胺毒素的鱼类和环境因素造成的有毒物质污染的鱼类。中毒的主要症状包括疼痛、昏迷、灼热感、痉挛和呼吸困难等，最严重的还有可能丧命。

2. 毒物的种类及危害状况

（1）含神经毒素的鱼类。

河鲀，是一种含神经毒素的鲀科鱼类。我国鲀科鱼类共有54种，其中35种河鲀具有不同程度的河鲀毒性。这些有毒的河鲀在我国南海分布的有24种，在东海包括台湾沿海分布的有31种，在黄海分布的有14种，在渤海分布的有10种。这些鱼类的年产量在3万～4万吨，占世界河鲀总产量的70%左右。河鲀的肉质细腻，营养丰富，味道鲜美，有“长江第一鲜”之称。河鲀的食用在中国、日本等亚洲国家有着悠久的历史，并且形成了特有的河鲀饮食文化。日本还将河鲀宴视作国宴，招待贵宾。经营河鲀饮食的饭店要得到卫生部门的特许，实施烹制河鲀的人员也都要进行专业培训，但仍有因加工处理不当，引起河鲀中毒致残、致死的事故发生。据统计，1972—1993年间，仅日本发生河鲀中毒者就达1258人，致死279人之多。在我国，河鲀中毒事件也时有发生，最严重的是1993年的一次食用河鲀中毒事件，死亡147人。

河鲀的毒素为氨基全氢喹唑啉型化合物，是自然界中所发现的毒性最大的神经毒素之一，曾一度被认为是自然界中毒性最强的非蛋白类毒素。在毒性试验中发现，用河鲀的毒素注射小鼠，其LD_{50}为8 μg/kg，其毒性比氰化物还要高1250多倍。对人体而言，0.5 mg的河鲀毒素即可致人死亡。据文献报道，河鲀在繁殖季节毒性大，且雌性大于雄性，不同部位含毒素量由多至少依次为卵巢 > 脾脏 > 肝脏 > 血液 > 眼睛 > 鳃耙 > 皮肤 > 精巢。一般鱼肉中不含河鲀毒素；但河鲀死后内脏中的毒素可渗入鱼肉，此时鱼肉中也含有少量毒素。

河鲀毒素化学性质和热性质均很稳定，盐腌或日晒等一般烹调手段均不能使其被破坏，只有在高温加热30分钟以上或在碱性条件下才能被分解。220 ℃加热20～60分钟可使毒素全部破坏。河鲀毒素中毒后毒素对肠道有局部刺激作用，吸收后迅速作用于神经末梢和神经中枢，可高选择性和高亲和性地阻断神经兴奋膜上钠离子通道，阻碍神经传导，从而引起神经麻痹而致死亡。中毒潜伏期很短，短至 10 ～ 30 分钟，长至 3 ～ 6 小时，发病急，如果抢救不及时，中毒后最快的 10 分钟内死亡，最迟的 4 ～ 6 小时死亡。目前河鲀毒素中毒还没有特效的解救措施。我国 1990 年颁布了《水产品卫生管理办法》，在法律层面上禁止食用鲜河鲀。2015 年颁布的《中华人民共和国食品安全法》中明文规定，食品应无毒无害，符合应有的营养要求，对人体健康不造成任何急性、亚急性或者慢性危害。2015 年 10 月，国家食品药品监督管理总局办公厅发布《关于流通环节是否允许销售河鲀鱼有关问题的复函》，函中称河鲀含有河鲀毒素，尽管不同品种河鲀毒素差异明显，但其食用安全风险均较大。2021 年 4 月新修订的《中华人民共和国食品安全法》第三十四条规定，河鲀含有生物毒素，属于不符合食品安全要求的食品，禁止生产经营。

（2）含血液毒素的鱼类。

黄鳝和鳗鱼的血液中含有鱼血毒素。这种血液毒素与河鲀的神经毒素不同，它稍经加热就会被破坏而失去毒性。因此，带血的鱼肉经煮熟后食用，不会引起中毒。鱼血毒素中毒的原因是人体皮肤损伤后，或口腔、眼睛的黏膜接触到鱼血毒素，导致局部身体中毒，或者生饮鱼血而中毒。局部身体中毒的临床表现为伤口或口腔黏膜潮红，伴有烧灼感，唾液过多；如果眼睛接触到鱼血毒素，几分钟后会出现结膜发红，伴有重度烧灼感，并且会不断流泪和发生眼睑肿胀等症状。这种中毒症状可持续数天后才消失。生饮黄鳝或鳗鱼的鱼血会发生全身性中毒，临床症状表现为腹泻、恶心呕吐、皮肤痒疹、口唇发绀、表情淡漠、全身无力、心律失常、感觉异常，甚至发生神经麻痹和呼吸困难，严重中毒者可以导致死亡。目前鱼血毒素中毒还没有特效解毒药，预防中毒最好的办法是不要吃生的或未煮熟的黄鳝、鳗鱼，不要生饮鱼血。宰杀时要防止手指损伤，以免鱼血毒素通过伤口渗入身体组织，发生中毒。如果毒鱼血溅入眼部，应立即用生理盐水或饮用水冲洗干净，然后再进一步对症治疗。

（3）含胆毒的鱼类。

含胆毒的鱼类以鲩鱼、鳙鱼（大头鱼）、鲢鱼（鳊鱼）和鲤鱼的胆毒毒力最强。这些鱼类都是我国最常见的主要淡水养殖品种，也是十分普遍的食用鱼类；但这些鱼类的胆有毒，如果吞食鱼胆便会发生中毒。据资料报道，我国发生胆毒鱼类中毒的病例仅次于河鲀鱼中毒，居有毒鱼类中毒的第二位。含胆毒的鱼类中毒主要发生在我国南方各省有吞服鱼胆治病习惯的地区，如上海、江苏、浙江、福建、江西、湖南、广东、广西、四川等地。含胆毒的鱼类的胆汁中含有胆汁毒素，这种毒素不易被乙醇和热所破坏，因此用酒冲服鲜鱼胆或吞食煮熟鱼胆都有中毒的可能。鱼胆汁毒素的化学结构、中毒机理目前还不清楚，可能是一种新型的毒素，尚待今后进一步的研究。目前，已知鱼胆汁毒素的毒性大小与鱼的大小和吞食的鱼胆数量有关，鱼越大或吞食鱼胆越多，则中毒症状越严重，甚至会死亡。吞食一个鱼重 1500 g 以下的小鱼胆，中毒症状不明显或无中毒现象。如果成年人一次吞食一个鱼重 2000 g 以上的大鱼胆，或鱼重 500 g 左右的鱼胆 4 ～5 个，即可引起不同程度的中毒。鱼胆汁中毒的潜伏期一般较短，最短者可在半小时内发病，多数病例在 5 ～12 小时内发病，少有延至 14 小时者。鱼胆汁毒素中毒主要损伤肝、肾，造成肝脏变性、坏死和肾小管损害、集合管阻塞、肾小球滤过减少、尿流排出受阻，在短期内即导致肝、肾功能衰竭，脑细胞受损，心肌损害，出现心血管与神经系统病变，病情急剧变化，最后死亡。中毒后的早期临床症状表现为恶心、呕吐、腹痛、腹泻等胃肠症状，也有出现腹胀、黑便、腹水、剧烈头痛者。中毒后第 2 ～3 天出现黄疸，肝、肾损害，全身皮肤出现黄色，随后肝脏肿大，有触痛或叩击痛感。中毒后第3 ～6 天发生尿少（100 mL 以下）至完全无尿，部分患者可能出现蛋白尿、红细胞尿和管型尿，个别患者出现面部、下肢或全身浮肿；神经系统表现为神志不清、全身阵发性抽搐、神志不清、胡言乱语、嗜睡、骚动，以及瞳孔对光反射迟钝；心血管系统表现为心律紊乱、心率频速、心肌损害等症状。鱼胆汁毒素中毒如不及时治疗，一般中毒后第 8 ～9 天死亡，死前出现昏迷及中毒性休克。

根据临床表现，鱼胆汁毒素中毒症状可分为轻度中毒、中度中毒和重度中毒三种类型。轻度中毒患者以消化道症状为主，体征不明显或轻微，肝、肾功能无明显改变，患者经中药治疗或一般对症处理后短时间即可痊愈；中度中毒患者除消化道症状明显外，同时合并有肝、肾功能损害征象，经周密治疗 1 个月左右可痊愈；重度中毒患者除消化道症状及肝肾功能损害外，并出现心血管、神经系统等其他脏器严重损害的征象。病死率高，住院治疗一般需 3 个月始能完全康复。

预防鱼胆汁毒素中毒的措施是普及鱼胆有毒的知识。鱼胆毒素不能被加热或用酒精所破坏，即使将鱼胆蒸熟或用酒冲服鲜鱼胆，仍会发生中毒，因此不要吞食鲜鱼胆或吞食煮熟的鱼胆。即使临床需要采用鱼胆治病，亦需慎重，更不宜吞服大鱼的鱼胆。一旦发现鱼胆中毒，应将患者及时送医院治疗，以免贻误病情。

（4）含卵毒素的鱼。

鲶鱼、河鲀、青海湖鱼、狗鱼、斑节光唇鱼和雀鳝鱼的鱼卵均含有鱼卵毒素，尤其卵成熟后毒性更大。这些鱼的鱼卵毒素是一种有毒蛋白质，经高温处理后仍有部分活性，成年人吃入 100 g 这种鱼卵就会中毒。

斑节光唇鱼，有些地区称之为淡水石斑鱼、溪石斑、石砬鱼，是分布很广泛的小型经济鱼类，肉鲜味美。每年 5—8 月是斑节光唇鱼繁殖季，鱼卵在发育阶段逐渐变得有毒，成熟的鱼卵毒性最强，人误食后可引发腹泻、头晕、呕吐等中毒症状，猫、鸡等动物食进鱼卵也会引起中毒死亡。鱼卵毒素具耐热性，加热至 100 ℃ 30 分钟仍具毒性，加热至 120 ℃ 30 分钟才能将其毒性破坏。斑节光唇鱼虽然鱼卵有剧毒，但鱼肉却无毒，可以食用。

近年来，原产于北美或中美等地的雀鳝鱼在我国多处出现。这种外来入侵的淡水凶猛鱼类的鱼卵有剧毒，不可食用。雀鳝鱼在繁殖季节鱼卵毒性最大，甚至连鱼肉也含有毒素；如果烹食排卵期的雀鳝，中毒的可能性会大大提高。一般人很难判断雀鳝鱼是否处于排卵期，因此最好不要食用雀鳝鱼。

鱼卵毒素轻度中毒者的临床症状为恶心、呕吐、腹泻、腹痛，并且伴有口干、多汗、眩晕、头痛和心律紊乱等；严重中毒者发生肌肉痉挛、抽搐、昏迷以致死亡。由于鱼卵毒素中毒后会立即发生呕吐，通常不会发生深度中毒，所以少有中毒死亡的病例。目前鱼卵毒素中毒尚无特效治疗方法，轻度中毒者发生呕吐后，几小时内能自愈；重症者如果头晕、腹痛、无呕吐及腹泻时，应采取催吐、导泻等治疗方法，尽快排出肠胃中的毒物，并及时补充体液，促进毒物排泄。

（5）含刺毒的鱼类。

含刺毒的鱼类（以下简称“刺毒鱼类”）都有发达的棘刺、沟管和毒腺，构造简单的毒腺细胞能分泌毒液，通过棘刺上的沟槽注入被害者身上引起中毒。含刺毒的鱼类的肉一般无毒，可以食用，其毒液易被加热和胃液所破坏。由于这种毒素只引起体表肌肤中毒，因此称为外毒素。我国地处亚热带和温带，刺毒鱼类相当丰富，估计有 100 多种，其中海洋鱼类占 65%，淡水鱼类占 35%。海洋刺毒鱼类绝大多数生活在浅海，常潜伏于岩缝、洞穴、珊瑚礁间或海藻丛生的地方，或常把身体埋在泥沙中。淡水刺毒鱼类通常也是栖息在浅水礁石、岩洞和水草丛中，昼伏夜出。这些鱼类行动都较缓慢，其体态往往与周围环境相似，善于隐蔽。

淡水刺毒鱼类中，鳗鲶鱼的刺毒毒性较强，被毒刺刺伤处出现难以忍受的剧痛、麻木、出血或局部出现发绀，伤口迅速肿胀，并可波及整个肢体。重者有时并发恶心、呕吐、冷汗、呼吸促迫、休克等全身症状。由于这种毒素作用于心血管系统，若不及时处理会引起血压过低、呼吸加速和心肌缺血，直至呼吸停止。

海洋刺毒鱼类较多，全世界有 200 种以上，从我国台湾海域至日本沿岸至少有 150 种。我国沿海较常见的刺毒鱼类有魟鱼、狮子鱼、鳗鲶鱼、金钱鱼、石头鱼等。这几种鱼类除带有毒刺外，有的牙齿锐利，有的鱼鳃利如刀锋，捕捉和宰杀时要特别小心，以防被其毒刺刺伤。

魟鱼俗称“魔鬼鱼”，其尾部上方大多有一枚毒刺，毒刺的前端两侧有小锯齿状的倒钩，其外层为外皮鞘，里面是由腺上皮细胞形成的毒腺。被魟鱼的毒棘刺伤后，毒素会释放到人体内而引起一连串的症状。首先出现的症状是伤口剧烈疼痛，约 1 小时后转变为间歇性的抽痛，且患部会肿大，伴随出现恶心、呕吐、腹痛、头晕、呼吸困难、血压下降、痉挛、麻痹等症状，如果胸部或腹部被毒刺刺中则易致死。魟鱼毒素在室温下放置 4 ～ 18 小时或冷冻干燥后，毒性几乎完全消失。

狮子鱼的背鳍和胸鳍不但有毒刺，而且非常锐利，被刺伤后患部即时疼痛，几分钟内疼痛感逐渐扩散至四肢并广布全身。最初伤口呈青色，周围红肿、发热、麻痹、起水泡，同时发生呕吐、头痛、发冷汗、发烧、关节痛、麻痹、虚脱、休克、心脏衰弱等症状。轻度中毒者在 2 ～3 小时后疼痛会减轻，严重中毒者疼痛持续数日。狮子鱼的毒素对热不稳定，加热至 60 ℃ 2 分钟，毒素失去活性。

鳗鲶鱼，俗称沙毛鱼，体表无鳞，其背鳍有坚硬毒刺，胸鳍部位的两侧也有锐利的毒刺。其毒素属于神经性毒素，被刺伤后的中毒症状为剧痛、局部红肿、麻痹、呼吸困难、虚脱，甚至休克。此外，鳗鲶鱼的皮肤也会分泌毒素。经动物试验发现，鳗鲶鱼皮肤分泌的毒素具有溶血性及导致浮肿的作用。

金钱鱼体表呈褐色，腹缘银白色，背鳍有 12 根毒刺，臀鳍有 4 根毒刺。其毒素是一种蛋白质，目前其化学性质尚不清楚。被金钱鱼刺伤后会引起剧烈疼痛，且会扩散至四肢及全身，但一般不会引起严重的中毒症状和并发症。

石头鱼，俗称肿瘤毒鲉，鱼貌丑陋，它是自然界中毒性很强的一种鱼。石头鱼的背鳍有 12 根毒刺，腹鳍有 2 根毒刺，臀鳍有 4 根毒刺。据文献报道，石头鱼每根毒刺含 5 ～10 mg 的毒素，一条石头鱼所含的毒素，可杀死 1. 3 万～2. 6 万只小白鼠。如果人体与小白鼠对这种毒素的感受性相同的话，则 3 根毒刺的毒素就可致人死亡。被石头鱼的毒刺刺伤后，也会引起剧烈的疼痛、意识障碍，严重中毒者出现呼吸困难、痉挛甚至死亡。

上述几种鱼刺毒，大多毒性很强，即使鱼已死亡多时，其毒性依然存在。虽然鱼刺毒致死率不高，但毒素引起的剧烈疼痛常让患者痛苦不堪。此外，若伤口受到细菌感染，极易造成肌肉坏死或败血症。特别是海水中有一种创伤弧菌，当患者本身有肝脏疾病或免疫能力低下时，会经由伤口感染进入人体引起败血症，死亡率达 40%～50% 。

（6）含高组氨酸的鱼。

含高组胺酸的鱼类有鲭鱼（鲐鱼）、金枪鱼、竹荚鱼、鲇鱼（塘虱鱼）、秋刀鱼和沙丁鱼等青皮红肉的鱼类。当鱼体不新鲜或腐败时，存在于这些鱼体内的组胺酸经过分解，可生成大量的组胺和秋刀鱼毒素。食用含这两种物质的鱼可使人中毒。腌制咸鱼时，如原料不新鲜或腌得不透，含组胺较多，食用后也可引起中毒。此外，淡水养殖的鲤鱼、鲇鱼在死后鱼体软化时也可产生大量的组胺，不宜食用。国家规定，鲭鱼中组胺含量小于 100 mg/100 g，其他鱼类组胺含量小于 30 mg/100 g。组胺和秋刀鱼毒素中毒的潜伏期为 5 分钟至 4 小时，一般 30 分钟至 1 小时出现中毒现象。中毒的临床症状为头晕、头痛、心悸、脉快、胸闷和呼吸急促等。部分中毒患者出现眼结合膜充血、瞳孔散大、视力模糊、脸发胀、唇水肿、口和舌及四肢发麻、恶心、呕吐、腹痛、荨麻疹、全身潮红、血压下降。当组胺在人体内积蓄到一定量时，可引起心血管及神经系统中毒。组胺中毒的特点是发病快、症状轻、恢复快，发病率 50% 左右，急重症患者可并发喉头水肿、过敏性休克等，偶有死亡病例报道。

（7）环境有毒物质污染的鱼类。

环境有毒物质污染的鱼类主要指受到农药、化肥的广泛应用和工业废气、废水和废渣的排放等化学物质污染的鱼类。这些有毒物质包括汞、酚、氰化物、有机氯、有机磷、硫化物、氮化物、氟化物、砷化物和对硝基苯等，混杂在土壤里、空气中，源源不断地注入鱼塘、河流或湖泊，甚至直接进入水系，造成大面积的水质污染，致使鱼类受到危害。被污染的鱼类，轻则带有臭味、发育畸形，重则死亡。人们误食受到污染的鱼，有毒物质便转移至人体，在人体中逐渐积累，引起疾病。医学研究证明，有机农药残留可导致儿童发育迟缓，智能低下，易患侏儒症。重金属盐类在人体中积累可致关节疼痛和癌症。有些毒性较强的物质，对人类健康危害更大。鱼体受到污染后的重要特征是鱼体畸形。被污染的鱼往往躯体变短，背鳍基部后部隆起，臀鳍起点基部突出，从臀鳍起点到背鳍基部的垂直距离增大；臀鳍基部上方的鳞片排列紧密，有不规则的错乱；鱼体侧线在体后部呈不规则的弯曲。严重畸形的鱼体后部表现凸凹不平，臀鳍起点后方的侧线消失。鱼体受到污染的另一重要特征是大多鳍条松脆、易断。据文献报道，受酚污染的鱼，鱼眼突出，体色蜡黄，鳞片无光泽，掰开鳃盖，可嗅到明显的煤油气味，不可食用。受苯污染的鱼，鱼体无光泽，鱼眼突出，掀开鳃盖，有一股浓烈的六六六粉农药的气味。含苯的鱼，其毒性较含酚的更大，严禁食用。受汞污染的鱼，鱼眼一般不突出，鱼体灰白，无光泽，肌肉紧缩变硬。鱼体内残留的汞毒性很大，不宜食用。受磷或氯污染的鱼，鱼眼突出，鳞片松开，鱼体肿胀，鱼鳃处满布黏液性血水，不可食用。

受环境有毒物质污染的鱼类中，鱼龄大小和鱼体的不同部位的毒素含量不尽相同。以受汞污染的鱼类为例，鱼龄越大，鱼头和鱼皮中蓄积的汞就越多。经实验测定显示，200 g 以下的鲫鱼，鱼肉、鱼卵、鱼皮、鱼头中的汞含量都非常低，鱼体的不同部位的数值差异也不明显，均低于0.02 mg/kg，远远低于国家限量（≤0.5 mg/kg），完全可以放心食用。随着鱼龄的增大，鱼肉与鱼卵的汞含量没有明显变化，但鱼头和鱼皮的汞蓄积量明显上升。350 g 的鲫鱼，其鱼皮和鱼脑的汞含量略有上升；400 g 的鲫鱼，其鱼皮的汞含量比 200 g 以下的上升 5 倍，鱼脑的汞含量竟上升达 20 倍以上。以 400 g 鲫鱼为例，汞含量最高部位排序为鱼头 > 鱼皮 > 鱼肉 > 鱼卵，鱼脑中汞含量达到了 0.36 mg/kg，为鱼卵的 20 倍、鱼肉的 15 倍、鱼皮的 6 倍。实验还发现，鱼卵煮熟后，汞含量降低，但鱼头、鱼皮和鱼肉内的汞含量并不能随着加热而降低。因此，建议消费者在选购鲫鱼的时候，买半斤以下的比较好，因为鲫鱼鱼龄小，体内甲基汞的含量很低，孕妇、儿童都可以放心食用。如果购买了 350 g 以上的鲫鱼，也不用担心，因为一般情况下鱼肉和鱼卵都很安全，不过最好不要吃鱼头了。建议大家去餐馆也要少选择“泡椒鱼头”“鱼头泡饼”等菜品，因为鱼头普遍更易蓄积重金属，儿童不宜长期吃；而鱼卵营养丰富，又少有重金属富集的问题，可以适量食用。

3. 毒物的生物学特性

（1）河鲀毒素化学性质和热性质均很稳定，盐腌或日晒等一般烹调手段均不能使其破坏，只有在高温加热30分钟以上或在碱性条件下才能被分解。220 ℃加热20～60分钟可使毒素全部破坏。

（2）鳝鱼和鳗鱼的鱼血毒素不耐热，经加热就会被破坏，失去毒性，因此带血的鱼肉经煮熟后食用，不会中毒。血液毒素中毒没有特效解毒药，预防中毒最好的办法是不要吃生的或未煮熟的黄鳝、鳗鱼，不要生饮鱼血。宰杀血毒鱼类时要防治手指损伤，以免鱼血通过伤口渗入身体组织，发生中毒。

（3）鱼胆毒素不能被加热或用酒精所破坏，即使将鱼胆蒸熟或用酒冲服鲜鱼胆，仍会发生中毒。

（4）鱼卵毒素具耐热性，加热至100 ℃经30分钟，仍具毒性，加热至120 ℃ 30分钟才能将其毒性破坏。

（5）在刺毒鱼类中，魟鱼刺毒素在室温下放置4～18小时或冷冻干燥后，毒性几乎完全消失。狮子鱼的刺毒素对热不稳定，加热至60 ℃ 2分钟，毒素失去活性。

（6）含高组氨酸的鱼类和受环境有毒物质污染的鱼类中的毒物，不会因加热等处理而使毒物减少或失活。

4. 预防措施

（1）河鲀毒素中毒后没有特效的解救措施，尽管不同品种河鲀毒素差异明显，但其食用安全风险均较大。为了安全起见，建议不要食用河豚。

（2）动物实验及中毒病例说明，胆毒鱼类的胆汁有毒，但是很多地区的群众还把鱼胆当作清凉品来服用，引起严重中毒和死亡事故。各地卫生工作人员特别是基层卫生人员要做好卫生宣传工作，向群众普及鱼胆有毒的知识，教育群众在无医嘱的情况下，不要滥服鱼胆。即使临床需要采用鱼胆治病，亦需慎重，更不宜吞服较大鱼胆。发现中毒患者应及时送医院治疗，以免贻误病情。

（3）市售鲜鲭鱼等青皮红肉鱼类大多经冷藏或冷冻，要有较高的鲜度，其组胺含量应符合相关规定。选购时要特别注意其鲜度，如发现鱼眼变红、色泽不新鲜、鱼体无弹力时，则不应选购，亦不得食用。购后应及时烹调，烹调前应去内脏、洗净，切段后用水浸泡2小时以上，然后红烧或清蒸、酥焖，不宜油煎或油炸。如要盐腌，应劈开鱼背并加25%以上的食盐腌制。

（4）受环境有毒物质污染的鱼类，由于其毒物不会因加热等处理而使毒物减少或失活，因此不可食用。

（四）有毒的贝类对健康的危害

1. 简述

有些贝类之所以有毒，与藻类有关。在膝沟藻科的藻类大量繁殖形成藻类“红潮”时，贝类便摄入藻类毒素，并在其体内呈结合状态。藻类毒素对贝类无害，但是人食用这些被藻类毒素污染的贝类后，毒素迅速释放而使人中毒。引起中毒的常见贝类有贻贝、蛤类、螺类、牡蛎、扇贝等。

2. 毒物的种类及危害状况

贝类中毒是指由于食用某些含有毒素的贝类所引起的食物中毒。太平洋沿岸某些地区，在3—9月常常发生食用贝类后引起中毒事件，我国的浙江、广东均有食用贝类引起食物中毒的报告。据文献报道，浙江从20世纪60年代至今已报告40余起食用织纹螺引起的中毒事件，中毒数百人，死亡数十人。引起中毒的常见贝类有贻贝、蛤类、螺类、牡蛎、扇贝等。贝类所含毒素的主要种类有麻痹性贝类毒素、腹泻性贝类毒素、神经性贝类毒素和健忘性贝类毒素。

（1）麻痹性贝类毒素。

人食用了含麻痹性贝类毒素的贝类会引起食物中毒，初始的中毒症状为外周神经肌肉系统麻痹。甲藻类中的亚历山大藻、膝沟藻属、原甲藻属等一些赤潮生物种是麻痹性贝类毒素的直接生产者。麻痹性贝类毒素的毒性与河豚毒素相当，毒性很强。其毒理主要是通过对细胞钠通道的阻断，造成神经系统传输障碍而产生麻痹作用。麻痹性贝类毒素中毒潜伏期5分钟至4小时，一般为半小时至3小时。中毒早期有唇、舌、手指麻木感，进而四肢末端和颈部麻痹，直至运动麻痹、步态蹒跚，并伴有发音障碍、流涎、头痛、口渴、恶心、呕吐等，严重者因呼吸麻痹而死亡。据国内报道，引起麻痹性贝类毒素中毒的贝类有织纹螺、香螺、荔枝螺。

（2）腹泻性贝类毒素。

腹泻性贝类毒素是从紫贻贝的肝胰腺中分离出来的一种脂溶性毒素。腹泻性贝类毒素主要来自鳍藻属（*Dinophysis*）、原甲藻属（*Prorocentrum*）等藻类，它们在世界许多海域都可生长。海洋中分布很广的一些赤潮生物可以分泌腹泻性贝类毒素，这种毒素通过食物链的传递，在贝类体内积累。人食用了含腹泻性贝类毒素的贝类后，会产生以腹泻为特征的中毒症状。中毒症状主要有腹泻、呕吐、恶心、腹痛和头疼。发病时间可在食后 30 分钟至 14 小时不等，一般止泻药不能医治腹泻性贝类毒素中毒引起的腹泻。腹泻性贝类毒素不是一种可致命的毒素，没有强烈的急性毒性，一般在 48 小时内可恢复健康。引起腹泻性贝类毒素中毒的贝类仅限于双壳贝，尤以扇贝、紫贻贝较多，其次是杂色蛤、文蛤、黑线蛤和贻贝等。有毒部位是贝类的中肠腺。

（3）神经性贝类毒素。

神经性贝类毒素是赤潮生物短裸甲藻（*Ptychodiscusbreve*）和剧毒冈比甲藻（*Gambierdiscums toxincus*）等藻类中分离出的一类毒素。有毒的短裸甲藻被贝类摄食后，其毒素在体内积累。人一旦食用含有神经性贝类毒素的贝类，便会引起以麻痹为主要特征的食物中毒。甚至在赤潮区吸入含有神经性贝类毒素的气雾，都会引起气喘、咳嗽、呼吸困难等中毒症状。神经性贝类毒素是贝类毒素中唯一的可以通过吸入导致中毒的毒素。神经性贝类毒素中毒的主要症状为瞳孔放大，身体冷热无常，恶心、呕吐、腹泻，运动失常，但没有麻痹感，这是与引起麻痹作用的麻痹性贝类毒素的不同之处。神经性贝类毒素中毒症状持续时间较短，一般为 10 分钟至 20 小时。

（4）健忘性贝类毒素。

健忘性贝类毒素是由拟菱形藻（*Pseudo-nitzschiasp.*）产生的一种可导致记忆功能长久性损害的强烈神经性生物毒素，化学名称为多莫酸（domoic acid）。当拟菱形藻大量发生时，双壳贝类、虾蟹类、头足类等较为低等的海洋动物，便能通过摄食藻类饵料而在体内积累大量的健忘性贝类毒素。人食用了含健忘性贝类毒素的贝类后，毒素便与人类中枢神经系统（大脑海马）的谷氨酸受体结合，引起神经系统麻痹，并能导致大脑损伤；轻者引起神志不清和记忆丧失，重者引起死亡。健忘性贝类毒素中毒通常在食后 3 ～ 6 小时发病，主要表现为腹痛、腹泻、呕吐、流涎，同时出现记忆丧失、意识混乱、平衡失调、不能辨认家人及亲朋好友等严重精神症状，严重者处于昏迷状态，重症者多为老人，并伴有肾脏损害。曾有 12 人病后记忆丧失长达 18 个月之久的报道。据文献报道，有完整记录的健忘性贝毒中毒事件，是 1987 年发生在加拿大爱德华王子岛的食用贻贝中毒事件。中毒者表现出头痛和短期记忆缺失，共有 150 人有中毒反应，其中 107 人确诊为多莫酸中毒，9 人入院治疗，4 人死亡。最后确定引发这一事件的是拟菱形藻赤潮，造成贝类中多莫酸大量积累，导致食用贝类的人食物中毒。

3. 毒物的生物学特性

（1）麻痹性贝类毒素由 20 多种结构不同的甲藻产生的毒素组成，这些甲藻既可在热带水域又可在温带水域生长。麻痹性贝类毒素是一类剧毒的含氯杂环有机化合物，根据基团的相似性，可分为三类，即氨甲酰基类毒素（carbamoyl toxin）、氨甲酰基－N－磺基类毒素（N-sulfo carbamoyl toxin）、去氨甲酰基类毒素（decarbamoyl toxin）。麻痹性贝类毒素溶于水，对酸稳定，在碱性条件下易分解失活；对热也稳定，一般加热不会使其毒性失效。加热至 80 ℃经 1 小时毒性无变化，加热至 100 ℃经 30 分钟毒性仅减少一半。易被胃肠道吸收。

（2）腹泻性贝类毒素由三种不同的聚醚化合物组成：软海绵酸及衍生物鳍藻毒素－1 与鳍藻毒素－3、扇贝毒素（大环内酯化合物栉膜毒素）、硫化物毒素。其中软海绵酸主要作用于小肠，可导致腹泻及吸收上皮细胞的退化，同时它也是很强的肿瘤促进剂。腹泻性贝类毒素为脂溶性，不溶于水，对热稳定，通常的烹调加热方法不能将其破坏。

（3）神经性贝类毒素属于高度脂溶性毒素，结构为多环聚醚化合物，主要为短裸甲藻毒素。神经性贝类毒素的毒理是：与麻痹性毒素相似，作用于钠通道，作用位点与石房蛤毒素不同，引起钠通道维持开放状态，从而引起钠离子内流，造成神经细胞膜去极化。对新鲜的、冷冻的或罐装制品的牡蛎、蛤类和贻贝的神经性贝类毒素最大允许限量为 20 MU/100 g。

（4）健忘性贝类毒素的成分是多莫酸，纯品为白色固体粉末，溶于水，微溶于甲醇，熔点 223～224 ℃，在常温或光照下的碱性溶液中不会降解，但在酸性溶液（pH≤3）中 1 周可降解 50%。

4. 毒物的限量标准

根据行业标准《无公害食品 水产品中有毒有害物质限量》（NY 5073—2006）规定，贝类中麻痹性贝类毒素和腹泻性贝类毒素限量见表 3.1。

表 3.1　贝类中麻痹性贝类毒素和腹泻性贝类毒素限量

毒物名称	限量/MU·(100 g)$^{-1}$
麻痹性贝类毒素	≤400
腹泻性贝类毒素	不得检出
神经性贝类毒素	暂无制定限量
健忘性贝类毒素	暂无制定限量

注：MU/100 g 为鼠单位，表示麻痹性贝类毒素毒力的统一单位。1 MU/100 g 表示 15 分钟内杀死体重 100 g 小白鼠的平均毒素量。

4. 预防措施

（1）目前尚无有效的贝类毒素解毒剂，预防贝类毒素中毒事件的发生尤为重要。

每年的3—9月间有些海域常发生有毒藻类大规模急剧增殖，暴发有害赤潮。生活于该海域的贝类中会迅速累积毒素，因此应避免食用这些海域出产的贝类，以防中毒。

（2）贝类毒素主要在贝类的消化腺中。含有贝类毒素的扇贝中，消化腺中的毒素含量是扇贝柱（闭壳肌）中的数十倍。因此，食用贝类时去除消化腺，可以有效降低中毒风险。

（3）烹饪前，先要把贝类放入食盐水中浸泡一段时间，让贝类排出各种毒素和沙子。然后，要用刷子清除干净贝壳表面附着的藻类。采用蒸、煮等烹饪方法彻底加热以杀死细菌。蒸、煮加工时，要冷水下锅，保证贝类的内外生熟度一致。蒸、煮贝类后的汤汁不可食用。

（4）贝类采用烧烤的方法易造成受热不均、外熟里生，建议少用。

（五）有毒的豆芽对健康的危害

1. 简述

毒豆芽是指在豆芽生产过程中非法添加对人体有害的植物生长调节剂、化肥、农药、兽药、抗生素等，从而改变豆芽生产周期和外观，增加豆芽产量，最后流入市场销售的豆芽。因其添加的很多物质都对人体有害，故称为毒豆芽。传统方法生产豆芽需要一周时间以上才能长成，下胚轴短，有须根。而毒豆芽外观颜色鲜亮，下胚轴粗长，无须根，生产周期短，下种后3～4天即可长成，产量翻番。据业内人士介绍，正常情况下1斤绿豆可生产7斤豆芽，但如果添加了“豆芽激素”，增加的成本才不过几分钱，而豆芽的生长周期缩短一半，1斤绿豆可产出14斤豆芽。这也是市场上出现毒豆芽的根本原因。长期食用添加违规物质生产出的豆芽，将会对人体产生蓄积危害。

2. 毒物的种类及污染状况

在豆芽生产过程中所涉及的违规使用的物质主要有植物激素、化肥、农药、兽药、抗生素等。

（1）植物生长调节剂。

在豆芽生产过程中所涉及的违规使用的植物生长调节剂主要有6－苄基腺嘌呤

(6 - BA)、4 - 氯苯氧乙酸钠(4 - CPA)、赤霉素(GA)和2，4 - 二氯苯氧乙酸(2，4 - D)。

6 - BA、4 - CPA和GA是无根剂(又称豆芽素、无根豆芽素)的主要成分，这三种植物生长调节剂广泛使用于植物生长培养基中，都有促进植物细胞伸长的作用，同时具有抑制植物叶内叶绿素、核酸、蛋白质的分解，保绿防老，以及将氨基酸、生长素、无机盐等物质向植物生长部位运送等多种功能。尤其是6 - BA和GA，在农业、果树和园艺作物生产中，从发芽到收获的各个阶段被广泛使用。据有关文献报道，6 - BA毒性的LD_{50}为：雄性大鼠口服2965 mg/kg(bw)，雌性大鼠口服1005.19 mg/kg(bw)；蓄积毒性试验：雌性大鼠蓄积系数大于5，雄性大鼠蓄积系数为3。GA毒性LD_{50}为：大鼠口服5000 mg/kg，均属弱蓄积性。因此，迄今为止，对6 - BA是否可以在豆芽生产中使用仍有不同的意见，有学者认为，6 - BA和GA毒性低，安全性较高。欧盟为6 - BA制定的安全剂量为0.01 mg/kg体重。按照模拟实验中的最大残留量推算，这差不多相当于每天至少吃4 kg豆芽，显然一般人不可能每天食进如此多的豆芽。GA的安全剂量是3 mg/kg体重，比6 - BA还安全数百倍。

2，4 - 二氯苯氧乙酸(2，4 - D)是一种人工合成的植物生长调节剂，对植物细胞具有促进伸长的作用，同时它还是一种可以杀死多种宽叶杂草的除草剂。据文献报道，2，4 - D对人体具有潜在的毒性，在欧洲和北美的地下水中经常发现其残留，在我国因其成本较低也得到了较为广泛的应用。在豆芽生产过程中，也有违规使用2，4 - D的事件，因此其残留与毒性日益受到人们的重视。据北京微量化学研究所(2014年)对市场随机抽查64份豆芽样品检测发现，高达32份样品中至少含有1种以上添加物(检出率为50%)。这些添加物主要是多菌灵、6 - BA和2，4 - D。据文献报道，2，4 - D的毒性试验中，成年男性口服814 mg/kg出现急性中毒症状，表现为昏迷和血压调节能力下降；大鼠口服700 mg/kg出现急性中毒症状，表现为胃炎、嗜睡和肝豆状核变性。从现有的文献资料中可以看出，在豆芽生产过程中使用2，4 - D的安全性比6 - BA、4 - CPA、GA低，毒性明显，危害较大。

(2)化肥。

豆芽生产过程中常被黑作坊使用的化肥主要是尿素。尿素又称碳酰胺，是由碳、氮、氧、氢组成的最简单的有机化合物。它是哺乳动物和某些鱼类体内蛋白质代谢分解的主要含氮终产物，也是目前含氮量最高的氮肥。尿素作为一种有机物质，在工业、农业、医学方面均有应用，但是唯独没有在食品业中得到应用，因此，在豆芽生产过程中使用尿素是非法的。但是，在现实生活中，由于加入尿素可增加发芽率，促进豆芽生长，使豆芽长得又粗又长，不但能增加重量，还可以缩短生产周期，因而常被不法厂家违规使用。用尿素催生的豆芽，一般根短、少根或无根，水分含量大、色泽灰白、下胚轴粗硬，非常饱满。将豆芽折断，断面会冒出水分，有的还残留有化肥的气味。用尿素催生的豆芽一经热炒，就会挥发出含氨氮的尿骚味。而用清水泡发的豆芽，一般下胚轴较细长，有须根，颜色发暗，水分含量低。

尿素作为人体正常新陈代谢的产物，这种含氮的小分子物质可随着人体排尿而排出体外。在人体正常的新陈代谢中，少量的尿素并不会对人体造成危害。当尿素大量聚集而不能排出时，会对人体造成伤害，使人体的体内电解质平衡被破坏，从而产生疾病。由于尿素可增加血中非蛋白氮，对肝肾功能不全者、有活动性颅内出血者和血尿素氮水平高的患者和尿毒症患者而言，食用含尿素的豆芽可能对身体造成严重的伤害。

（3）农药。

在豆芽生长过程中使用农药的目的是防治病虫害。众所周知，农药是有毒物质，对人的健康影响极大，有的农药被证明具有致癌、致畸、致突变的危害。尤其是豆芽的生产过程均在黑暗的环境下进行，农药被降解的可能性甚微，残留量大，危害严重。

（4）抗生素。

在豆芽生长过程中甚至有“黑作坊”使用头孢氨苄、诺氟沙星等抗生素作为杀菌剂。抗生素的违法使用，不但可导致人体增加耐药性，还可能导致人体内抗生素的积累，造成头痛、头晕、致癌、过敏等疾病的发生。

（5）兽药。

在市场销售的豆芽中也曾检出恩诺沙星、强氯精等兽药，说明在豆芽生产过程中有违法使用兽药的情况。许多兽药其实就是抗生素，对人体会造成严重的危害。

3. 毒物的限量标准

我国现行的《食品安全国家标准》尚未规定在豆芽生产中植物生长调节剂、农药、化肥、抗生素、兽药的最大使用限量和残留限量标准。《食品中农药最大残留限量》（GB 2763—2021）中，没有针对豆芽的植物生长调节剂限量标准。在豆芽生产中常用的GA、6-BA、4-CPA和2，4-D，均未列入《食品安全国家标准》。这表明，我国对制定食品中植物生长调节剂的限量标准，还需要做大量的研究工作。现行的标准和法规显示，没有依据表明植物生长调节剂可以在豆芽生产中使用。

在国外，欧盟规定豆芽中的6-BA最大残留限量为0.01 mg/kg，GA为3 mg/kg；4-CPA和2，4-D未获批准，不能使用。日本规定，在蔬菜类GA的最大残留限量为0.2 mg/kg，6-BA为0.5 mg/kg；在豆芽生产中仅允许使用GA。

4. 预防措施

（1）加强农贸市场的食品安全质量检验，避免有毒豆芽流入市场。

（2）消费者应掌握一些辨别毒豆芽的方法，避免毒豆芽进入家庭。辨别毒豆芽的方法如下：

一是闻豆芽上的气味。用清水泡发生产出的优质豆芽，闻起来有一种清爽味道；用尿素催生的豆芽会残留有化肥的气味，一经热炒，就会挥发出含氨氮的尿骚味。

二是看豆芽的形态和颜色。用清水泡发生产出的优质豆芽，一般下胚轴较细，有须根，颜色发暗，下胚轴较短，一般为 3 ～ 8 cm，水分含量较低。而用植物生长调节剂和尿素催生的豆芽，一般根短、少根或无根、色泽灰白，豆芽的下胚轴特别长，一般为 10 ～ 15 cm，并且大小均匀，比较粗硬饱满。毒豆芽水分含量较大，将豆芽折断时断面会冒出水分。

（六）不可生吃的蔬菜对健康的危害

1. 简述

营养学研究发现，人类健康所必需的维生素 C 和 B 族维生素，以及某些生物活性物质在温度超过 55 ℃以上时会变性失活，丧失其功能。所以在一些发达国家，蔬菜生吃是一种相当流行的食用方法。生吃蔬菜可最大限度地保留蔬菜中的营养物质，有预防多种疾病的作用，有利于人类的身体健康。据文献报道，蔬菜中所含的干扰素诱生剂免疫物质，能作用于人体细胞的干扰素基因，产生干扰素，成为人体细胞的健康“卫士”，具有抑制人体细胞癌变和抗病毒感染的作用。而这种干扰素诱生剂不耐高温，只有生食蔬菜才能发挥其作用。所以，凡是能生吃的蔬菜，最好生吃；不能生吃的蔬菜，也不要炒得太熟，尽量减少营养的损失。但是，并非所有的蔬菜都可以生食。一些富含淀粉的蔬菜，如土豆、芋头、山药等生吃时会因淀粉粒没有破裂，人体无法消化，必须煮熟才能吃。还有一些是含有某些有害物质的蔬菜，如某豆类蔬菜的籽粒、鲜木耳和木薯中含有毒物质，食用后会引起恶心、呕吐、腹泻，严重时可致死。这些食物经晒干或烧熟煮后，有毒物质便失去毒性，才可以放心食用。另外，在大田常规条件下栽培的绿叶蔬菜，往往要浇淋人畜粪尿和农药，会造成污染，因而不提倡生食。只有在无土栽培条件下生产的绿叶蔬菜，才可以放心生食。

2. 毒物的种类及污染状况

不适宜生食的蔬菜主要有如下几种：

（1）鲜黄花菜。

黄花菜又称金针菜。因为鲜黄花菜中含有秋水仙碱，当它被食入人体后经过肠胃道的吸收，被氧化成具有较大毒性的二秋水仙碱，会使人咽干、口渴，胃有烧灼感、恶心、呕吐、腹痛、腹泻，严重者还会出现血便、血尿或尿闭等症状。所以鲜黄花菜不可以生食。由于鲜黄花菜的有毒成分在高温 60 ℃时可减弱或消失，因此食用时，应先将鲜黄花菜用开水焯过，再用清水浸泡 2 个小时以上，捞出用水洗净后再进行炒食，并且每次不宜多吃。食用干品时，最好用清水或温水进行多次浸泡后再食用才安全。

（2）青西红柿。

未成熟的青色西红柿含有毒物质龙葵素（龙葵碱），食用时口腔有苦涩感，食后出现恶心、呕吐、头昏、腹痛、流涎等中毒症状。重者因剧烈呕吐、腹泻而导致脱水、电解质紊乱、血压下降，出现昏迷及抽搐，最终因呼吸中枢麻痹而导致死亡。因此，青西红柿不可以生食，也不适宜煮、炒食，因为 170 ℃以下的高温不能使龙葵素失活，若煮、炒食危险性更大。青西红柿可以放多几天，等它自然成熟（变红）后即可食用。

（3）鲜木耳。

黑木耳含有丰富的碳水化合物、蛋白质、铁、钙、维生素等营养物质，营养价值极高。据资料介绍，患有高血压、高血脂的人，常吃黑木耳能将发生脑中风、心肌梗死的概率降低，这是因为黑木耳具有抑制血小板凝聚和降低血凝的作用，与肠溶阿司匹林的功效相当，所以被称为“食品阿司匹林”。但是，鲜木耳不可以直接食用，这是由于鲜木耳中含有一种卟啉光感物质，人食用后，会随血液循环分布到人体表皮细胞中，受太阳照射后，会引发日光性皮炎。这种有毒的光感物质还易被咽喉黏膜吸收，导致喉头水肿，出现呼吸困难。鲜木耳要经过晒干，再经清水浸泡后才可食用。因为鲜木耳在晒干的过程中可将大部分的卟啉光感物质分解掉，食用前再经过清水浸泡，将其中剩余的有害物质清除干净。

（4）发芽的土豆。

发芽的土豆中含有与青西红柿同一种的对人体有害的龙葵素（龙葵碱），它对人体胃肠黏膜有刺激作用，并有溶血及麻痹呼吸中枢的作用。发芽的土豆中龙葵素的含量比青西红柿要高，发芽土豆的芽眼、芽根和变绿的部位含量更高，人吃了会有咽喉痒、恶心、呕吐、腹痛等症状，重者会死亡，故发芽的土豆不能吃。发芽马铃薯中毒通常发生在食用后数十分钟至数小时，先有咽喉及口内刺痒或灼热感，上腹部灼烧感或疼痛，然后出现恶心、呕吐、腹痛、腹泻等胃肠道症状；还可出现头晕、头痛、呼吸困难。重者因剧烈呕吐、腹泻而导致脱水、电解质紊乱、血压下降；严重中毒者可出现昏迷及抽搐，最终因呼吸中枢麻痹而导致死亡。因此发芽的土豆既不可以生食，也不适宜煮、炒食。有人建议先将土豆芽和芽根及土豆表皮变绿的部分挖去，放于清水中浸泡 2 小时以上再煮、炒食，其实这种做法还是存在中毒的危险，因此不建议试用。

（5）鲜蚕豆。

经研究发现，鲜蚕豆里含有一种能干扰人体中葡萄糖六磷酸脱氢酶正常运作的物质，化学名称叫蚕豆嘧啶（一种核苷酸）。而葡萄糖六磷酸脱氢酶是人体代谢活动中维持血红蛋白正常工作的关键因子。当葡萄糖六磷酸脱氢酶活性受干扰时，会造成红细胞破裂，引发蚕豆溶血症病。有些人天生体内缺少葡萄糖六磷酸脱氢酶，食用鲜蚕豆后会引起过敏性溶血综合征，症状为全身乏力、贫血、黄疸、肝肿大、呕吐、发热等，若不及时抢救，会因极度贫血而死亡。所以，鲜蚕豆不可生食。尤其对那些因遗传问题而缺乏葡萄糖六磷酸脱氢酶的人来说，生吃或煮、炒食蚕豆都存在致病的风险，且儿童的风险要比成人高，有些儿童甚至吸入蚕豆花粉都可能引发症状。不过，在人群中，绝大多数人体内都有充足的葡萄糖六磷酸脱氢酶，虽然蚕豆不可生食，但是只要将蚕豆煮熟就可食用。蚕豆在晒干、储存过程中，蚕豆嘧啶会被逐渐氧化降解，所以干蚕豆引发蚕豆病的概率要低一些；但也不是完全安全，对那些因为遗传问题而缺乏葡萄糖六磷酸脱氢酶的人来说，蚕豆仍然是“危险的食物”。

（6）鲜四季豆。

鲜四季豆中含有皂苷和血球凝集素两种毒素。皂苷对人体胃肠道具有强烈的刺激性，可引起出血性炎症，并对红细胞有溶解作用，血球凝集素则具有凝血作用，因此鲜四季豆不可生食。食入未煮熟的四季豆，引起中毒的潜伏期为数十分钟，一般不超过5小时，主要为胃肠炎症状，如恶心、呕吐、腹痛和腹泻。呕吐少则数次，多者可达数十次。另有头晕、头痛、胸闷、出冷汗以及心慌，胃部有烧灼感。大部分患者白细胞增高，体温一般正常，病程一般为数小时或1～2天。加热能使皂苷和血球凝集素两种毒素失去活性。因此，食用四季豆不要贪图脆嫩，一定要煮熟焖透，不能用开水焯一下就凉拌，更不能凉拌生食。

（7）胡萝卜。

胡萝卜是对人体健康非常有益的食物。据有关资料报道，胡萝卜中的维生素 B_2 和叶酸有抗癌作用，被称为抗癌蔬菜。胡萝卜含有大量的β-胡萝卜素，摄入人体后，一个β-胡萝卜素分子可以转化为2个分子的维生素A。而维生素A有助于促进皮肤的新陈代谢，对血液循环也能起到增进的作用，因此常吃胡萝卜对皮肤有利。中医认为，胡萝卜味甘，性平，有健脾和胃、补肝明目以及清热解毒、壮阳补肾等功效。由于胡萝卜中所含的β-胡萝卜素是脂溶性物质，它要在烹调中与油脂结合才能被充分分解利用。营养学实验表明，如果烹调时采用压力锅炖，β-胡萝卜素的保存率可高达97%。如果生吃胡萝卜，胡萝卜素很难被人体吸收，从而造成浪费。可见，胡萝卜虽然可以生食，但不如熟食更加有利于人体健康。

（8）大豆。

大豆俗称黄豆，富含异黄酮，可阻断癌细胞营养供应，含人体必需的8种氨基酸、多种维生素及多种微量元素，可降低血中胆固醇，预防高血压、冠心病、动脉硬化，等等。大豆内含亚油酸，能促进儿童神经发育。由于生大豆中也含有害物质，生食能使人中毒，如抗胰蛋白酶能影响蛋白质的消化和吸收；酚类化合物可使豆浆产生苦味和腥味；皂素刺激消化道，引起呕吐、恶心、腹泻等中毒现象。因此大豆不能生食。食用未煮熟的豆浆也可引起食物中毒。特别是将豆浆加热至 80 ℃左右时，皂素受热膨胀，泡沫上浮，形成“假沸”现象，其实此时存在于豆浆中的皂素等有毒成分并没有完全破坏，还应继续加热至豆浆的泡沫消失，才能使皂素等有毒成分失活。因此，煮豆浆时，加热至豆浆的泡沫消失后再用小火煮 10 分钟左右，即可达到安全食用的目的，也能够尽可能地保持营养物质不被破坏。

（9）蓝紫色的紫菜。

紫菜是生长在近海浅水区岩礁上的海藻植物，颜色有红紫的、绿紫的及黑紫的区别。可食用的新鲜紫菜，颜色暗绿油亮。优质的干紫菜则具有紫黑色光泽（有的呈紫红色或紫褐色），片薄，口感柔软；低劣的紫菜表面光泽差，片张厚薄不均匀，呈红色并夹杂绿色，口感及芳香味差，杂藻多，并有夹杂物。如果紫菜闻起来有一股腥臭味、霉味等，则说明紫菜已不新鲜了。此外，优质紫菜泡发后几乎见不到杂质，叶子比较整齐；劣质紫菜则不但杂质多，而且叶子也不整齐。如果经泡发后变为绿色，则说明质量很差，甚至是其他海藻人工上色假冒的。另外，紫菜放在火上烤一下，优质紫菜烤过后应该呈绿色，如果呈黄色则为劣质紫菜。颜色过于紫红鲜艳的紫菜有可能为染色所致。通常紫菜干燥后呈紫色，市面上销售的紫菜大多是红藻干制品，呈黑紫色且有光泽，其蛋白质含量达 35.6%，含有丰富的甘露醇、维生素等营养成分。无污染、干净的紫菜可以生食，但不如熟食好。然而，有一种蓝紫色的紫菜是在海中生长时已被有毒物质环状多肽污染了，这种紫菜有毒，既不可生食，也不可煮、炒食，因为加热蒸煮不能使环状多肽有毒物质失活，食用后可导致中毒。

（10）鲜木薯。

鲜木薯中含有毒物质亚麻仁苦苷。如果人食入生的或未煮熟的木薯，其中的亚麻仁苦苷经胃酸水解会产生有毒物质氢氰酸，从而使人体中毒。一个成年人食入 150～300 g 生木薯即可引起中毒，甚至死亡。木薯全株各部位，包括根、茎、叶都含有毒物质，而且新鲜的块根毒性较大。据文献报道，木薯经过储存后毒性可降低，将新鲜的木薯去皮切片，在清水中浸泡 6 天左右就可去除 70% 的有毒物质，再经过加热煮熟，即可食用。鲜木薯经切片晒干或在适宜温度下烘干，均可使有毒物质降解，再将干薯片制粉，可用作食品。

（七）毒姜和变质生姜中的有毒物质对健康的危害

1. 简述

生姜是居家饮食中常用的调味品，同时也是很好的保健养生的食物。生姜含有挥发油、姜辣素、蛋白质及植物杀菌素。姜辣素能刺激舌头上的味觉神经，刺激胃黏膜上的感受器，并通过神经反射促使胃肠道充血，增强胃肠蠕动，促进消化液的分泌，使消化功能增强，从而起到开胃健脾、促进消化、增进食欲的作用。挥发油可促进血液循环，对大脑皮层、心脏、延髓的呼吸中枢和血管运动中枢均有兴奋作用，同时还有较强的杀菌解毒作用。生姜的香味主要成分是香精油，其含量为2%～3%，其中包括姜烯、茨烯和按油精等。

近些年来，市场上出现一些不法商贩炮制的毒姜，广大消费者需要了解和掌握识别毒姜的方法。此外，提醒消费者注意，霉烂变质的生姜含有毒物质，不可食用。

2. 毒物的种类及污染状况

毒姜是指用硫磺熏制的、外观颜色娇黄嫩脆的生姜。不良商贩将品相不好的生姜用水浸泡后，再用有毒化工原料硫磺对其进行熏制，使正常情况下视觉不够美观的生姜变得娇黄嫩脆，之后在市场上高价出售，牟取暴利。用硫磺熏制的毒姜具有较强的毒性，如果经常食用，轻者会引起肠胃功能紊乱，出现腹痛、头晕等症状，重者将导致人体相关器官组织慢性衰竭。霉烂变质的生姜含有毒物质黄樟素。据文献报道，新鲜生姜中的黄樟素含量很低，大约为500 mg/kg。通常作为调料使用时，每次生姜的用量只有几克而已，其中所含的黄樟素极少，对人体无害。但是，当生姜发生变质时，随着霉烂变质的程度的增加，黄樟素的含量呈几倍甚至几十倍地增加，因此霉烂变质的生姜不可食用。据文献报道，黄樟素类化合物是2B类和3类致癌物，其中2B类致癌物是指它有一定的动物研究证据，但是人体证据并不充分；第3类致癌物则对人体尚未有科学证据。尽管目前尚未证明黄樟素对人体有致癌作用，但它毕竟是有害有毒物质，为了身体健康，应避免食用。

3. 毒物的生物学特性

用于炮制毒姜的硫磺是一种金属硫化物，在潮湿的条件下硫酸（H_2SO_4）和亚硫酸（H_2SO_3）反应，生成无色气体二氧化硫（SO_2）。SO_2 有强烈刺激性气味，对眼及呼吸道黏膜有强烈的刺激作用，人体大量吸入 SO_2 可引起肺水肿、喉水肿、声带痉挛而致窒息。轻度 SO_2 中毒患者，出现流泪、畏光、咳嗽、咽喉灼痛等症状；严重中毒患者可在数小时内发生肺水肿；极高浓度吸入可引起反射性声门痉挛而致窒息；长期低浓度接触 SO_2，可致人头痛、头昏、乏力，以及发生慢性鼻炎、咽喉炎、支气管炎、嗅觉及味觉减退等症状。

据报道，如果经常食用用硫磺熏制后的生姜，轻者会引起肠胃功能紊乱，出现腹痛、头晕、精神分散、全身乏力等症状，重者将导致人体相关器官组织慢性衰竭。更令人担忧的是，这些商贩熏生姜用的硫磺来路不明，其中可能含有杂质和重金属，从而对人体健康构成更为严重的威胁。

霉烂变质的生姜中所含的黄樟素，是许多天然食用香精如黄樟精油、八角精油和樟脑油的主要成分（约占黄樟精油的 80%）。黄樟素在用肉豆蔻、日本野姜、加洲月桂树等香料制成的香精中也有少量存在。黄樟精油常被用作啤酒和其他酒的风味添加成分。黄樟树树根皮也是一种流行的药用滋补茶，其主要成分为黄樟茶。黄樟素有樟木气味，易溶于乙醇，能与氯仿、乙醚混溶，不溶于水和甘油。据文献报道，黄樟素低毒，大鼠经口的 LD_{50} 为 1950 mg/kg，但对白鼠和老鼠有致癌的可能性。美国食品药物管理局的研究显示，在小鼠的饲料中添加 0.04%～1% 的黄樟素饲养 150 天至 2 年，可诱导小鼠发生肝癌，但黄樟素对人体的致癌性尚未有科学证据。最近，欧盟专家委员会决定，在欧盟范围内进一步降低黄樟素的允许剂量，以减少对人体的危害。

4. 预防措施

（1）正常的生姜外表粗糙，较干，颜色发暗；毒姜外表光滑，呈浅黄色，像打过蜡一样，非常水嫩。此外，毒姜的表皮容易剥落，掰开后可看到姜的表皮与里面组织的颜色差别较大。

（2）闻一闻姜的表面有没有硫磺味或其他异味。毒姜有一股很浓的硫磺味，并且姜味不浓或味道改变。

（3）毒姜在泡制的时候经过浸水的程序，并且经硫磺水浸泡，姜的味道减少。发现姜味不浓或味道改变的生姜要慎买。

（4）生姜的保质期比较长，在室内通常存放 7～10 天不会发霉变质；毒姜暴露在室内空气中后，2～5 天便变质发霉。

（5）如果消费者担心食用到毒姜，可以在食用前用清水多浸泡几次，减少生姜表面的有害物质，或者将生姜去皮后再食用。

四

食物中的农药、兽药残留中毒

农药残留是指农药在蔬菜、果树等作物上使用后，在一定时期内没有被分解而残留在生物体、收获物、土壤、水体和大气中的微量农药原体、有毒代谢物、有毒降解物和杂质的总称。

在果蔬中的农药残留有两种形式：一种是附着在蔬菜和果实的表面；另一种是在生长过程中，农药直接进入蔬菜的根茎、叶片和果肉的深层。尤其是蔬菜作物，由于生长周期短，在种植过程中施用农药后，农药残留可能黏附在蔬菜体表，也可能透过蔬菜表皮进入组织内部被蔬菜吸收、输导，分布在各部分的汁液中。如果施用农药后未到安全期采收，果蔬产品中农药残留量可能超出国家标准，食用这种高农药残留的果蔬将会严重损害人体健康。近些年来，果蔬农药残留对人体的危害触目惊心。据报道，全世界每年大约有 200 万人因农药污染而得病，其中死亡人数高达 4 万人。我国因食用带有残留农药的果蔬中毒的事件屡屡发生，国家卫生蔬菜中心等部门曾先后披露过河北、山西、陕西、海南、广东等 10 多个省市果蔬中农药超标，其中以广东省最为严重。据广东省有关部门统计，仅果蔬残留农药食物中毒一项，每年超过 1000 起。农药残留的危害不仅仅是造成急性中毒，更令人担忧的是慢性中毒，以及致癌、致畸和致突变。因为农药慢性中毒的危害进程缓慢，往往容易被忽视，对人体的危害性更大。果蔬中的残留农药对人体的危害表现在如下几个方面：

果蔬中的残留农药导致人体的免疫力下降。长期食用带有残留农药的果蔬，农药被人体吸收进入血液以后，可以分布到神经突触和神经肌肉接头处，直接损害神经元，造成中枢神经死亡，导致身体各器官免疫力下降。其临床表现为经常性的感冒、头晕、心悸、盗汗、失眠、健忘等。

果蔬中的残留农药可能致癌。残留农药中含有某些化学物质可促使各组织内细胞发生癌变。

果蔬中的残留农药加重肝脏负担。残留农药进入人体内，人体主要依靠肝脏分解这些毒素。如果长期食用带有残留农药的果蔬，肝脏会不停地工作以分解这些毒素。长时间的超负荷工作会引起肝硬化、肝积水等肝脏病变。

果蔬中的残留农药导致胃肠道疾病。由于胃肠道消化系统中胃壁褶皱较多，残留农药容易积存在其中，引起慢性腹泻、恶心等症状。

据有关资料报道，我国农药年使用量为 80 万～100 万吨。其中使用在蔬菜、果树、花卉等方面的农药占 95% 以上。在蔬菜生产中使用的农药主要有有机磷农药、拟除虫菊酯类农药、有机氯农药和氨基甲酸酯农药。另外，兽药残留对人体健康的危害也不容小视，常见的有兽药抗菌素、激素和抗螨虫药物残留中毒。

（一）果蔬中的有机磷农药残留

1. 简述

有机磷农药对人的危害作用从低毒到剧毒不等。有机磷农药能抑制乙酰胆碱酯酶活性，使乙酰胆碱积聚，引起毒蕈碱样症状、烟碱样症状和中枢神经系统症状。严重时患者可因肺水肿、脑水肿、呼吸麻痹而死亡，重度急性中毒者还会发生迟发性猝死。某些种类的有机磷中毒可在中毒后 8 ～ 14 天发生迟发性神经病，有机磷中毒者的血胆碱酯酶活性降低。

2. 毒物的种类及危害状况

有机磷农药是指含磷元素的有机化合物农药，主要用于防治植物病、虫害、草害。有机磷农药多为油状液体，有大蒜味，挥发性强，微溶于水，遇碱破坏。由于一些相对高效低毒的农药品种，如乐果、敌百虫等，在农业生产中被广泛使用，导致其在农作物中不同程度的残留。有机磷农药对人体的危害以急性中毒为主，多发生于大剂量或反复接触之后。发生中毒时出现一系列神经中毒症状，如出汗、震颤、精神错乱、语言失常，严重者会出现呼吸麻痹，甚至死亡。

有机磷农药急性中毒的临床表现可分四个类型，即毒蕈碱样症状、烟碱样症状、中枢神经症状和迟发性神经病。

毒蕈碱样症状类型：中毒早期即可出现毒蕈碱样症状，主要临床表现为食欲减退、恶心、呕吐、腹痛、腹泻、流涎、多汗、视力模糊、瞳孔缩小、呼吸道分泌物增多，严重时出现肺水肿。

烟碱样症状类型：病情加重时出现烟碱样症状，临床表现为全身紧束感，言语不清，胸部、上肢、面颈部以至全身肌束震颤，胸部有压迫感，血压升高，严重时呼吸麻痹。

中枢神经症状类型：中枢神经症状的临床表现为头昏、头痛、乏力、烦躁不安，共济失调，重症病例出现昏迷、抽搐，往往因呼吸中枢或呼吸肌麻痹而危及生命。

迟发性神经病类型：一般在急性中毒症状缓解后 8 ～ 14 天出现迟发性神经病，临床表现为感觉障碍，继而下肢无力，直至下肢远端弛缓性瘫痪，严重者可累及上肢，多为双侧。

有机磷农药慢性中毒多见于农药厂工人。其突出的表现是神经衰弱症候群与乙酰胆碱酯酶活性降低。有些有机磷农药可引起支气管哮喘、过敏性皮炎及接触性皮炎。

据医学文献报道，有机磷农药中毒的诊断标准是根据有机磷接触史和临床表现，结合全血乙酰胆碱酯酶活性降低的指标。职业性中毒诊断要参考作业环境与皮肤污染检测、尿代谢产物测定指标。食品污染所致中毒参考剩余食品或洗胃液检测及人群流行病学，进行综合分析，排除其他疾病后方可诊断。

有机磷农药急性轻度中毒的临床表现：短时间内接触较大量的有机磷农药后，在24小时内出现头晕、头痛、恶心、呕吐、多汗、胸闷、视力模糊、无力等症状，瞳孔可能缩小。全血乙酰胆碱酯酶活性一般为50%～70%。

有机磷农药急性中度中毒的临床表现：除较重的上述症状外，还有肌束震颤、瞳孔缩小、轻度呼吸困难、流涎、腹痛、腹泻、步态蹒跚、意识清楚或模糊。全血乙酰胆碱酯酶活性一般为30%～50%。

有机磷农药急性重度中毒，除上述症状外，并出现下列情况之一者，可诊断为重度中毒：肺水肿，昏迷，呼吸麻痹，脑水肿，全血乙酰胆碱酯酶活性一般在30%以下。

据流行病学研究发现，小儿对有机磷毒性较成人敏感，稍有疏忽可造成中毒。有机磷中毒是小儿主要的农药中毒之一，中毒年龄小至新生儿，并可在任何年龄的小儿中发生。

3. 毒物的生物学特性

有机磷农药大多呈油状或结晶状，工业品呈淡黄色至棕色，除敌百虫和敌敌畏之外，大多数有蒜臭味。一般不溶于水，易溶于有机溶剂，如苯、丙酮、乙醚、三氯甲烷及油类，对光、热、氧均较稳定，遇碱易分解破坏（敌百虫例外）。敌百虫为白色结晶，能溶于水，遇碱可转变为毒性较大的敌敌畏。市场上销售的有机磷农药主要有乳化剂、可湿性粉剂、颗粒剂和粉剂四大剂型。近几年来混合剂和复配剂逐渐增多。

有机磷农药可经消化道、呼吸道及完整的皮肤和黏膜进入人体。职业性农药中毒主要由皮肤污染引起。吸收的有机磷农药在体内分布于各器官，其中以肝脏含量最大，脑内含量则取决于农药穿透血脑屏障的能力。

4. 毒物的限量标准

我国国家卫生健康委员会、农业农村部和国家市场监督管理总局2021年3月颁布了新的《食品安全国家标准　食品中农药最大残留限量》（GB 2763—2021）（以下简称《食品中农药最大残留限量》），严格规定在果蔬中常用的敌百虫、敌敌畏、乐果、马拉

硫磷、甲基对硫磷、对硫磷、内吸磷、杀螟硫磷等有机磷农药的最大残留限量。

5. 预防措施

（1）现代农业生产完全不用农药并不现实，关键是控制好使用范围和用量，以及要严格掌控农药安全间隔期。所谓农药安全间隔期，是指从最后一次施药至作物采收前的时期，即自喷农药后到残留量降到最大允许残留量所需的时间。各种农药因其分解、消失的速度不同，以及作物的生长趋势和季节不同，具有不同的安全间隔期。在蔬菜上使用的低毒农药（如吡虫啉、啶虫脒）安全间隔期为 7 ～ 15 天。有些农药毒性较大，降解时间较长，其安全间隔期也就较长，如克百威农药，喷洒 2 个半月后才基本降解。在果蔬生产过程中，最后一次喷药与收获之间的时间必须大于安全间隔期，不允许在安全间隔期内收获作物。当前，导致蔬菜农药残留毒害的主要因素，是种植户喷药后为了抢季节、卖高价，还未过安全间隔期就采收蔬菜，甚至有些人今天施药，明天就收割上市供应。食用这种高农药残留的蔬菜可引发中毒事件。此外，违反规定大量使用剧毒或高毒农药也是导致农药中毒的重要因素。有的菜农为了追求杀虫效果、节省成本，违规使用国家明文禁用的剧毒或高毒农药。这些农药虽然杀虫效果好、用量少、费用低，但对人体的危害非常大。

（2）我国农药中毒高发的原因主要是目前的农药生产工艺有待提高，农药保管不严、配制不当、任意滥用，操作不善和防护不到位。对农药的生产者和使用者而言，预防农药中毒的重点是：

一是改革农药生产工艺，特别是出料、包装实行自动化或半自动化。

二是严格实施农药安全使用规程。配药、拌种要有专用工具和容器，配制浓度恰当，防止污染环境；喷药时遵守安全操作规程，喷药工具要有专人保管和维修，防止堵塞、渗漏；合理使用农药。

三是剧毒农药不得用于成熟期的食用作物及果树治虫。食用作物或果树使用农药应严格规定使用期限，严禁滥用农药。

四是农药实行专业管理和严格保管，防止滥用；加强个人防护与提高人群自我保健意识。

（3）对广大消费者而言，要正确认识农产品中的农药残留及安全问题。使用农药是现代农业的一项重要措施。农业现代化程度越高，农药的使用量越大，因此，发达国家的农药使用量普遍高于发展中国家。根据联合国粮农组织统计，发达国家单位面积农药使用量是发展中国家的 1. 5 ～2. 5 倍。随着蔬菜栽培技术的不断进步，蔬菜的生长期越来越短，还可以反季节栽培，伴随而来的是蔬菜的病虫害也越来越严重，绝大部分蔬菜需要连续多次喷洒农药才能成熟上市。目前，在栽培过程中不需要使用农药的蔬菜品种甚少，几乎所有市场上销售的的蔬菜都喷过农药，只是使用农药的次数多少和安全间隔期长短不同而已。目前，消费者比较认可的去除蔬菜农药残留的方法有清水浸泡去除法、盐水浸泡清洗法、去皮法、加热法、生物降解酶去除法。

A. 清水浸泡去除法，是用自来水洗去蔬菜水果上其他污物和去除残留农药的方法，主要用于叶类蔬菜，如菠菜、金针菜、韭菜、生菜、小白菜等。一般先用水冲洗掉表面污物，然后在清水中浸泡几分钟，浸泡时间不宜超过 10 分钟，以免表面残留的农药渗入蔬菜内。但是，污染蔬菜的农药主要是有机磷类杀虫剂，而有机磷杀虫剂难溶于水，因此这种方法仅能除去部分农药残留。

B. 盐水浸泡清洗法，是用适量浓度的盐水（即氯化钠溶液）加速部分带极性的农药残留物的溶解，从而去除蔬菜上残留的农药。做法是先用清水洗去蔬菜表面的泥沙污垢，然后用盐水浸泡 5 ～ 10 分钟，再用清水漂洗。盐水浸泡时尽量保持蔬菜表面的完整，不要摘断，避免溶出的药物又吸附到蔬菜断面，造成相反的效果。

C. 去皮法，就是削去瓜果表皮的方法。通常瓜果表皮的农药残留量相对较多，削去表皮是一种较好的去除残留农药的方法。这种方法适用于黄瓜、胡萝卜、冬瓜、南瓜、西葫芦、茄子、萝卜、苹果、梨、猕猴桃等。

D. 加热法，是先用清水将蔬菜表面污物洗净，放入沸水中焯 2 ～ 5 分钟捞出，然后用清水冲洗一两遍后再置于锅中烹饪成菜肴。这种方法可去除蔬菜上氨基甲酸酯类杀虫剂的残留，因为随着温度的升高，氨基甲酸酯类杀虫剂分解会加快，残留在叶菜上的农药被洗脱，溶在热水中。这种方法常用于芹菜、菜心、芥蓝、白菜、菠菜、青椒、豆角等蔬菜。

E. 生物降解酶法，是利用生物降解酶（一种水解酶）消除农药毒性的方法。生物降解酶是从可食用的酵母菌中提取而来，极易溶于水，它能特异性地水解有机磷农药分子上的磷酸酯键，将有机磷农药分解。有机磷农药被分解后，农药的毒性完全被消除。生物降解酶不同于化学合成的洗涤剂那样对人体有害，因为酶本身是蛋白质，被广泛应用于食品添加剂和酿酒等方面。生物降解酶法不但高效，而且很安全，无毒无副作用，对果蔬的口味和营养价值也没有丝毫的影响，可以直接用于各种水果、蔬菜、茶叶、谷物、豆类、蛋奶和肉类。生物降解酶法操作简单方便，做法是先用清水洗去蔬菜表面的泥沙污垢，然后在清水中加入生物降解酶浸泡 8 ～ 15 分钟，再用流动水冲洗两遍即可烹饪。

（二）果蔬中的有机氯农药残留

1. 简述

有机氯农药是用于防治植物病、虫害的组成成分中含有有机氯元素的有机化合物。有机氯农药是较早被广泛使用的一类高效、广谱杀虫剂，属高残毒品种。有机氯农药的主要品种有六六六、DDT、林丹、氯丹、7054、毒杀芬，以及杀螨剂三氯杀螨砜、三氯杀螨醇，杀菌剂五氯硝基苯、百菌清、道丰宁、毒杀芬，等等。有机氯农药最大的问题就是难以降解，残留时间很长。无论是在自然界还是在人体中，有机氯的残留时间都可长达几十年。

2. 毒物的种类及污染状况

有机氯农药是较早被广泛使用的一类高效、广谱杀虫剂，属高残毒品种，其中六六六、DDT等有机氯品种已被禁止使用，但林丹、氯丹、7054、毒杀芬，以及杀螨剂三氯杀螨砜、三氯杀螨醇，杀菌剂五氯硝基苯、百菌清、道丰宁等危害性较大的品种仍在继续使用。有机氯农药的残留时效很长，无论是在自然界或是在人体中，其残留时间可长达几十年。

食品受有机氯农药污染的主要途径，是有机氯农药在食物链中富集，并通过食物链向人体转移。如水体中的有机氯农药首先被浮游生物吸食，浮游生物又被小鱼小虾捕食，小鱼小虾再被大鱼吞食，最终，大鱼被人类或鸟类捕食。据文献报道，有机氯农药通过食物链转移至人类或鸟类时，其富集量已提高到了几百万倍。

有机氯农药既能引发急性中毒也能造成慢性中毒，急性中毒可引发中枢神经系统症状，慢性中毒则会造成肝脏、肾脏和神经系统的损伤，其中DDT还有致癌性。我国从20世纪50年代开始广泛使用六六六、DDT等有机氯农药，至1982年禁止使用，实际上已造成严重的有机氯污染，而且至今仍有人在违禁使用六六六和DDT。目前已知受污染的食品有禽畜肉、鱼及水产品、蛋类、乳制品、蔬果类、粮谷类、薯类、豆类、茶叶、烟草。动物性食品的污染率要高于植物性食品，脂肪多的食品的污染率要高于脂肪少的食品。食品中残留的有机氯农药不会因贮藏、加工、烹调而减少，如果未经去毒处理便食用，有机氯农药很容易蓄积在体内，导致农药中毒。

有机氯农药可蓄积在人体的脂肪中，因而其急性中毒的毒性较低、症状较轻，一般为乏力、恶心、眩晕、失眠等。中度中毒者表现为头痛、头晕、眼红充血、流泪怕光、咳嗽、咽痛、乏力、出汗、流涎、恶心、食欲不振、失眠、头面部感觉异常，此外，还可能出现呕吐、腹痛、四肢酸痛、抽搐、发绀、呼吸困难、心动过速等症状。重度患者可出现腹痛、心跳减慢、血压上升、肌肉抽搐，甚至昏迷致死。有机氯农药慢性中毒会造成肝脏、肾脏和神经系统的损伤，以及出现癌变。

3. 毒物的生物学特性

有机氯农药脂溶性强，性质非常稳定，挥发性不高，不易水解，不易降解，在自然界和食品中可长期残留。在人体中可以富集，蓄积在身体的脂肪中，即使在不增加的情况下，也要经过几十年时间，才能减少到较低水平。所以，尽管目前有机氯农药的使用并不广泛，但是过去大量残留在水域中、土壤中、人体中的有机氯农药，将继续影响人们的身体健康。据有关文献报道，停止使用 DDT 等有机氯农药后，还需要经过 25 ～ 110 年的时间，才能使自然环境恢复到原先的状态。

4. 毒物的限量标准

《食品中农药最大残留限量》严格规定了在蔬菜水果中常用的 DDT、六六六、百菌清、氯丹、杀毒芬、三氯杀螨砜、五氯硝基苯等有机氯农药的最大残留限量。

5. 预防措施

预防措施包括清水浸泡去除法、盐水浸泡清洗法、去皮法、加热法［详见本章第（一）节，第 152 页］。

（三）果蔬中的氨基甲酸酯类农药残留

1. 简述

氨基甲酸酯类农药是在有机磷酸酯之后发展起来的合成农药，在水中溶解度较高。

氨基甲酸酯类农药一般无特殊气味，在酸性环境下稳定，遇碱性环境分解。大多数品种毒性较有机磷酸酯类低。

2. 毒物的种类及污染状况

氨基甲酸酯类农药是人类针对有机氯和有机磷农药的缺点而开发出的一种新型广谱杀虫、杀螨、除草剂，具有高效、残留期短的优点。在果蔬栽培过程中，氨基甲酸酯类农药使用量较大的有克百威（呋喃丹）、甲萘威（西维因）、涕灭威、叶蝉散和抗蚜威等。其中呋喃丹的毒性较高，其他几种属中、低毒性农药。氨基甲酸酯类农药虽然不是剧毒化合物，但具有致癌性。此外，氨基甲酸酯类化合物可入药，但约50%的患者服用后表现出恶心和呕吐，长时间使用会导致胃肠道出血。

据文献报道，氨基甲酸酯类农药具有致突变、致畸和致癌作用。将西维因以各种方式处理小鼠和大鼠，均可引起癌变，并对豚鼠、狗、小鼠、猪、鸡和鸭有致畸作用。西维因等氨基甲酸酯类农药进入人体后，在胃的酸性条件下与食物中的硝酸盐和亚硝酸盐反应，生成N－亚硝基化合物，显示出较强的致突变活性。国际癌症研究机构在2007年把氨基甲酸酯类列为2A类致癌物。但目前还没有氨基甲酸酯类农药引起人体产生癌症的流行病学报告。

急性氨基甲酸酯类农药中毒临床表现与有机磷酸酯类中毒相似，具有胆碱能毒蕈碱样、烟碱样中枢神经兴奋表现。但氨基甲酸酯类具有潜伏期短、恢复快、病情相对较轻等特点。急性中毒一般在接触农药2～4小时发病，最快半小时即发病，口服中毒多在10分钟至半小时发病。轻度中毒表现为毒蕈碱样症状与轻中毒神经系统障碍，如头昏、眩晕、恶心、呕吐、头痛、流涎、瞳孔缩小等；发生重度中毒的多为口服患者，除出现上述症状外，还可出现昏迷、脑水肿、肺水肿，以及呼吸抑制。

3. 毒物的生物学特性

氨基甲酸酯类农药几乎没有气味，味道苦且有冰冷感觉，一般在酸性条件下较稳定，遇碱易分解，暴露在空气和阳光下易分解，在土壤中的半衰期为数天至数周。氨基甲酸酯类农药的毒性机理和有机磷类农药相似，都是哺乳动物乙酰胆碱酯酶的阻断剂，主要是抑制胆碱酯酶活性，使酶活性中心丝氨酸的羟基被氨基甲酰化，因而失去酶对乙酰胆碱的水解能力，造成组织内乙酰胆碱的蓄积而中毒。氨基甲酸酯类农药不需经代谢活化，即可直接与胆碱酯酶形成疏松的复合体。由于氨基甲酸酯类农药与胆碱酯酶结合是可逆的，且在机体内很快被水解，胆碱酯酶活性较易恢复，故其毒性作用较有机磷农药为弱。

4. 毒物的限量标准

《食品中农药最大残留限量》严格规定了在蔬菜水果中常用的克百威（呋喃丹）、

甲萘威（西维因）、涕灭威、抗蚜威等氨基甲酸酯类农药的最大残留限量。

5. 预防措施

预防措施包括清水浸泡去除法、盐水浸泡清洗法、去皮法、加热法［详见本章第（一）节，第152页］。

（四）果蔬中的拟除虫菊酯类农药残留

1. 简述

拟除虫菊酯类农药是模拟天然除虫菊素由人工合成的一类杀虫剂，有效成分是天然菊素。由于其杀虫谱广、效果好、低残留、无蓄积作用等优点，近30年来应用日益普遍，在防治蔬菜、果树害虫等方面取得了较好的效果。此外，拟除虫菊酯类农药对蚊、蟑螂、头虱等害虫亦有令人相当满意的灭杀效果。由于其使用面积大、应用范围广、使用数量大、接触人群多，所以中毒病例屡有出现。

2. 毒物的种类及污染状况

拟除虫菊酯类农药的品种较多，使用量较大的有甲氰菊酯、氰氰戊菊酯、氟氯氰菊酯和高效氟氯氰菊酯、氟胺氰菊酯、联苯菊酯、氯氟氰菊酯、氯菊酯、氯氰菊酯和高效氯氰菊酯、氰戊菊酯、溴氰菊酯等品种。在果蔬中残留的拟除虫菊酯类农药可经消化道、呼吸道和皮肤黏膜进入人体。毒物进入血液后，立即分布于全身，特别是神经系统及肝肾等脏器中浓度较高。进入人体的毒物主要经肾排出，少数随大便排出。据目前有关文献报道，在动物试验中，虽然未发现拟除虫菊酯类农药有致癌、致畸和致突变作用，但其可导致人和鱼类等动物中毒。拟除虫菊酯类农药可通过呼吸道和皮肤吸收，中毒后2～6小时发病，口服中毒发病较快，可在10～30分钟内出现中毒症状。轻度中毒者有头痛、头晕、乏力、视力模糊、恶心、呕吐、流涎、多汗，食欲不振和瞳孔缩小等症状；中度中毒者除上述症状加重外，还会出现肌纤维颤动症状；重度中毒者出现昏迷、肺水肿、呼吸衰竭，心肌损害和肝、肾功能损害。

3. 毒物的生物学特性

拟除虫菊酯类农药不溶于水或难溶于水，可溶于多种有机溶剂，对光、热和酸稳定，遇碱（pH 值 >8）时易分解。拟除虫菊酯类农药进入体内后，在肝微粒体混合功能氧化酶和拟除虫菊酯酶的作用下，进行氧化和水解等反应，生成酸（如游离酸、葡萄糖醛酸或甘氨酸结合形式）、醇（对甲基羧化物）的水溶性代谢产物及结合物从而排出体外。通常在 24 小时内排出 50% 以上，8 天内几乎全部排出，仅有微量残存。目前尚未发现拟除虫菊酯类农药导致人类慢性中毒的证据。

4. 毒物的限量标准

《食品中农药最大残留限量》严格规定了在蔬菜水果中常用的甲氰菊酯、氟氰戊菊酯、氟氯氰菊酯和高效氟氯氰菊酯、氟胺氰菊酯、联苯菊酯、氯氟氰菊酯、氯菊酯、氯氰菊酯和高效氯氰菊酯、氰戊菊酯、溴氰菊酯等拟除虫菊酯类农药的最大残留限量。

5. 预防措施

预防措施包括清水浸泡去除法、盐水浸泡清洗法、去皮法、加热法［详见本章第（一）节，第 152 页］。

（五）动物源食品中的兽药残留

1. 简述

随着人们对动物源食品的要求由需求型向质量型的转变，动物源食品中的兽药残留已逐渐成为全世界关注的一个焦点。20 世纪 60 年代，食品添加剂和污染物联合专家委员会开始评价有关兽药残留的毒性，为人们认识兽药残留的危害及其控制提供了科学依据。我国的学者结合国内外的研究资料，对兽药残留的种类、产生途径、残留药物及其危害做了阐述。

兽药在防治动物疾病、提高生产效率、改善畜产品质量等方面起着十分重要的作用。然而，由于养殖人员缺乏科学知识以及一味地追求经济利益，致使滥用兽药现象在当前畜牧业中普遍存在。滥用兽药极易造成动物源食品中有害物质残留，这不仅对人体健康造成直接危害，而且对畜牧业的发展和生态环境也造成了极大危害。

2. 毒物的种类及污染状况

兽药残留是兽药在动物源食品中的残留的简称。根据联合国粮农组织和世界卫生组织（FAO/WHO）食品中兽药残留联合立法委员会的定义，兽药残留是指动物产品的任何可食部分所含兽药的母体化合物及（或）其代谢物，以及与兽药有关的杂质。所以，兽药残留既包括原药，也包括药物在动物体内的代谢产物和兽药生产中所伴生的杂质。在动物源食品中较容易引起兽药残留量超标的兽药，主要有抗生素类、磺胺类、呋喃类、抗蠕虫类和激素类兽药。

（1）抗生素类兽药残留中毒。

在动物源食品中容易造成残留量超标的抗生素，主要有氯霉素、四环素、土霉素、金霉素等。大量、频繁地使用抗生素，可使动物机体中的耐药致病菌很容易感染人类；而且抗生素药物残留可使人体中的细菌产生耐药性，扰乱人体微生态，从而产生各种毒副作用。据文献报道，人体对氯霉素的反应比动物更敏感，特别是婴幼儿的药物代谢功能尚不完善，氯霉素超标可引起致命的灰婴综合征中毒反应。灰婴综合征是指早产儿和新生儿由于肝脏缺乏尿苷二磷酸葡萄糖醛酸转移酶，肾排泄功能不完善，对氯霉素的解毒能力差，药物剂量过大可致中毒，出现循环衰竭、呼吸困难、进行性血压下降、皮肤苍白和发绀的症状，严重时还会造成人的再生障碍性贫血。症状出现 2 天内的死亡率可高达 40%，有时大龄儿童和成人也可出现类似的症状。四环素类药物能够与骨骼中的钙结合，抑制骨骼和牙齿的发育。红霉素等大环内酯类可致急性肝中毒。氨基糖苷类中的庆大霉素和卡那霉素能损害前庭和耳蜗神经，导致眩晕和听力减退。

（2）磺胺类兽药残留中毒。

磺胺类兽药由于价格便宜、疗效确切、性质稳定，应用越来越广泛。近年来随着磺胺类新药合成的增加（目前已有 20 多种磺胺类兽药），其毒副作用正在逐渐变小；但由于它们在动物体内代谢半衰期延长，它们在兽医治疗学上的重要性将被重新评价。磺胺类兽药除了可以治疗敏感菌所致传染病外，通常情况下还用于马、牛传染性脑膜炎，及羊下痢、猪下痢和弓形体病的治疗。磺胺类药物对禽类球虫病的治疗是不可或缺的，对白细胞虫病更具有较好的疗效。

磺胺类兽药可通过作为饲料添加剂而残留在动物源食品中。近 20 多年来，动物源食品中磺胺类药物残留量超标现象十分严重，多在猪、禽、牛等动物中发生。据文献报道，磺胺药物中毒对肾脏有一定损伤，会出现血尿、蛋白尿、结晶尿等。此外，磺胺类药物能够破坏人体造血机能，可引起粒细胞减少、血小板减少、溶血性贫血、凝血障碍等中毒症状。

（3）呋喃类兽药残留中毒。

常用的呋喃类兽药主要有呋喃西林（呋喃新）、呋喃咀啶（呋喃妥因）和呋喃唑酮（痢特灵）。其中，呋喃西林毒性最大；呋喃咀啶次之；呋喃唑酮的毒性较小，仅为呋喃西林的1/10左右。呋喃类兽药能抑制骨髓的造血机能，减少肝脏蛋白质和糖元的形成，破坏肾脏的排泄功能，能引起中毒性肝营养不良和血凝时间显著延长等中毒症状。

由于呋喃西林毒性大，非常容易造成家禽中毒死亡，或药物残留影响到人的食用安全，我国已禁止生产和食用呋喃西林。其他呋喃类药物也严格规定了用药量，以避免造成中毒。

（4）抗蠕虫类兽药残留中毒。

抗蠕虫类兽药主要是苯并咪唑类药物，包括丙硫咪唑、丙氧咪唑、噻苯咪唑、丁苯咪唑等，用于治疗蛔虫、吸虫、绦虫等多种蠕虫病。在牛羊牧场，每年都会定期给牛羊投药，以帮助动物驱除体内的寄生虫。据文献报道，抗蠕虫类兽药大量分布于动物的肝脏中，并可持久地残留于肝中，对动物具有潜在的致畸和致突变性。从药物残留的角度来看，学者认为其对人具有潜在危害性。致畸作用是指对胚胎和胎儿产生毒性作用而造成胎儿畸形；致突变作用是指对机体细胞的遗传物质产生损伤，从而导致遗传物质突变，造成癌症、生殖功能异常并具有遗传性。发生癌变或胎儿畸形，很可能是残留的抗蠕虫类兽药和其他致畸和致突变物质共同作用，并经过一定的时间过程和毒性量的累积达到某种程度后所表现出来的结果。经常食用含有超量残留抗蠕虫类兽药的动物肉类食品，尤其是动物肝脏，人体容易受到残留抗蠕虫类兽药的潜在毒害。

（5）激素类兽药残留中毒。

在养殖业中常见使用的激素和β－兴奋剂类主要有性激素类、皮质激素类和瘦肉精（盐酸克仑特罗）等。瘦肉精是一类被称为β－兴奋剂的药物，其中较常见的有盐酸克仑特罗、沙丁胺醇、莱克多巴胺、硫酸沙丁胺醇、盐酸多巴胺、西马特罗和硫酸特布他林等。瘦肉精能够促进动物骨骼肌蛋白质的合成，加速脂肪的转化和分解，提高牲畜的瘦肉率。但是，研究表明，瘦肉精等激素类兽药在动物源食品中的残留超标对人类健康的危害极大。特别是盐酸克仑特罗（瘦肉精）很容易在动物源食品中残留。健康人摄入盐酸克仑特罗超过20 μg就有药效，摄入100～200 μg则会导致中毒。近十年多来，因食用被瘦肉精污染的食物导致中毒的事件屡有发生，且后果极其严重，已引起了世界各国的高度重视。为了保证畜产品质量安全，保护人类健康，许多国家都禁止在食源性动物的生产养殖中使用盐酸克伦特罗，我国2002年农业部公布的《动物性食品中兽药最高残留限量》中，明文规定盐酸克仑特罗禁止用于所有食品动物。国外部分国家允许盐酸克仑特罗用于兽药中，不过规定了使用的范围和期限。由于莱克多巴胺（瘦肉精的一种）在美国可以合法使用，因此，我国自2013年3月1日起，从美国进口的猪肉必须提供无莱克多巴胺残留的检测报告。

莱克多巴胺的主要代谢器官是肾脏、肝脏，因此这些部位的残留量较高。据了解，盐酸克伦特罗这一类兽药的法定用药方法是将药物埋植在动物的耳根部，因此，动物的耳根部位将残留大量激素类药物。所以最好不吃或少吃动物头部的肉，如猪头肉、牛头肉、羊头肉等，尤其不要让儿童过多食用动物头部的肉。

瘦肉精对人的危害很大，急性中毒时会出现心悸，面颈、四肢肌肉颤动，手指震颤，足有沉重感甚至不能站立，头痛、头晕、恶心、呕吐、乏力，脸部潮红，皮肤过敏性红色丘疹等症状。原有高血压、冠心病、甲状腺功能亢进的患者更易发生上述症状。瘦肉精对哺乳动物的危害与此相似，耐受性弱且应激因素长时间存在时甚至可以发生猝死。饲喂瘦肉精的猪，在长途贩运途中经常会发生急性心力衰竭，导致猝死的情况。盐酸克伦特罗性质稳定，要加热至172 ℃才会分解，所以普通烹调方法根本无法破坏它的结构。据文献报道，如果长期食用含瘦肉精残留的猪肉，有导致染色体畸变的可能，并会诱发恶性肿瘤的发生。另外，残留的性激素类兽药的毒性作用是一种慢性过程，经常食用含有超量残留激素类药物的动物性肉类食品，会影响人体的正常性激素功能，导致早熟儿、肥胖儿，以及男孩女性化和女孩男性化等异性倾向。

动物源食品中的兽药残留超标的危害主要有下面几个方面：

（1）对人体的毒性反应。长期食用兽药残留超标的食品，当体内蓄积的药物浓度达到一定量时人体会发生多种急慢性中毒。国内外已有多起有关人食用盐酸克仑特罗（瘦肉精）超标的猪肺脏而发生急性中毒事件的报道。此外，人体对氯霉素的反应比动物更敏感，特别是婴幼儿的药物代谢功能尚不完善，氯霉素的超标可引起致命的灰婴综合征反应，严重时还会造成人的再生障碍性贫血。四环素类药物能够与骨骼中的钙结合，抑制骨骼和牙齿的发育。红霉素等大环内酯类可致急性肝中毒。氨基糖苷类药物中的庆大霉素和卡那霉素能损害前庭和耳蜗神经，导致眩晕和听力减退。磺胺类药物能够破坏人体造血机能等。

（2）产生耐药菌株。动物长期反复接触某种抗菌药物后，其体内敏感菌株受到选择性的抑制，从而使耐药菌株大量繁殖。此外，抗药性R质粒在菌株间横向转移使很多细菌由单重耐药发展到多重耐药。耐药性细菌的产生使得一些常用药物的疗效下降甚至失去疗效，如青霉素、氯霉素、庆大霉素、磺胺类等药物在畜禽中产生抗药性，临床效果越来越差。

（3）产生“三致”作用。据文献报道，许多兽药具有致癌、致畸、致突变作用。如丁苯咪唑、丙硫咪唑和苯硫苯氨酯具有致畸作用。雌激素、克球酚、砷制剂、喹恶啉类、硝基呋喃类等已被证明具有致癌作用。喹诺酮类药物的个别品种在真核细胞内发现有致突变作用。磺胺二甲嘧啶等磺胺类药物在连续给药后，能诱发啮齿动物甲状腺增生，并具有致肿瘤倾向。链霉素具有潜在的致畸作用。这些兽药的残留量超标无疑会对人类产生潜在的危害。

（4）产生过敏反应。许多抗菌药物如青霉素、四环素类、磺胺类和氨基糖苷类等能使部分人群发生过敏反应甚至休克，并在短时间内出现血压下降、皮疹、喉头水肿、呼吸困难等严重症状。青霉素类药物具有很强的致敏作用，轻者表现为接触性皮炎和皮肤反应，重者表现为致死的过敏性休克。四环素药物可引起过敏和荨麻疹。磺胺类可导致皮炎、白细胞减少、溶血性贫血和药物热。喹诺酮类药物也可引起变态反应和光敏反应。

（5）引起肠道菌群失调。使一些非致病菌被抑制或死亡，造成人体内菌群失调，从而导致长期腹泻或引起维生素缺乏等反应。菌群失调还容易造成病原菌的交替感染，使得具有选择性作用的抗生素及其他化学药物失去疗效。

（6）对环境造成不良影响。动物用药后，一些性质稳定的药物随粪便、尿被排泄到环境中后仍能稳定存在，从而造成环境中的兽药残留。如高铜、高锌等添加剂的应用，有机砷的大量使用，可造成土壤、水源的污染。据文献报道，砷对土壤固氮细菌、解磷细菌、纤维分解菌、真菌和放线菌均有抑制作用，因而会造成土壤环境的破坏。阿维菌素、伊维菌素和美倍霉素在动物粪便中能保持8周左右的活性，因而对草原造成污染。此外，已烯雌酚、氯羟吡啶一类的兽药在环境中降解很慢，能在食物链中高度富集而造成残留超标。

（7）影响畜牧业的健康发展。长期滥用兽药严重制约着畜牧业的健康和可持续发展。如长期使用抗生素易造成畜禽机体免疫力下降，影响疫苗的接种效果；还可引起畜禽内源性感染和二重感染，使得以往较少发生的细菌病转变成为家禽的主要传染病。

3. 毒物的限量标准

《食品中兽药最大残留限量》严格规定了在动物源食品中常见的阿莫西林、阿维菌素、青霉素、普鲁卡因青霉素、头孢氨苄、头孢噻呋、氯唑西林、多西环素、土霉素、金霉素、四环素、链霉素、双氢链霉素、庆大霉素等抗生素类和磺胺二甲嘧啶、磺胺类、达氟沙星等抗菌素类，以及氟氯氰菊酯、三氟氯氰菊酯、环丙氨嗪、敌敌畏、马拉硫磷等杀虫药类和地塞米松、醋酸氟孕酮等激素兽药最大残留限量。

4. 预防措施

（1）卫生监管部门要进一步完善生猪流通的各项制度，凡在市场上流通的生猪除需持有动物检疫证明外，还应持有违禁药物（如“瘦肉精”）的检测证明。

（2）各级动物卫生监督部门，对上市屠宰的生猪和本地出栏的生猪进行定期抽样检测，严格执行《食品中兽药最大残留限量》的规定，杜绝兽药残留限量超标的动物源食品流入市场。

（3）到管理规范的市场购买合格的肉类食品，并做好肉类食品的低温冷藏和加温烹调。

（4）动物肝脏是兽药残留较多的部位，抗菌药多经由内脏代谢，因此动物内脏残留毒素较多，尽量少吃动物内脏，尤其孕妇不宜食用任何动物的肝脏。

（5）青霉素类抗菌兽药不耐低温，动物性食品经低温冷藏几天后，可减少残留的毒素。

（6）四环素类抗菌兽药不耐高温，加热烹调对其有降解作用，因此加热煮透动物性食品可减少残留的毒素。

（7）动物的耳根处是注射兽药的部位，因此动物的耳朵和耳根部位兽药的残留最多，如果经常食用动物的头部，尤其是耳朵和耳根部位的肉，对人体会产生不良影响。建议儿童最好不吃或少吃动物头部的肉。

（8）识别含有“瘦肉精”的猪肉的简单方法是：含有“瘦肉精”的猪肉肉色较深、肉质鲜艳，后臀部饱满突出，纤维比较疏松，切成二三指宽的猪肉比较软，不能立于案板，脂肪层非常薄。另外，购买时看一看该猪肉上是否盖有检疫印章或猪肉档档主是否有猪肉检疫合格证明。

（六）脂肪类食品中的二噁英致癌物的危害

1. 简述

二噁英是一类对环境具有持久性污染力的化学物质，它主要来源于生活垃圾和含氯塑料的焚烧，以及含铅汽油的燃烧。此外，二噁英是工业生产过程中的副产物，如农药、化学品的生产，工业冶炼和纸浆漂白等都会产生二噁英。二噁英在环境中相当稳定，具有很高的热稳定性、化学稳定性和生物化学稳定性，挥发性低，不易溶于水，因此不会被分解。在全球环境中均可发现二噁英，其聚积在食物链中，主要存在于动物脂肪组织内。人类主要是通过食用肉类、乳制品、鱼类和贝壳类等食品接触二噁英，其对人体健康的危害具有普遍性和广泛性。

2. 毒物的种类及污染状况

二噁英通常指具有相似结构和理化特性的一组多氯取代的平面芳烃类化合物，属氯代含氧三环芳烃类化合物，包括75种多氯代二苯并－对－二噁英和135种多氯代二苯并呋喃。研究最为充分的有毒二噁英的2位、3位、7位、8位被氯原子取代的17种同系物异构体单体，其中，2，3，7，8－四氯二苯并－对－二噁英是目前所有已知化合物中毒性最强的二噁英单体。二噁英被世界公认为是人类制造出来的化合物中毒性最强的物质，其毒性是氰化物的130倍、砒霜的900倍，比著名的沙林的毒性强2倍，比众所周知的黄曲霉毒素的毒性还要强10倍。世界卫生组织已经确认二噁英对人的致癌性，长期接触二噁英可引起软组织肉瘤、淋巴网状细胞瘤、呼吸系统癌、前列腺癌等，同时还具有生殖毒性、内分泌毒性、免疫抑制作用和环境雌激素效应。人类受二噁英污染主要是通过饮食途径，其中最主要的来源就是动物性脂肪类食品和蛋、乳及其制品。环境中的二噁英可通过食物链（如饲料）富集在动物体中。由于二噁英具有极强的亲脂性，容易存在于动物的脂肪和乳汁中。因此，猪牛羊肉类、禽类、蛋类、鱼类和乳及其制品，最易受到二噁英的污染。另外，在食品加工过程中，加工介质（如溶剂、传热介质等）的泄露也可造成加工食品被二噁英污染。

在国外，20多年来二噁英污染事件时有发生。据报道，1999年3月，在比利时出现肉鸡生长异常、蛋鸡少下蛋的现象。经检验发现，鸡脂肪中的二噁英超出最高允许量的140倍，而且鸡蛋中的二噁英含量也严重超标。这起“二噁英毒鸡事件”还牵连到猪肉、牛肉、牛奶等数百种食品。2004年12月，乌克兰前总统尤先科被确认为二噁英中毒，其眼睛浮肿、鼻子发黑、脸上布满疙瘩。经医院检查显示，尤先科的血液中二噁英的含量是正常值的1000倍。2008年12月，葡萄牙检疫部门从爱尔兰进口的30 t猪肉中检测出致癌物质二噁英。2011年1月，德国多家农场的动物饲料遭二噁英污染，导致德国政府关闭了将近5000家农场，销毁约10万颗鸡蛋。此次污染事件的原因，是作为饲料添加物的脂肪被二噁英污染，导致饲料中的二噁英含量超过标准77倍之多。

在我国，目前对二噁英污染事件的报道不多，有关方面的研究工作尚少。根据有限的数据来看，我国在人体血液、母乳和湖泊底泥中都可检出二噁英，尽管其浓度水平较低，但也说明了二噁英在我国环境中的存在。近几年亦有报道，在大闸蟹中检出二噁英毒物，说明水体或饲料中存在二噁英。在农林业中，含氯农药、木材防腐剂和除草剂等的生产和应用，都会产生二噁英，并在不知不觉之中导致二噁英进入环境。因此，我国具有二噁英污染的潜在可能性。在《国家危险废物名录》（2008年8月1日起施行）列出的49类危险废物中，至少有13类废物与二噁英直接有关或者在处理过程中可能产生二噁英。所以，开展二噁英污染调查和控制研究具有非常重要的意义。

3. 毒物的生物学特性

二噁英在环境中相当稳定，具有很高的热稳定性、化学稳定性和生物化学稳定性，挥发性低，不可被自然分解，科学家估计二噁英在环境中可残留100年之久。二噁英的生物半衰期较长，在小鼠体内的半衰期为10～15天，大鼠体内为12～31天，人体内则长达5～10年。因此，如果长期接触二噁英，二噁英可在体内蓄积，进而对身体造成严重损害。二噁英虽然不易溶于水，但易溶解于脂肪，因此二噁英容易经由食物链而蓄积在动物体内脂肪和肝脏中。也因此，人类受二噁英污染主要是通过饮食途径，其中最主要的来源就是动物性脂肪类食品。

4. 毒物的限量标准

我国已制定二噁英的检测方法和规程标准，即《食品安全国家标准　食品中二噁英及其类似物毒性当量的测定》（GB 5009.205—2013），但对二噁英在食品中限量标准的制定工作尚处在评估阶段。目前我国香港和台湾地区参照欧盟标准制定了食品中二噁英限量标准。

5. 预防措施

（1）积极提倡垃圾分类收集和处理，改变随时随地焚烧垃圾的习惯。通过采用新的垃圾焚烧技术，提高燃烧温度（1200 ℃以上），可降低二噁英的排放量和消除大量有毒物质。

（2）预防或减少人类接触二噁英的最佳措施是严格管控产生二噁英的工业生产过程，减少二噁英的形成。减少汽车的使用，减少汽车尾气的排放，也可以减少二噁英对环境的污染。

（3）政府部门加强食品污染监测管理，尽快制定出食品中的二噁英最大限量食品安全国家标准，确保食品供应安全，保障公众健康。

（4）注意平衡饮食，多吃蔬菜、水果和谷物，不要偏食，要多吃各种不同的食品。食用蔬菜、水果时要去除外表皮，因为外表皮受二噁英污染的程度比内部组织高。

（5）不要用聚氯乙烯塑料容器盛装油脂食品，生活中减少含氯塑料制品的使用。不要使用含二噁英的黏合剂、油漆和油墨。

五

食物中的有害重金属污染的危害

重金属是指密度等于或大于4.5 g/cm^3 的金属。有些重金属元素通过食物进入人体，能干扰人体正常生理功能，危害人体健康，被称为有毒重金属。这些有毒重金属在自然界不但不能被生物降解，反而能在食物链中成千百倍地富集，最后进入人体，对身体产生危害。

我国重金属污染比较严重的地方主要集中在矿山、工业密集地区和城镇，特别是矿山和城市周围问题更加突出。在这些地区，采矿、冶炼、制造和运输等生产和生活过程中会产生含有重金属的废渣、废水和废气。如果不对其进行非常严格的污染控制和无害化处理，所含的污染物则会扩散到周围的环境中，给当地生态环境造成极大的危害。同时，环境中的重金属通过迁移转化污染食品，危害人的健康。在食物中造成污染危害的有毒重金属主要有铅、砷、汞、铬、镉。

（一）食物中铅污染的危害

1. 简述

铅（Pb）在自然界分布甚广，世界上每个角落都有铅的存在。正常情况下，土壤含铅量为10～50 mg/kg；但在城市地区，土壤中的铅含量可能较前者高出数百倍甚至数千倍。据统计，目前全世界平均每年排放500万t铅，其中含铅汽油造成的污染相当严重。一辆汽车每年向环境排出的铅高达2.5 kg，目前世界上有超过2亿辆的汽车，每年排出的总铅量达50万t，成为大气主要的铅污染源。此外，开采铅矿、冶炼、蓄电池、含铅物质的燃烧等造成的人为的铅污染也十分严重。据报道，我国每年经由工业废气排出铅2918 t，经由废水排出铅2382 t。这些含铅排放物除小部分可以回收利用外，其余均通过各种途径进入环境，造成污染和危害。铅在生活中的应用十分广泛，如彩釉陶瓷、彩色图书、塑料制品等都含有铅。铅是对人体毒性最强的重金属之一。由于人类的各种活动，特别是随着近代工业的发展，铅向大气、水体以及生物圈不断迁移，再加上食物链的累积作用，造成人类对铅的吸收急剧增加，吸收值已接近或超出允许范围。

2. 毒物的种类及污染状况

铅是一种有毒的重金属，在所有记载毒物的文献中，均有关于铅毒性的记载。铅的来源非常广泛，如石油产品中含铅，汽车使用汽油排放铅。据测定，在汽车来往频繁的街道上，铅污染浓度可远远超过环境标准。由于铅的比重大，在空气中铅大部分沉积在接近地面的地方，且散布在街道两旁 30 m 距离内，所以铅对儿童的危害最大。某监测中心曾经接到一位母亲的投诉，其刚出生两个月的婴儿已经检测出血铅偏高。后经调查发现，这与其新装修的房子和居住在高速路旁边有关。附近有铅制品工厂的居住区，也会出现室内环境被铅污染的情况。很多食品容器和包装材料的表面含有铅，可发生铅溶出现象，造成食品的污染。如含铅的马口铁、陶瓷、搪瓷、锡壶等外包装和容器，以及食品包装的印刷颜料和油墨等均有铅的存在。此外，含铅农药、食品添加剂、加工助剂的使用都是铅污染的来源。由于空气中的铅可沉降而污染食物，或是食品外包装的铅污染罐头食品，因此，食品中屡屡检出铅超标。铅的另外一个重要来源是室内铅污染，如装饰装修材料中含有铅，五颜六色的儿童家具、玩具、室内装饰用品含有铅，都容易造成铅中毒。此外，饮水管道也是造成铅污染的原因之一。在过去的几十年间，建筑住宅时都用铅管或用铅衬里管道，造成重金属铅的广泛污染。

铅是一种不能降解的金属元素，排入环境中后可在很长时间内保持其毒性。正是由于铅在环境中的长期持久性，并且对许多生命组织有较强的潜在性毒性，所以铅一直被列为强污染物。此外，铅的迁移性很强，铅与颗粒物可一起随风从城市迁移到郊区，从一个省迁移到另一个省，甚至迁移到国外，还可以从陆地迁移到海洋，成为世界公害。据加拿大渥太华国立研究理事会 1978 年对铅在全世界环境中迁移研究报道，全世界海水中铅的浓度均值为 0.03 μg/L，淡水中为 0.5 μg/L；乡村大气中铅的浓度均值为 0.1 $\mu g/m^3$，城市大气中铅的浓度范围为 1 ～ 10 $\mu g/m^3$；土壤和岩石中铅的本底值平均为 13 mg/kg。铅在世界环境中的转移情况是：每年从空气转移到土壤的铅为 15 万 t，从空气转移到海洋的铅为 25 万 t，从土壤转移到海洋的铅为 41.6 万 t，从海水转移到底泥的铅为 40 万～60 万 t。由于水体、土壤、空气中的铅被生物吸收而向生物体转移，造成全世界各种植物性食物中含铅量均值范围为 0.1 ～ 1 mg/kg（干重），食物制品中的铅含量均值为 2.5 mg/kg，鱼体含铅量均值范围为 0.2 ～ 0.6 mg/kg，部分沿海受污染地区甲壳动物和软体动物体内含铅量甚至高达 3000 mg/kg 以上。据文献报道，科学家检测到北美格陵兰地区冰山上的逐年积冰中，随着积冰年代的进程，冰层中铅的含量增加。1750 年以前形成的积冰中铅含量仅为 20 μg/t，1860 年形成的积冰中铅含量为 50 μg/t，1950 年上升为 120 μg/t，1965 年剧增到 210 μg/t。这说明随着近代工业的发展，全球范围内的铅污染日趋严重。

铅对人体各系统和器官，包括神经系统、心血管系统、消化系统、生殖系统、泌尿系统、免疫系统、酶系统、骨骼系统等，均有一定的毒害作用。大脑是铅毒敏感的靶器官之一，尤其幼儿的大脑对铅污染更为敏感，铅污染能严重影响儿童的智力发育和行为。儿童如果长期接触铅，不仅会影响其记忆力、语言运动能力和学习能力，甚至能引起永久性、不可逆的脑损伤。大脑内微量的铅蓄积即可引起神经系统的功能障碍，严重时还可引起中枢神经细胞退行性改变，导致脑部疾病。经临床证实，动脉中铅过量可以导致心血管病死亡率增高。贫血和溶血也是铅导致心血管系统急性和慢性中毒的重要临床表现。铅对消化道黏膜有直接的毒性作用，对男性的生殖功能也有间接影响。此外，铅可使血清免疫球蛋白的含量降低，白细胞数减少，白细胞吞噬能力下降，进而减弱机体的免疫能力。铅还会破坏人体的酶系统，加快人体衰老。铅对儿童的生长发育影响极大。儿童体内铅含量水平高会导致身体矮小、体重减轻、胸围减小等。

3. 毒物的生物学特性

环境中的无机铅及其化合物十分稳定，不易代谢和降解。铅对人体的毒害是积累性的，人体吸入的铅 25% 沉积在肺部，部分通过水的溶解作用进入血液。人体持续接触含铅量为 1 $\mu g/m^3$ 的空气时，体内血液中的铅的含量水平为 1 ～ 2 μg/100 mL。从食物和饮料中摄入的铅大约有 10% 被吸收，如果每天从食物中摄入 10 μg 铅，则血液中含铅量为 6 ～ 18 μg/100 mL。这些铅的化合物小部分可以通过消化系统排出，其中主要通过尿（约 76%）和肠道（约 16%），其余的通过出汗、脱皮和脱毛发等方式排出体外。

铅是一种积累性毒物，人类可通过食物链摄取铅，也可从被污染的空气中摄取铅。据报道，美国人肺中的含铅量比非洲和远东地区的人高，这是由于美国大气中铅污染比这些地区严重。人体解剖的结果证明，侵入人体的铅 70% ～ 90% 最后以磷酸铅（$PbHPO_4$）的形式沉积并附着在骨骼组织上。人体中铅的含量为终生逐渐增加，富集在人体软组织中的铅几乎不再变化，只有多余部分的铅会自行排出体外，表现出明显的周转率。鱼类对铅有很强的富集作用，并且铅可通过食物链转移到人类的体内被富集。

4. 毒物的限量标准

根据《食品中污染物限量》规定，食品中铅重金属的最大残留限量见表 5.1。

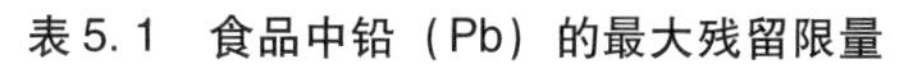
表 5.1 食品中铅（Pb）的最大残留限量

食品类别（名称）	限量（以 Pb 计）/mg · kg^{-1}
谷物及其制品（麦片、面筋、八宝粥罐头、带馅面米制品除外）	0.2
麦片、面筋、八宝粥罐头、带馅（料）面米制品	0.5
新鲜蔬菜（芸薹类蔬菜、叶菜蔬菜、豆类蔬菜、薯类除外）	0.1
芸薹类蔬菜、叶菜蔬菜	0.3
豆类蔬菜、薯类	0.2
蔬菜制品	1.0
新鲜水果（浆果和其他小粒水果除外）	0.1
浆果和其他小粒水果	0.2
水果制品	1.0
食用菌及其制品	1.0
豆类	0.2
豆类制品（豆浆除外）	0.5
豆浆	0.05
藻类及其制品（螺旋藻及其制品除外）	1.0（干重计）
坚果及籽类（咖啡豆除外）	0.2
咖啡豆	0.5
肉类（畜禽内脏除外）	0.2
畜禽内脏	0.5
肉制品	0.5
鲜、冻水产动物（鱼类、甲壳类、双壳类除外）	1.0（去除内脏）
鱼类、甲壳类	0.5
双壳类	1.5
水产制品（海蜇制品除外）	1.0
海蜇制品	2.0
鲜、冻水产动物（鱼类、甲壳类、双壳类除外）	1.0（去除内脏）
生乳、巴氏杀菌乳、灭菌乳、发酵乳、调制乳	0.05
乳粉、非脱盐乳清粉	0.5
其他乳制品	0.3
蛋及蛋制品（皮蛋、皮蛋肠除外）	0.2
皮蛋、皮蛋肠	0.5

（续上表）

食品类别（名称）	限量（以 Pb 计）/mg·kg^{-1}
油脂及其制品	0.1
调味品（食用盐、香辛料类除外）	1.0
食用盐	2.0
香辛料类	3.0
食糖及淀粉糖	0.5
食用淀粉	0.2
淀粉制品	0.5
焙烤食品	0.5
饮料类（包装饮用水、果蔬汁类及其饮料、含乳饮料、固体饮料除外）	0.3（mg/L）
包装饮用水	0.01（mg/L）
果蔬汁类及其饮料［浓缩果蔬汁（浆）除外］、含乳饮料	0.05（mg/L）
浓缩果蔬汁（浆）	0.5（mg/L）
固体饮料类	1.0
酒类（蒸馏酒、黄酒除外）	0.2
蒸馏酒、黄酒	0.5
可可制品、巧克力和巧克力制品以及糖果	0.5
冷冻饮品	0.3
婴幼儿配方食品（液态产品除外）	0.15（以粉状产品计）
液态产品	0.02（以即食状态计）
婴幼儿谷类辅助食品（添加鱼类、肝类、蔬菜类的产品除外）	0.2
添加鱼类、肝类、蔬菜类的产品	0.3
婴幼儿罐装辅助食品（以水产及动物肝脏为原料的产品除外）	0.25
以水产及动物肝脏为原料的产品	0.3
10 岁以上人群的特殊医学用途配方食品	0.5（以固体产品计）
1～10 岁人群的特殊医学用途配方食品	0.15（以固体产品计）
辅食营养补充品	0.5（以固体产品计）
固态、半固态或粉状运动营养食品	0.5
液态运动营养食品	0.05
孕妇及乳母营养补充食品	0.5
果冻	0.5
膨化食品	0.5

（续上表）

食品类别（名称）	限量（以 Pb 计）/mg · kg^{-1}
茶叶	5.0
干菊花	5.0
苦丁茶	2.0
蜂蜜	1.0
花粉	0.5

5. 预防措施

（1）加大宣传力度，提高人们对铅污染的认识。铅是广泛用于多领域的有色金属，无论是什么形态（固态、气态、液态）的铅，管理不当都会产生污染，危害环境和人体健康。应充分利用广播、电视、报刊等媒体广泛宣传其危害性。

（2）在治理铅企业污染问题上应采用严格的强制性措施，同时还要采取经济和行政的手段，坚决贯彻国家有关规定，凡不能达标的涉铅企业必须取缔、关停，决不手软。在国家层面上要在发展经济、保护生态环境的前提下制定相关的近期和长远规划。

（3）充分利用好铅资源，淘汰落后设备和工艺，推广和应用先进的无污染铅工艺技术，对研究使用新技术、新工艺设备和消除污染的单位，在政策、资金等方面应给予支持和鼓励。

（4）大力改革排污收费制度，尽快建立铅污染治理的良性运行机制。在提高污染物排放标准的同时，要与各地的环境保护目标和铅环境质量标准结合起来，地方环境标准要严于国家标准。排污要收费，超标排放要罚款。提高排污收费水平，其总体幅度要高于治理铅污染的全部成本，这样才能刺激企业治污的积极性。

（5）为了有效地杜绝取缔、关停企业“死灰复燃”现象的发生，应该采取一切必要措施提高各地特别是乡镇一级领导干部的环保意识和法制观念；各级政府要把取缔、关停铅污染企业作为一种政府行为，建立责任考核制度，常抓不懈。凡对贯彻国务院有关规定不力，把关不严，甚至弄虚作假、包庇纵容的，上级政府就应追究有关领导的行政责任，情节严重的还应追究刑事责任。各级环保部门应加大日常监督检查力度，严厉查处“死灰复燃”和新建的污染企业，发现一起就应从严依法处理，决不能姑息迁就。

（6）在目前环境污染严重，且大环境短期内无法很快改变的情况下，为了防止儿童铅中毒，要在生活中培养孩子良好的卫生习惯，远离对铅的接触，从而阻断铅进入儿童体内。主要措施如下：

A. 不购买铅焊料封口的罐头食品，以防铅渗入到食物中。

B. 儿童应养成良好习惯，特别注意进食前一定要先洗手。

C. 检测水源以确保铅和其他矿物质的安全含量。不要使用早上水龙头刚打开时流出来的水。水沸腾时间不超过5分钟。久沸会浓缩水中的铅等污染物。

D. 经常清洗儿童的玩具和其他一些有可能被孩子放到口中的物品。定期用水和湿布清洗室内，去除铅尘。食物和餐具要遮挡以防铅尘。日常开窗流通空气。

E. 不要带孩子到车流量大的马路和铅作业工厂附近玩耍。

F. 儿童应少食松花蛋、爆米花等含铅较高的食物。

G. 定时进食，空腹时铅在肠道的吸收率可成倍增加。此外，保证儿童的日常膳食中含有足量的钙、铁、锌等微量元素。

H. 不要将酒精饮料或酸性食物（如醋、水果汁或用马铃薯做成的食物）长时间存放在含铅的水晶玻璃器皿中。铅可使水晶玻璃晶莹透彻，显得更加精美；但铅也会渗入贮存于其中的食品及饮料中。不要用水晶盘子或玻璃器皿给婴儿和儿童喂食。

I. 食疗可以阻断铅的吸收，并能部分地把血液中的铅排出体外。平时要注意饮食搭配，多喝牛奶，少喝饮料；多吃鱼虾、瘦肉、豆制品、蛋和贝壳类食品，少吃松花蛋、油炸和膨化食品；多吃蔬菜水果，如海带、洋葱、大蒜、胡萝卜、西红柿、猕猴桃和沙棘等。

（二）食物中砷污染的危害

1. 简述

砷（As）是一种非金属元素，广泛地存在于自然界中，共有数百种砷矿物已被发现。砷与其化合物被应用在农药、除草剂、杀虫剂和多种合金的生产中。砷污染是指由砷或砷化合物所引起的环境污染。砷和含砷金属的开采、冶炼，用砷或砷化合物作原料的玻璃、颜料、原药、纸张的生产以及煤的燃烧等过程，都可产生含砷废水、废气和废渣，对环境造成污染。大气含砷污染除岩石风化、火山暴发等自然原因外，主要来自工业生产及含砷农药的使用、煤的燃烧。含砷废水、农药及烟尘都会污染土壤。砷在土壤中累积并由此进入农作物组织中。砷和砷化物一般可通过水、大气和食物等途径进入人体，造成危害。元素砷的毒性极低，砷化物均有毒性，其化合物三氧化二砷（即砒霜）

毒性很强。

2. 毒物的种类及污染状况

砷分为有机砷和无机砷，有机砷类化合物绝大多数有毒，有些甚至有剧毒。砷与汞类似，被吸收后，容易跟硫化氢根或双硫根结合而影响细胞呼吸及酶作用，甚至使染色体发生断裂。最常见的砷化合物为五氧化二砷和三氧化二砷，及其对应的水化物砷酸和亚砷酸。

砷和它的化合物是常见的环境污染物。砷污染的来源广泛，首先是地壳中含有砷。矿物中的砷硫铁矿、雄黄、雌黄和砷石等，以及各类煤、原油中均含有砷。因此，在金属冶炼和燃料燃烧过程中会把砷排入环境从而造成污染。砷化物的广泛利用也是污染源之一，如含砷农药的生产和使用，又如作为玻璃、木材、制革、纺织、化工、陶器、颜料、化肥等工业的原材料，均增加了环境中的砷污染量。据文献报道，全球每年从岩石风化中产生的砷为6000～9000 t，从河流输往海洋的砷为19000 t，砷开采量为47000 t，因燃烧进入大气的为1500 t。据有关资料报道，大气中砷含量为1.5～53 μg/m^3；淡水为0.2～230.0 μg/L，平均为0.5 μg/L；海水为3.7 μg/L。天然存在的含高浓度砷的土壤很少，一般土壤中含砷量约为6 mg/kg。被污染土壤中的砷含量呈几倍、几十倍，甚至数百倍增加。砷可以在土壤中积累，并由此迁移进入蔬菜、水果等农作物的组织之中，导致人和动物中毒。

食物中砷污染的危害是世界性事件。据世界卫生组织公布，全球有5000多万人口正面临着地方性砷中毒的威胁，其中，亚洲国家占大多数，而中国正是受砷中毒危害最为严重的国家之一。有专家分析，市场上的部分食物可能存在严重的砷超标问题，砷污染正向人们步步逼近，严重威胁着人们的健康和生命安全。在国外，砷中毒事件很早以前就曾发生。1900年，英国曼彻斯特因啤酒中添加含砷的糖，造成6000人中毒和71人死亡。1955—1956年，日本发生森永奶粉中毒事件，是因使用含砷中和剂引起的，12000多人中毒，130人因脑麻痹而死亡。孟加拉国的砷污染更是被世界卫生组织称为“历史上一国人口遭遇到的最大的群体中毒事件”。孟加拉国挖掘许多池塘作为养殖鱼类与储水灌溉用，科学家发现，这些池塘是居民集体砷中毒的罪魁祸首。据医学期刊《柳叶刀》（2010年）报道，孟加拉国7700万人因饮用水被砷污染而面临危险。过去10年间，研究人员对孟加拉国首都达卡Araihazar区近1.2万人的跟踪调查发现，20%以上的死亡似乎都是由被砷污染的井水引起的。我国湖南省常德市石门县某村，20世纪50年代开始用土法人工烧制雄磺炼制砒霜，直到2011年企业关闭，砒灰漫天飞扬，矿渣直接倒入河里，导致当地土壤砷超标19倍，水含砷量超标上千倍。全村700多人中，有近一半的人都是砷中毒患者，因砷中毒致癌死亡的已有157人。

砷中毒对人体的危害是多方面的，目前已知至少有如下8个方面：

（1）对肠胃道、肝脏、肾脏的毒性。肠胃道症状通常是随食物食入砷，或经由其他途径大量吸收砷之后发生的。砷可引起肠胃道血管的通透率增加，造成体液流失、低血压。肠胃道的黏膜可能会进一步发炎、坏死，造成胃穿孔、出血性肠胃炎、带血腹泻。慢性砷中毒可能会造成非肝硬化引起的门脉高血压，还可能造成急性肾小管坏死和肾丝球坏死，因而产生蛋白尿。

（2）对心血管系统的毒性。因自杀而食入大量砷的人，全身血管被破坏，造成血管扩张，大量体液渗出，进而血压过低或休克，过一段时间后便会出现心肌病变。流行病学研究显示，慢性砷中毒会造成血管痉挛及周边血液供应不足，进而造成四肢的坏疽（或称为乌脚病）。

（3）对神经系统的毒性。慢性砷中毒时，患者常会发生周边神经轴突的伤害。中等程度的砷中毒患者，在早期主要影响感觉神经，可观察到疼痛、感觉迟钝的现象；严重的砷中毒则会影响运动神经，可观察到无力、由脚往上瘫痪的症状。砷中毒少有波及颅神经，但不排除造成脑病变的可能。一些慢性砷中毒较轻微的患者，没有临床症状，但是做神经传导速度检查时发现神经传导速度变慢。慢性砷中毒引起的神经病变，要经数年的时间才能恢复，而且很少有患者能够完全恢复。医学追踪长期食用砷污染的牛奶的儿童，发现其发生严重失聪、心智发育迟缓、癫痫等脑部伤害的概率，比没有砷暴露的儿童高。

（4）对皮肤的毒性。砷中毒的人最常见的症状是皮肤颜色变深、角质层增厚、皮肤癌。全身出现色块沉积数量是慢性砷中毒的指标。色素块沉积通常发生在眼睑、颞、腋下、颈、乳头、阴部，严重砷中毒患者的色素块沉积可能发生在胸、背及腹部。砷引起的过度角质化通常发生在手掌及脚掌，看起来像小粒玉米般突起，直径 0.4～1.0 cm。大部分砷中毒患者皮肤上的过度角质化病变可以历时数十年不转变成癌症；但有小部分皮肤过度角质化的患者，病灶会转变为癌症前期病灶，与原位性皮肤癌难以区分。

（5）对呼吸系统的毒性。暴露于高浓度砷粉尘的精炼工厂工人发生呼吸道的黏膜发炎、溃疡，甚至鼻中隔穿孔的中毒现象较为罕见；但有研究报告显示，这些精炼工厂工人和暴露于含砷农药杀虫剂的工人，肺癌的发生概率会升高。

（6）对血液系统的毒性。急性砷中毒和慢性砷中毒都会影响到血液系统，可能会发生骨髓造血功能受抑制，且有全血球数目下降的情形。常见的症状是白血球、红血球、血小板数下降，而嗜酸性白血球数上升。

（7）对生殖系统及胎儿的毒性。砷能透过胎盘致使胎儿脐带血中砷的浓度和母体内砷的浓度一致。据医学个案报告，在解剖夭折的新生儿身上发现肺泡内出血，脑中、肝脏、肾脏中含砷浓度都很高。医学调查发现，住在铜精炼厂附近或在铜精炼厂工作的妇女，体内的砷浓度较高，而她们发生流产或新生儿出现先天性畸形的机会较高。据文献报道，在日常生活环境中，低剂量的砷暴露可能影响男性精子质量，并因此造成男性不育。

（8）致癌性。据医学研究发现，长期食用含无机砷的药物、砷污染的水和食品，以及工作场所砷暴露的人，发生皮肤癌的概率较高；长期三氧化二砷暴露的精炼厂工人及五价砷农药的接触者，发生肺癌的概率较高。

砷中毒的症状可能很快显现，也可能在饮用含砷水十几年甚至几十年之后才出现。砷中毒症状出现或快、或慢，主要取决于所摄入的砷化物性质、毒性、摄入量、持续时间及个体体质等因素。急性砷中毒患者多为大量意外地接触砷所致，主要损害胃肠道系统、呼吸系统、皮肤和神经系统。砷急性中毒的表现症状为恶心、呕吐、口中金属味、腹剧痛、米汤样粪便等，较重中毒者尿量减少、头晕、腓肠肌痉挛、发绀以至休克，严重中毒者出现中枢神经麻痹症状、四肢疼痛性痉挛、意识消失等。

3. 毒物的生物学特性

单质砷无毒性，砷化合物均有毒性。三价砷的毒性约为五价砷的 60 倍，无机砷的毒性强于有机砷。人口服三氧化二砷中毒剂量为 5 ～ 50 mg，致死量为 70 ～ 180 mg。对砷化物敏感的人群，1 mg 三氧化二砷可致中毒，20 mg 可致死。人吸入三氧化二砷致死浓度为 0.16 mg/m^3（吸入 4 小时），长期少量吸入或口服可导致慢性中毒。在含砷化氢为 1 mg/L 的空气中，人呼吸 5 ～ 10 分钟，可发生致命性中毒。

4. 毒物的限量标准

各个国家对大气和水中的砷含量均制定有最高容许浓度。世界卫生组织规定饮水中砷最高容许浓度为 0.01 mg/L；欧洲为 0.2 mg/L；美国规定居民区大气中砷最高容许浓度为 3 $\mu g/m^3$，车间空气中砷化氢最高容许浓度为 0.3 mg/m^3，饮水中砷最高容许浓度为 0.05 mg/L，并建议达到 0.01 mg/L；我国规定饮用水中砷最高容许浓度为 0.01 mg/L，地表水包括渔业用水为 0.04 mg/L，居民区大气砷的日平均浓度为 3 $\mu g/m^3$。

根据《食品中污染物限量》规定，食品中砷重金属的最大残留限量见表 5.2。

表 5.2　食品中砷（As）的最大残留限量

食品类别（名称）	限量（以 As 计）/$mg \cdot kg^{-1}$	
	总砷	无机砷
谷物（稻谷除外）	0.5	—
谷物碾磨加工品（糙米、大米除外）	0.5	—
稻谷、糙米、大米	—	0.2
水产动物及其制品（鱼类及其制品除外）	—	0.5

（续上表）

食品类别（名称）	限量（以 As 计）/mg·kg^{-1}	
	总砷	无机砷
鱼类及其制品	—	0.1
新鲜蔬菜	0.5	—
食用菌及其制品	0.5	—
肉及肉制品	0.5	—
生乳、巴氏杀菌乳、灭菌乳、调制乳、发酵乳	0.1	—
乳粉	0.5	—
油脂及其制品	0.1	—
调味品（水产调味品、藻类调味品和香辛料类除外）	0.5	—
水产调味品（鱼类调味品除外）	—	0.5
鱼类调味品	—	0.1
食糖及淀粉糖	0.5	—
包装饮用水	0.1（mg/L）	—
可可制品、巧克力和巧克力制品以及糖果	0.5	—
婴幼儿谷类辅助食品（添加藻类的产品除外）	—	0.2
添加藻类的产品	—	0.3
婴幼儿罐装辅助食品（以水产及动物肝脏为原料的产品除外）	—	0.1
以水产及动物肝脏为原料的产品	—	0.3
辅助营养补充品	0.5	—
固态、半固态或粉状运动营养食品	0.5	—
液态运动营养食品	0.5	—
孕妇及乳母营养补充食品	0.5	—

5．预防措施

（1）防治砷污染应该狠抓源头，从污染源抓起。在政府层面上，要加强环境监测，建立重点地区空气、水等流体中的砷污染预报机制，同时加强重点地区土壤中砷的监测，解决好高砷地区人畜用水及农业灌溉用水问题。

（2）加强含砷矿藏及其冶炼过程的管理，取缔土法炼砷的工厂，冶炼砷的工厂和其他冶金工厂的“三废”必须达标排放，对高砷煤采取强制性脱砷处理，从根本上降低空气中砷的含量。

（3）加强含砷化工产品管理，特别要加强对含砷农药和医药的监管。要加强这些毒性药物的使用常识培训，最大程度减少人为中毒情况的发生。

（4）防治砷污染的关键是不要用含砷超标的水灌溉粮食、蔬果等农作物，不要在受到砷污染的土壤上种植农作物，避免砷进入食物链。对于已经受到污染的土壤，可种植能吸收土壤中砷的植物（如蜈蚣草等）来进行环境修复。

（5）加强市场管理部门的监管力度，严格执行《食品中污染物限量》规定的食品中砷的最大残留限量标准，杜绝砷残留限量超标的食品流入市场。

（三）食物中汞污染的危害

1. 简述

汞（Hg）俗称水银，呈银白色，是室温下唯一呈现液态的金属，在室温下具有挥发性。汞在自然界中主要有元素汞和汞化合物两大类。汞及汞化合物在自然界分布极为广泛，如土壤、水、生物体甚至食品中都可以检测出微量的汞。由于微量汞在体内的摄入量与排泄量基本保持平衡，一般不造成对健康的危害。汞污染是指由汞或含汞化合物所引起的环境污染。汞是环境中毒性最强的重金属元素之一，各种汞化合物的毒性差别很大。无机汞中的升汞是剧毒物质；有机汞中的苯基汞分解较快，毒性不大；甲基汞进入人体很容易被吸收，不易降解，排泄很慢，特别是容易在脑中积累，毒性最大。

2. 毒物的种类及污染状况

汞是地壳中较为稀有的一种元素，在自然环境中汞极少数以纯金属的状态存在。朱砂、氯硫汞矿、硫锑汞矿是最常见的汞矿藏。据文献报道，世界上 50% 的汞来自西班牙和意大利，其次是斯洛文尼亚、俄罗斯和北美。朱砂在流动的空气中加热后，汞可以还原，温度降低后汞凝结，这是生产汞的最主要方式。纯汞是在常温下唯一呈液态的金属元素。在自然界里大部分汞与硫结合成硫化汞（HgS），亦称“辰砂”或“朱砂”，广泛分布在地壳表层。随着地球自然的演化，在环境的各个因子中都可能含有汞，形成汞的天然本底。

汞污染主要由人类的活动造成，如水体汞污染主要来自氯碱、塑料、电池、电子等工业排放的废水以及废旧医疗器械的丢弃。据估计，全世界由于人类活动直接向水体、大气和土壤排放的总汞达数十万吨。由于天然本底情况下汞在大气、土壤和水体中均有分布，所以汞的迁移转化也在陆、水、空之间发生。大气中气态和颗粒态的汞随风飘散，一部分通过湿沉降或干沉降落到地面或水体中。土壤中的汞可挥发进入大气，也可被降水冲淋进入地面水和渗透入地下水中。地面水中的汞一部分由于挥发而进入大气，大部分则沉淀进入底泥。底泥中的汞，不论呈何种形态，都会直接或间接地在微生物的作用下转化为甲基汞或二甲基汞。二甲基汞在酸性条件下可以分解为甲基汞。甲基汞可溶于水，因此又从底泥回到水中。水生生物摄入的甲基汞可以在体内积累，并通过食物链不断富集。受汞污染水体中的鱼类、贝类和水生植物体内的甲基汞浓度可比在正常水体中高上万倍。受汞污染的鱼类、贝类和水生植物通过食物链危害人体。据有关资料报道，鱼类和贝类是汞污染的主要食品。当含汞废水排入水体后，水中的无机汞在重力的作用下，伴随颗粒物沉降到海底或者河底的污泥中。污泥中的微生物通过体内的甲基谷氨酸转移酶的作用，使无机汞转变为能溶解于水的甲基汞或者二甲基汞，渗透到水中的浮游生物体内。鱼类通过摄食浮游生物和用鳃呼吸的方式摄入汞。由于食物链的生物富集和生物放大作用，鱼体内甲基汞的浓度可以达到很高的水平。例如，日本水俣湾的贝类含汞浓度可以达到 20 ～ 40 mg/kg，是其生活水域汞浓度的数万倍；我国某地江水含汞浓度为 0. 2 ～ 0. 41 μg/L，而江中鱼体内汞浓度达到 0. 89 ～ 1. 65 mg/kg，其浓缩倍数也高达数千倍。由此可见，鱼类和贝类是汞的天然浓缩器。汞主要蓄积于鱼体内的脂肪组织中。此外，以含汞农药进行种子消毒或者生长期杀菌时，农作物中汞污染也较为严重。国内外均发生过含汞农药中毒的事故。

甲基汞进入人体后主要侵犯神经系统，特别是中枢神经系统，损害最严重的是小脑和大脑。甲基汞在胃部转化为氯化甲基汞后，对脂质和巯基具有高度的亲和力。经肠道吸收进入血液的氯化甲基汞，与红细胞中的血红蛋白的巯基结合，透过血脑屏障进入大脑，并与脂质相结合，从而影响大脑功能。金属汞慢性中毒的临床表现，主要是神经性症状，包括头痛、头晕、肢体麻木和疼痛、肌肉震颤、运动失调等。大量吸入汞蒸气会出现急性汞中毒，其症候为肝炎、肾炎、蛋白尿、血尿和尿毒症等。急性中毒常见于生产环境，一般生活环境则很少见。金属汞被消化道吸收的数量甚微，通过食物和饮水摄入的金属汞一般不会引起中毒。甲基汞中毒可分为急性、亚急性、慢性和潜在性危害 4 种类型。甲基汞中毒最初为肢体末端和口唇周围麻木并有刺痛感，后出现手部动作、知觉、视力等障碍，伴有语态、步态失调，甚至发生全身瘫痪、精神紊乱。有报告表明，人体内甲基汞蓄积量达 25 mg 时可出现感觉障碍，达到 55 mg 时可出现运动失调，达到 90 mg 时可出现语言障碍，达到 170 mg 时可出现听力障碍，达到 200 mg 时可导致死亡。

除了能引起严重的中枢神经系统损害外，甲基汞还可以通过胎盘屏障和血睾屏障引起胎儿损害，导致胎儿先天性汞中毒，表现为发育不良、智力减退、畸形，甚至发生脑瘫而死亡。

3. 毒物的生物学特性

汞具有挥发性，无论是可溶性的或不可溶性的汞化合物，都有一部分挥发到大气中去。其挥发程度与化合物的形态、水中的溶解度、表面吸附、大气的相对湿度等因素密切相关。一般而言，有机汞的挥发性大于无机汞的挥发性，且以甲基汞的挥发性最大。

汞可以转移循环。汞通过土壤和植物的蒸腾作用被释放到大气中，气相中的汞也能够向液相和固相转移。如汞进入水体后，经过物理、化学、生物等作用溶于水中或富集于生物体，或沉入底泥，或挥发到大气中，形成转移循环。

汞可通过烷基化改变其毒性。无机汞在微生物的作用下，可以转化为毒性更大的甲基汞、苯基汞和二甲基汞等。淡水淤泥中的厌氧细菌能够使无机汞甲基化，形成一甲基汞和二甲基汞。

水和土壤中的胶体对汞有很强的吸附作用。水中的各种吸附剂如硫醇、伊利石、蒙脱石、胺类化合物等都对汞有不同的吸附作用。

人体对有机汞、无机汞和金属汞的吸收不尽相同。由于汞在室温下蒸发，因此食品中几乎不存在元素汞；食品中的无机汞被人体的吸收率较低，有90%以上可以从粪便中排出体外；而脂溶性强的有机汞，尤其是甲基汞，在消化道内吸收率很高。甲基汞进入消化道后，在胃酸的作用下转化为氯化甲基汞，氯化甲基汞经过肠道的吸收率达到95%～100%。汞被吸收后，一方面可以与血浆蛋白等血浆和组织中的蛋白的巯基结合，形成结合型汞；另一方面可以与含巯基的低分子化合物如半胱氨酸、辅酶以及体液中的阴离子结合，形成扩散型汞。人体吸收的汞随血液循环分布于全身的组织、器官，对肝、肾、脑等器官造成不同程度的毒害作用。

4. 毒物的限量标准

我国制定的《工业企业设计卫生标准》规定，居住区大气中汞的日平均最高容许浓度为0.0003 mg/m^3；地面水中汞的最高容许浓度为0.001 mg/L。《生活饮用水卫生标准》规定，汞浓度不得超过0.001 mg/L。《工业“三废”排放试行标准》规定，汞及其无机化合物最高容许排放浓度为0.05 mg/L（按Hg计）。

根据《食品中污染物限量》规定，食品中汞的最大残留限量见表5.3。

表5.3 食品中汞（Hg）的最大残留限量

食品类别（名称）	限量（以Hg计）/mg·kg^{-1}	
	总汞	甲基汞
水产动物及其制品（肉食性鱼类及其制品除外）	—	0.5
肉食性鱼类及其制品	—	1.0
稻谷、糙米、大米、玉米、玉米面（渣、片）、小麦、小麦粉	0.02	—
新鲜蔬菜	0.01	—
食用菌及其制品	0.1	—
肉类	0.05	—
生乳、巴氏杀菌乳、灭菌乳、调制乳、发酵乳	0.01	—
鲜蛋	0.05	—
食用盐	0.1	—
矿泉水	0.001（mg/L）	—
婴幼儿罐装辅助食品	0.02	—

5. 预防措施

（1）汞在工业上应用很广，造成的污染较严重，对人类健康影响很大。因此，政府监管部门要对含汞废水的排放加强监督管理，必须进行净化处理，符合规定后才可排放。另外，对鱼体和底泥中的甲基汞应定期检查。严格执行国家制定的《工业企业设计卫生标准》《生活饮用水卫生标准》和《工业“三废”排放试行标准》，控制汞对环境的污染。

（2）积极采取有效措施减少汞污染源，治理汞污染的土壤。如减少人为向大气排放的汞量，改进农耕技术，推广生物修复技术等，对汞污染的土壤进行综合治理。

（3）鱼类和贝类是汞的主要污染食品，汞污染地区的淡水鱼类和贝类不宜食用。海鱼受汞和其他重金属污染非常严重，并且体型越大、生长周期越长的肉食性鱼类，受汞污染越严重，体内富集的汞含量较高。因此在购买海产品时，不要贪图买大鱼。脂肪组织是富集汞的地方，因而鱼油不宜食用。

（四）食物中铬污染的危害

1. 简述

铬（Cr）广泛存在于自然环境中，是人体必需的微量元素，同时也是一种有毒性的重金属，摄入过多会对人体产生危害。市场上出售的明胶类食品和水产品、蔬菜等食品存在铬超标现象的，会形成食品铬污染。加强对食品添加剂的监管及减少环境中铬对食品的污染是控制食品中铬污染来源的必要途径。

2. 毒物的种类及污染状况

铬在自然界中广泛存在，环境中的铬元素主要是来源于岩石的风化，并大多以三价铬（Cr^{3+}）的状态存在。三价铬的毒性较小，是人和动物所必需的一种微量元素。铬对植物生长有刺激作用，可提高产量。但是，即使三价铬的毒性小，如果摄入过多，对人和动植物都是有害的。铬在不同的环境条件下以不同的化学价态存在，其化学性质和毒性大小亦不同。如水体中的三价铬，毒性较小，可吸附在固体物质上而存在于沉积物（淤泥）中；工业废水中的铬为六价铬（Cr^{6+}）的化合物（常以铬酸根离子存在），溶于水中，毒性较大；煤和石油燃烧的废气中含有颗粒态铬，经雨水最终转变成六价铬的化合物。

食品中铬污染的来源主要是废水灌溉农田植物、制革工业的废弃物、食品接触含铬的包装和食品生产过程的非法添加剂四个方面。用废水灌溉农田植物时，含 Cr 废水使污灌区土壤积累大量 Cr，从而使作物的含 Cr 量显著增加。制革工业的废弃物是铬的重要污染源。有些地方将制革工业的废弃物（革渣）用作蛋白质食品原料，采用铬鞣法制革工艺的革渣含有大量的铬化物，用这些革渣作食品原料（皮革蛋白），可能造成食品中铬污染。有些食品包装物含铬，如果酸性食品接触含铬的包装物、器械或容器，也可使食品中含铬量增高。据媒体报道，近年来，一些不法商家为节省成本，采用工业明胶代替食用明胶作为食品添加剂；有些厂家采用含铬的明胶制造胶囊壳，造成对人体的危害。近年来，关于食品铬污染的报道及研究日趋增多。2012 年 5 月，国家食品药品监管局组织对全国生产胶囊剂药品的 1993 家企业进行了抽样检验（覆盖到全部胶囊剂药品生产企业)。在抽验的11561批次胶囊剂药品中，铬含量超标的不合格产品有669批次，占5.8%；存在铬超标药品问题的生产企业有254家，占全部胶囊剂药品生产企业的12.7%。相关调查表明，食品中铬污染主要集中于含明胶类食品，以及部分水产品、蔬菜、粮食等。污染最为严重的是肉皮冻、奶糖等。广东省2010年对明胶类食品添加剂调查铬含量情况的结果显示，铬含量最高达249.4 mg/kg，超标率为86.7%，其中猪皮冻超标率达60%；潮州、广州等地的含明胶食品中，铬超标率也在40%以上。据有关资料报道，鱼类、贝类等水产品也曾检出铬超标。此外，大米中的铬超标也不容忽视。广州曾对市面销售的大米调查铬污染水平，结果显示，铬检出率为100%，超标率为26.67%。

三价铬是人体必需的微量元素，它参与人体中的糖代谢，维持体内正常的血糖水平。三价铬是胰岛素正常工作不可缺少的一种元素，对控制糖尿病患者的病情有很大作用。三价铬还参与人体脂肪代谢，能降低血胆固醇和甘油三酯含量，从而达到防治糖尿病患者动脉硬化、高血压的作用。人体铬摄入量不足，会导致糖耐量降低、动脉粥样硬化、管壁失去弹性、管腔狭窄甚至阻塞。铬进入人体后积存在人体组织中，代谢和被清除的速度缓慢，其代谢产物主要从肾排出，少量经粪便排出。六价铬对人体主要是慢性毒害，它可以通过消化道、呼吸道、皮肤和黏膜侵入人体，在体内主要积聚在肝、肾和内分泌腺中。六价铬经呼吸道侵入人体时，首先侵害上呼吸道，引起鼻炎、咽炎和喉炎、支气管炎。铬中毒症状是皮肤出现红斑、水肿、胃痛、胃炎、胃肠道溃疡，伴有周身酸痛、乏力等，此外，味觉和嗅觉可减退，甚至消失。六价铬有强氧化作用，所以铬慢性中毒往往以局部损害开始，逐渐发展到无法救治。

3. 毒物的生物学特性

铬是一种银白色金属，质极硬而脆，耐腐蚀，属不活泼金属，常温下对氧和湿气稳定，不溶于水。铬在高温下被水蒸气所氧化，在1000 ℃下被一氧化碳所氧化。在高温下，铬与氮起反应并为熔融的碱金属所侵蚀，可溶于强碱溶液。铬具有很强的耐腐蚀性，在空气中，即便是在赤热的状态下，氧化也很缓慢。

铬在环境中可迁移和扩散。每千克土壤中平均含量约为100 mg。由于风化作用进入土壤中的铬，易氧化成可溶的复合阴离子，然后通过淋洗转移到地面水或地下水中。在水体和大气中均含有微量的铬，天然水中微量的铬通过河流输送入海，沉于海底。水体中铬污染主要是三价铬和六价铬，它们在水体中的迁移转化有一定的规律性。三价铬主要被吸附在固体物质表面而存在于沉积物中；六价铬多溶于水中，而且是稳定的。三价铬的盐类可在中性或弱碱溶液中水解，生成不溶解于水的氢氧化铬沉积于水体底泥。在工业废水中，主要是六价铬。受水中pH值、有机物、氧化还原物质、温度及硬度等条件的影响，环境中的三价铬和六价铬可以相互转化。植物性食物中的铬含量，随土壤中的铬含量而异。

铬在环境中可转化和积累。铬在环境中经过物理、化学或生物的作用，可改变其存在形态或转变为另外的不同物质，并且在转化过程中伴随着铬的积累和迁移。铬经过转化所形成的化合物（如六价铬），对人体有较大毒性，并可在人体内积累。

4. 毒物的限量标准

中国营养学会目前推荐成人每天的铬适宜摄入量为 50 μg，而可耐受最高摄入量为 500 μg/d。根据我国农业标准《茶叶中铬、镉、汞、砷及氟化物限量》（NY 659—2003）中的规定，茶叶中铬的限量值为 5.0 mg/kg。根据我国《食品安全国家标准 饮用天然矿泉水》（GB 8537—2018）规定，天然矿泉水铬限量值为 0.05 mg/L。

在食品方面，根据《食品中污染物限量 》规定，食品中铬重金属的最大残留限量见表 5.4。

表 5.4　食品中铬（Cr）的最大残留限量

食品类别（名称）	限量（以 Cr 计）/mg · kg^{-1}
谷物及谷物碾磨加工品	1.0
新鲜蔬菜	0.5
豆类	1.0
肉及肉制品	1.0
水产动物及其制品	2.0
生乳、巴氏杀菌乳、灭菌乳、调制乳、发酵乳	0.3
乳粉	2.0

5. 预防措施

铬污染的预防措施最重要的是从源头抓起，控制铬污染物的排放，监管铬渣的产生、寄存、包装、运送、处理、解毒、填埋等各个环节，避免发生二次污染。对被铬污染的水体和土壤采用物理化学修复法、生物修复法及多种技术综合应用的集成修复方法，进行综合治理。

（1）物理化学修复法。通常采用混凝沉淀法、离子还原法、离子交换法和电修复法。混凝沉淀法是在水体中加入碱性物质，使水体 pH 值升高，从而使大多数铬生成氢氧化物沉淀，降低铬对水体的危害程度。这是目前国内处理铬污染普遍采用的方法。离子还原法是利用一些容易得到的还原剂将水体中的铬还原，形成无污染或污染程度较轻的化合物，从而降低铬在水体中的迁移性和生物可利用性，以减轻铬对水体的污染。离子交换法是利用离子交换剂与污染水体中的铬发生交换作用，从水体中把铬交换出来，以达到治理铬污染的目的。电修复法是20世纪90年代后期发展起来的水体铬污染修复技术，其基本原理是给受铬污染的水体两端加上直流电场，利用电场迁移力将铬迁移出水体。

（2）生物修复法。通常采用微生物修复法和植物修复方法。微生物修复法是利用微生物固定铬和进行形态的转化。微生物通过带电荷的细胞表面吸附铬离子，或通过摄取必要的营养元素主动吸收铬离子，并将铬富集在细胞表面或内部。后者是通过微生物的生命活动改变铬的形态或降低铬的毒性从而减轻重金属污染，如将 Cr^{6+} 转变成 Cr^{3+} 而毒性降低。植物修复方法是利用自然或基因工程植物，转移环境中的铬或使环境中的铬无害化，是目前生物修复技术研究中最热门的课题。据文献报道，能富集重金属的植物有500多种，国内报道湿生禾本科植物李氏禾对铬具有较好的富集能力。因此，可采用这些能富集铬的植物修复被铬污染的水体和土壤。

（3）加强食品市场监管，严格执行《食品中污染物限量》规定的食品中铬的最大残留限量标准，不让铬残留超标的食品流入市场。

（五）食物中镉污染的危害

1. 简述

镉（Cd）广泛存在于自然界，但是自然本底值较低，因此食品中的镉含量一般不高。但是，通过食物链的生物富集作用，可以在食品中检出镉。很多食品中都可以检出镉，其中植物性食品中谷类含镉量最高，动物性食品中肝脏和肾脏含镉量高，贝、蟹、虾、鱼类的肝脏含镉量也很高。食品中镉污染的来源可以通过作物根系吸收进入植物性食品，并通过饮水与饲料迁移到动物性食品中，使畜禽类产品中含有镉。农作物中镉含量的差异与土壤的性质、作物品种有关。镉易溶解于有机酸，因此在酸性土壤中的镉易被植物吸收。食品中镉污染进入人体的途径主要是从食品中摄入并蓄积在肾、肝、心等组织器官中。镉中毒的病理变化主要发生在肾脏、骨骼和消化道器官，可引起急性或慢性中毒。

2. 毒物的种类及污染状况

镉是最常见的污染食品和饮料中的重金属元素。镉可通过环境污染、生物浓缩和含镉化肥的使用而致食品污染。我国约有 1.3 万 hm^2 耕地受到镉污染，每年有数亿千克的“镉米”流向市场。环境中的镉主要来源于镉矿和镉冶炼厂。镉常与锌共生，所以冶炼锌的排放物中必有镉，以污染源为中心可波及数千米远的地方。镉工业废水灌溉农田也是镉污染的重要来源。土壤中镉的存在形态大致可分为水溶性和非水溶性两大类。离子态和络合态的水溶性镉能被作物吸收，对生物危害大；非水溶性镉不易迁移，不易被作物吸收。但随环境条件的改变，二者可互相转化。在被工业“三废”污染的水和土壤中种植的植物，含镉量增加。一般食品均能检出镉，含量在 0.004 ～5 mg/kg 之间。如贝类，非污染区镉的浓度为 0.05 mg/kg，污染区为 0.75 mg/kg，有的高达 12 mg/kg。用镉污染的水灌溉的水稻，其大米中镉的水平在 0.2 ～2.0 mg/kg 之间，个别地区高达 5.43 mg/kg。广州市食品药品监督管理局在网站上公布了 2013 年第一季度抽检结果，在大米及米制品抽检的 18 批次中只有 10 批次合格，合格率为 55.56% 。不合格的 8 批次原因都是镉含量超标。经溯源调查，其中 6 个批次来自湖南省，相关县市均是湘江流域的工业重镇。

食品中镉污染进入人体的途径主要是从食品中摄入并蓄积在肾、肝、心等组织器官中。镉化合物的种类、膳食中的蛋白质、维生素 D 和钙、锌的含量等因素均影响食品中镉的吸收。通过消化道进入人体内的镉，被吸收率约为 1% 。在动物体内，当饲料中缺乏蛋白质和钙时，对镉的吸收率可以增加到 10% 。镉中毒的病理变化主要发生在肾脏、骨骼和消化道器官三个部分。中毒症状分为急性中毒和慢性中毒。镉急性中毒的主要表现是镉对胃肠黏膜有刺激作用，所以镉的急性中毒可引起呕吐、腹泻，重度中毒患者可发生休克和肾功能障碍。骨软化症、轻度贫血和高血压则是镉慢性中毒的表现。镉进入体内可损害血管，导致组织缺血，引起多系统损伤；镉还可干扰铜、钴、锌等微量元素的代谢，阻碍肠道吸收铁，并能抑制血红蛋白的合成，还能抑制肺泡巨噬细胞的氧化磷酰化的代谢过程，从而引起肺、肾、肝损害。镉是人体非必需的，而且是有毒的元素，它可能具有致癌、致畸的作用，并且能引起人体骨质疏松、骨骼破坏致使骨痛、瘫痪、睾丸损害。食物中镉含量超标危害人体健康的案例并不少见。20 世纪，日本发生的“痛痛病”公害事件就是因为河流被含镉污水污染后，河水、稻米、鱼虾中富集大量的镉，然后又通过食物链，使这些镉进入人体积累下来。犯“痛痛病”的患者，骨质疏松、骨骼萎缩、关节疼痛。进入人体的镉，除引起“痛痛病”外，主要累积在肝、肾、胰腺、甲状腺和骨骼中，使这些器官等发生病变，造成贫血、高血压、神经痛、骨质松软、肾炎和分泌失调等病症。

3. 毒物的生物学特性

镉可以通过食物富集作用而积累和转移。镉在自然界中的自然本底值较低，因此食品中的镉含量一般不高；但是通过食物链的生物富集作用积累和转移，可以在食品中检出镉，甚至远远超出限量标准。研究发现，有些水生植物的镉富集系数非常高（所谓富集系数是指生物体内污染物的平衡浓度与其生存环境中该污染物浓度的比值）。例如，浮游生物到海藻类的镉的富集系数为900，32种淡水水生植物的镉富集系数为1620，从土壤到植物的镉富集系数是10，从水系到鱼类镉富集系数大约是10。很多食品中都可以检出镉超标，其中植物性食品中谷类含镉量最高，动物性食品中肝脏和肾脏含镉量高，贝、蟹、虾、鱼类的肝脏含镉量也很高。食品中镉污染的来源可以通过作物根系吸收进入植物性食品，并通过饮水与饲料迁移到动物性食品中，使畜禽类产品中含有镉。农作物中镉含量的差异与土壤的性质、作物品种有关，镉易溶解于有机酸，因此在酸性土壤中的镉易被植物吸收。

4. 毒物的限量标准

根据我国《食品中污染物限量》规定，食品中镉的最大残留限量见表5.5。

表5.5 食品中镉（Cd）的最大残留限量

食品类别（名称）	限量（以Cd计）/mg·kg^{-1}
谷物及谷物碾磨加工品（糙米、大米除外）	0.1
稻谷、糙米、大米	0.2
新鲜蔬菜（叶菜蔬菜、豆类蔬菜、块根和块茎蔬菜、茎类蔬菜、黄花菜除外）	0.05
叶菜蔬菜	0.2
豆类蔬菜、块根和块茎蔬菜、茎类蔬菜（芹菜除外）	0.1
芹菜、黄花菜	0.2
新鲜水果	0.05
新鲜食用菌（香菇和姬松茸除外）	0.2
香菇及食用菌制品（姬松茸制品除外）	0.5
豆类	0.2
花生	0.5
肉类（畜禽内脏除外）	0.1
畜禽肝脏	0.5
畜禽肾脏	1.0

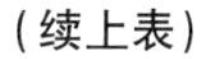

（续上表）

食品类别（名称）	限量（以 Cd 计）/mg・kg^{-1}
肉制品（肝脏制品、肾脏制品除外）	0.1
肝脏制品	0.5
肾脏制品	1.0
鱼类	0.1
甲壳类	0.5
双壳类、腹足类、头足类、棘皮类	2.0（去除内脏）
鱼类罐头（凤尾鱼、旗鱼罐头除外）	0.2
凤尾鱼、旗鱼罐头	0.3
鱼类及鱼类制品（凤尾鱼、旗鱼制品除外）	0.1
凤尾鱼、旗鱼制品	0.3
蛋及蛋制品	0.05
食用盐	0.5
鱼类调味品	0.1
包装饮用水（矿泉水除外）	0.005（mg/L）
矿泉水	0.003（mg/L）

5. 预防措施

（1）镉污染的预防措施最重要的是从源头抓起，加强对镉污染企业的排查整治，严格控制镉污染物的排放，强化镉污染泥等污染物的管理力度。对严重镉超标排放的企业进行停产治理和取缔关闭并行处置。

（2）对被镉污染的土壤采用化学修复法，加入石灰等碱性物质，使土壤 pH 值升高，从而使镉生成沉淀，降低镉对土壤的危害程度。

（3）在镉污染的土壤中，选植不富集镉的水稻品种，或种植通过现代生物技术培育出的不吸收镉的水稻品种。

（4）加强食品市场监管，严格执行《食品中污染物限量》规定的食品中镉的最大残留限量标准，不让镉残留超标的食品流入市场。

食品在烹调加工过程中产生的致癌毒物

随着社会经济发展和人们生活水平提高，食品的烹调加工技术也在不断进步，从传统的烹调加工方法到现在的新技术应用，影响着食品的品质和消费者的健康。在食品烹调加工过程中采用腌制、烟熏、油炸、焙烤等加工技术，在改善食品的外观和质地、增加风味、延长保质期、钝化有毒物质（如酶抑制剂、红细胞凝集素等）、提高食品的可利用度等方面发挥了很大作用。但随之也会产生一些有毒有害物质，如 N－亚硝基化合物、多环芳烃、杂环胺和丙烯酰胺等，导致食品存在严重的安全性问题，对人体健康产生很大的危害。据文献报道，在习惯吃熏鱼的冰岛、芬兰和挪威等国家，胃癌的发病率非常高。我国胃癌和食管癌高发区的居民也有喜食烟熏鱼、腌制品和霉豆腐的习惯。因此，了解食品在烹调加工过程中产生的有害化合物的种类、形成机理及危害，掌握必要的预防措施，能最大限度地降低有害化合物对身体健康的危害。

（一）腌制品中的亚硝酸和亚硝胺致癌物的危害

1. 简述

亚硝酸盐和硝酸盐在食物中普遍存在，尤其在蔬菜、腌制品中含量较多。通常情况下，膳食中的亚硝酸盐只要不过量摄入，不会对人体健康造成危害。但是如果过量摄入，或长期食用亚硝酸盐含量高的食品，会对人体造成危害。更重要的是在酸碱度、微生物和温度等特定条件下，亚硝酸盐和硝酸盐可转化成亚硝胺。亚硝胺是一种重要的化学致癌物，具有强致癌性，同时也是重要的食品污染物。据文献报道，目前在已检测的 300 种亚硝胺类化合物中，已知有 120 多种具有强致癌性，且迄今还没有发现有哪一种动物对亚硝胺的致癌作用有抵抗力。近年来的研究表明，人类的胃癌和食管癌与摄入的亚硝胺数量密切相关。

2. 毒物的种类及污染状况

亚硝酸盐和硝酸盐广泛存在于自然界环境中，尤其是在食物中普遍存在，其中 80% 的亚硝酸盐和硝酸盐来自蔬菜。例如萝卜、莴笋、小白菜、菠菜中亚硝酸盐的平均含量大约为 4 mg/kg，其中菠菜含亚硝酸盐最高，达到 4.7 mg/kg。蔬菜在 25 ～ 35 ℃下存放 3 天，亚硝酸盐含量增加 5 倍，用保鲜膜包裹也会滋生细菌导致亚硝胺的形成。肉类中的亚硝酸盐含量约为 3 mg/kg，蛋类约为 5 mg/kg，而豆粉的平均含量可达 10 mg/kg，腌制好的咸菜和泡菜中的平均含量可达 7～20 mg/kg。咸菜和泡菜的腌制时间与亚硝酸盐含量密切相关，腌菜中的亚硝酸盐含量随腌制时间的推移而发生变化。刚腌制的咸菜和泡菜亚硝酸盐含量逐渐上升，经过一段时间亚硝酸盐又下降至原来水平。一般来说，腌制后的第 3 天到第 10 天亚硝酸盐含量最高，这时的腌咸菜和泡菜不宜食用。腌制第 15 天后，亚硝酸盐逐渐下降，20 天后亚硝酸盐又下降至原来的水平。所以，腌制的咸菜和泡菜一般应在腌制 20 天后食用才安全。亚硝酸盐和硝酸盐还可来源于含较多硝酸盐的井水，用这些井水煮制的食物放置过夜后，硝酸盐在细菌作用下可还原成亚硝酸盐。此外，肉类腌制品也是硝酸盐或亚硝酸盐的来源之一。

在人们的日常膳食中绝大部分的亚硝酸盐，在人体内像过客一样随尿液排出体外，但在适宜的酸碱度、温度和一定的微生物的作用下才会转化成亚硝胺。所以，通常情况下，膳食中的亚硝酸盐只要不过量摄入，不会对人体健康造成危害。如果过量摄取亚硝酸盐，同时体内又缺乏维生素 C，会对人体造成危害。此外，长期食用亚硝酸盐含量高的食品，或直接摄入含有亚硝胺的食品可能诱发癌症。

在自然环境中，亚硝胺类物质的含量较低，它一般是由亚硝酸盐（如 $NaNO_2$）或硝酸盐（如 $NaNO_3$）通过化学反应途径转化而来。可见，亚硝酸盐和硝酸盐是亚硝胺类致癌物的前体物质。据文献报道，食物、化妆品、啤酒、香烟中都可能含有亚硝胺。在熏、腊、腌制的食品中，含有大量的亚硝胺类物质。烟熏或盐腌鱼及肉类时，由于制作过程加入了大量的硝酸盐，在适宜的酸碱度、温度和一定的微生物作用下，硝酸盐可转化成亚硝胺。因此在这些制品中均不同程度地含有亚硝胺致癌物，尤其是霉变的烟熏肉和盐腌品中含有更多的亚硝胺致癌物。抽样检测的结果表明，下列食品中均不同程度地含有亚硝胺类致癌物（表 6.1）。

表 6.1　几种肉类食物中的亚硝胺含量

食物品种	加工方法	含量/$mg \cdot kg^{-1}$
猪肉	新鲜	0.5
熏肉	烟熏	0.8～2.4
腌肉（火腿）	烟熏，亚硝酸盐处理	1.2～24.0
腌腊肉	烟熏，亚硝酸盐处理，放置	0.8～40.0
鲤鱼	新鲜	4.0
熏鱼	烟熏	4.0～9.0
咸鱼	亚硝酸盐处理	12.0～24.0
腊鱼	烟熏，亚硝酸盐处理	20.0～26.0
腊肠	亚硝酸盐处理	5.0
熏腊肠	烟熏，亚硝酸盐处理	11.0～84.0

医学专家对我国食管癌高发区流行病学调查发现，当地污染食品的霉菌，如串珠镰刀菌和白地霉等，不但能将硝酸盐还原为亚硝酸盐，还能促进亚硝胺的合成，使霉变食物内亚硝胺的含量增加。据我国河北省某县食管癌高发区的报道，该区饮用水经煮沸浓缩 10 倍后注入昆明种小鼠腹腔，能诱发小鼠的食管和前胃乳头状瘤，并且伴有不同程度的上皮浸润性生长。据文献报道，胃癌患者胃液内的亚硝酸和 N－亚硝基化合物含量明显高于正常人，而食物在胃内滞留时间也比正常人长。据国外文献报道，非洲赞比亚人食管癌高发，可能与当地人常饮的自酿酒中二甲基亚硝胺含量较高有关。

亚硝酸盐中毒主要是由于摄入过多或误服工业用亚硝酸盐所致。前者引起的亚硝酸盐中毒相对而言病情较缓和；如果是后者，则不但病情重，且起病快。一般来说，亚硝酸盐一次性摄入 0.2 ～0.5 g 即可引起中毒。亚硝酸盐中毒可致使血管扩张、血压下降、发生休克，甚至死亡。亚硝酸盐中毒的潜伏期长短不等，视摄入亚硝酸盐的数量、浓度而定。潜伏期一般为 10 ～15 分钟，大量食入未腌透的菜引起中毒者，潜伏期一般为 1 ～3 小时，个别中毒者可长达 20 小时后才发病。通常中毒的儿童最先出现症状，表现为发绀、胸闷、呼吸困难、呼吸急促、头晕、头痛、心悸等。严重中毒者出现恶心、呕吐、心率变慢、心律不齐、烦躁不安、血压降低、肺水肿、休克、惊厥或抽搐、昏迷等症状，最后可因呼吸、循环衰竭而死亡。如果在近期有饱食青菜类或吃过短期腌制菜类而出现上述症状者，应高度怀疑为亚硝酸盐中毒。

3. 毒物的生物学特性

亚硝胺是 N－亚硝基化合物的一种，其一般结构为 $R_2(R_1)N-NO$。R_1 与 R_2 是连接在亚硝基上的基团，R_1 与 R_2 基团的异同将表现出其致癌性的大小。二甲基亚硝胺和二乙基亚硝胺最常见的最具致癌性的亚硝胺化合物，其次是二丙基亚硝胺、甲基戊基亚硝胺、吡咯烷亚硝胺和二苯基亚硝胺。这些亚硝胺化合物在紫外光照射下可发生光解反应，在通常条件下，不易水解、氧化和转为亚甲基等物质，化学性质相对稳定。

亚硝胺类化合物的致癌性与其化学结构有关，并具有对某种器官的特异性。例如，二甲基亚硝胺是一种肝活性致癌物，同时对肾脏也表现有一定的致癌活性；二乙基亚硝胺对肝脏和鼻腔都有致癌活性。大量的动物实验证明，亚硝胺这种强致癌物能通过胎盘和乳汁引发后代肿瘤。此外，亚硝胺还有致畸和致突变作用。据人群流行病学调查结果表明，人类某些癌症，如胃癌、食道癌、肝癌、结肠癌和膀胱癌等可能与亚硝胺有关。

4. 毒物的限量标准

世界食品加工业将亚硝酸盐作为食品添加剂使用，已有数十年的历史。为了保证食品安全，1994 年，联合国粮农组织和世界卫生组织规定，硝酸盐（$NaNO_3$）和亚硝酸盐（$NaNO_2$）的每日允许摄入量分别为 5 mg/kg 体重、0.2 mg/kg 体重。

根据《食品中污染物限量》规定，食品中亚硝酸盐、硝酸盐限量指标见表 6.2，食品中 N－二甲基亚硝胺限量指标见表 6.3。

表 6.2　食品中亚硝酸盐、硝酸盐限量标准

食品类别（名称）		限量/$mg \cdot kg^{-1}$	
		亚硝酸盐（以 $NaNO_2$ 计）	硝酸盐（以 $NaNO_3$ 计）
蔬菜类	腌渍蔬菜	20	—
乳品类	生乳	0.4	—
	乳粉	2.0	—
饮料类	包装饮用水（矿泉水除外）（以 NO_2^- 计）	0.005（mg/L）	—
	矿泉水（以 NO_2^- 计）	0.1（mg/L）	45
婴幼儿配方食品	婴儿配方食品（以粉状产品计）	2.0	100
	幼儿配方食品（以粉状产品计）	2.0	100
	特殊医学用途婴儿配方食品（以粉状产品计）	2.0	100
婴幼儿辅助食品	婴幼儿谷类辅助食品	2.0	100
	婴幼儿罐装辅助食品	4.0	200

注：饮料类按 GB/T 8538 规定的方法测定，其他食品按 GB 5009.33 规定的方法测定。

表 6.3　食品中 N－二甲基亚硝胺限量标准

食品类别（名称）	N－二甲基亚硝胺/$\mu g \cdot kg^{-1}$
水产制品（水产品罐头除外）及干制水产品	4.0
肉制品（肉类罐头除外）及熟肉干制品	3.0

注：按 GB/T 5009.26 规定的方法测定。

5. 预防措施

（1）在食品加工中防止微生物的污染，对降低食品中亚硝胺含量至关重要。政府的职能部门要加强对肉制品的监督、监测，严格控制亚硝酸盐的使用量。

（2）不吃腐烂变质的蔬菜，少吃或不吃隔夜剩蔬菜，因为剩菜中的亚硝酸盐含量明显高于新鲜烹调制的蔬菜。少吃或不吃咸鱼、咸蛋、咸菜，因为这些食品中含有较多的亚硝胺化合物。

（3）在腌制食品时，要掌握好时间、温度和食盐的用量。食盐在腌制食品过程中有抑菌防腐的作用，如果腌制时间过短、温度过高或食盐用量不足 10%，容易造成腌制食品中的细菌大量繁殖，使腌制食品里的亚硝酸盐含量增加。食盐的浓度在 10%～

15%时，仍有少数的细菌生长；当浓度超过20%时，几乎所有微生物停止生长。蔬菜等食品腌制15天之后，腌制食品的亚硝酸盐开始逐渐减少，20天后基本消失。也就是说，腌制食品要在腌制20天之后食用才安全。

（4）维生素C具有抑制亚硝胺合成的功能，多食用富含维生素C的蔬菜水果有利于预防亚硝胺的危害。

（二）烟熏食品中的多环芳烃致癌物的危害

1. 简述

多环芳烃是煤、石油、木材、烟草、有机高分子化合物等有机物不完全燃烧时产生的挥发性碳氢化合物，是重要的环境和食品污染物。迄今已发现200多种多环芳烃，它们广泛分布于环境中，可以在我们生活的每一个角落发现。食品中多环芳烃的主要来源是以烟熏、烧烤、烘烤、油炸等方式加工食品时的熏烟、油烟、煤烟、炭烟等不良燃料。同时，食品本身在经高温热解或热聚时也产生大量的多环芳烃物质。多环芳烃是一种毒性较大的致癌物质，其中以苯并芘最具代表性，毒性也最大，对人体健康的危害极大。由于多环芳烃具有强毒性、遗传毒性、突变性和致癌性，有损于人体呼吸系统、循环系统、神经系统，对肝脏、肾脏可造成严重损害，因而被医学界认定为影响人类健康的重要污染物。

2. 毒物的种类及污染状况

苯并芘是多环芳烃中毒性最大、致癌性最强的一种物质。其在环境中存在广泛，来源主要有两个方面：一是工业生产和生活过程中煤炭、石油和天然气等燃料不完全燃烧产生的废气，包括汽车尾气、橡胶生产以及吸烟产生的烟气等，通过对水源、大气和土壤的污染，可以进入蔬菜、水果、粮食、水产品和肉类等人类赖以生存的食物中；二是食物在熏制、烘烤和煎炸过程中，脂肪、胆固醇、蛋白质和碳水化合物等在高温条件下会发生热裂解反应，再经过环化和聚合反应就能够形成苯并芘，尤其是当食品在烟熏和烘烤过程中发生焦糊现象时，其生成量将会比普通食物增加10～20倍。据资料报道，熏烤制品熏鱼片、熏红肠、熏鸡及火腿等动物性食品和烘烤制品月饼、面包、糕点、烤肉、烤鸡、烤鸭及烤羊肉串等食品中，均含有不同程度的苯并芘。另据研究报道，动物食品在熏烤过程中所滴下的油滴中，苯并芘含量是动物食品本身的 10 ～ 70 倍。当食品在熏烘烤过程中发生焦烤或炭化时，苯并芘生成量将显著增加，特别是烟熏温度在 400 ～ 1000 ℃时，苯并芘的生成量可随着温度的上升而急剧增加。

苯并芘对人类和动物是一种强致癌物质，可对人体呼吸系统、循环系统、神经系统造成损伤，可对肝脏、肾脏造成严重损害。经科学家深入研究发现，苯并芘可导致皮肤癌，并对人肺、肝、食道、胃肠等均可致癌。根据流行病学调查，长期食用熏制食品与某些肿瘤发生有一定关系，如海边居民因食用大量咸鱼及熏鱼，其胃肠道和呼吸道的癌症发病率较内陆高 3 倍；冰岛的胃癌死亡率为 125. 5 人/10 万人，可能与该地区居民喜吃烟熏食品有关；日本也是胃癌发病率很高的国家，一些居民有在炭火上烤鱼吃的习惯。苯并芘引起癌症的潜伏期很长，一般为 20 ～25 年，发病年龄在 40 ～45 岁。

苯并芘对人体具有致畸性和致突变性，可经胎盘致发育中的胎儿 DNA 损伤，造成胚胎畸形、免疫功能下降等。有研究表明，苯并芘能通过胎盘使发育中的胎儿 DNA 损伤，并且其损伤程度是其母亲的 10 倍。除此之外，苯并芘还能够导致男性血清水平受到抑制，精子生成能力减弱，进一步增加了致畸和致突变的风险。

熏烤食品作为一种风味食品，并不是说绝对不能吃，偶而吃一点，只要不超过限量标准还是安全的；但是要重视它潜在的致癌性，不能多吃，更不能长期食用。此外，如果是家庭制作熏烤食品，要选用优质木炭作为燃料。有资料介绍，用炭火熏烤时，每千克肉能产生 2. 6 ～ 11. 2 μg 的苯并芘；用松木熏烤，每千克肉能产生苯并芘 88. 5 μg。所以，最好选用优质木炭作为熏烤燃料，并且熏烤时食物最好不要直接与火接触，熏烤时间也不宜过长，避免过度熏烤，产生大量的苯并芘，造成对人体健康的危害。

3. 毒物的生物学特性

苯并芘是一种比较常见的活性很高的致癌物和致突变物。它是一种多环芳香族碳氢化合物，纯品本身是五个苯环连在一起的无色或淡黄色针状晶体。熔点及沸点较高，熔点为 179 ℃，沸点为 475 ℃，相对密度 1. 35，蒸汽压很小，不溶于水，易溶于苯类芳香性溶剂中，微溶于其他有机溶剂中。苯并芘通常以微小分子状态吸附于某些物质的颗粒上，气体分子存在于大气烟雾中或呈胶体状态存在，其中大部分吸附在颗粒物质上。被排放到大气中的苯并芘，结合大气中的气溶胶，形成的可吸入的尘粒中直径在 8 μm 以下的被吸入肺部的概率较高，这些尘粒通过呼吸道吸入肺部，直达肺泡和血液，引发肺癌和心血管疾病。

苯并芘在酸性条件下易发生化学变化，在碱性条件下性质稳定。苯并芘在日光与荧光作用下能发生光氧化反应，大多数多环芳烃具备大共轭体系，具有荧光现象。一般情况下，随着多环芳烃的分子量的增加，其熔沸点升高，蒸汽压减小。

4. 毒物的限量标准

根据《食品中污染物限量》规定，食品中苯并芘限量指标见表6.4。

表6.4　食物中苯并芘限量标准

食品类别（名称）	限量/$\mu g \cdot kg^{-1}$
稻谷、糙米、大米、小麦、小麦粉、玉米、玉米面（渣、片）	5.0
熏、烧、烤肉类	5.0
熏、烤水产品	5.0
油脂及其制品	10

5. 预防措施

（1）尽量少吃或不吃熏鱼、熏肉，以及烧焦的鱼和肉类食品。炒菜时应避免食油接受高温时间过长，尤其不要将食油烧至冒烟，甚至起火焰。

（2）家庭偶尔制作熏烤食品时，要选用优质木炭作为燃料，并且熏烤时食物不要直接与火接触，熏烤时间也不宜过长，避免过度熏烤产生有毒物质，造成对人体健康的危害。

（3）在农村，不要在沥青马路上晾晒粮食和食品。因为在高温下沥青中的多环芳烃等有害物质能释放出来，造成多环芳烃对粮食和食品的直接污染。

（三）烧烤食品中的杂环胺致癌物的危害

1. 简述

杂环胺是一类广泛形成于富含蛋白质食品中的具有致癌和致突变危害的杂环芳香烃类化合物。杂环胺是一种间接致癌物，即本身没有直接致癌性，但是杂环胺在人体内经过代谢活化后，所产生的代谢物具有强烈的致癌作用。长期或大量摄入富含杂环胺的食物，对人体健康将会造成严重的伤害。

2. 毒物的种类及污染状况

杂环胺是肉类食品如猪、牛、羊、鸡、鱼等，在高温烹调过程中受热裂解后产生的一大类化合物的总称。肉等食物在烹调温度200 ℃以上长时间烧烤、煎炒、油炸时，能形成大量的杂环胺。通常烹调温度不超过200 ℃，杂环胺形成较少。杂环胺是间接致癌物，它在人体内经过代谢活化后，所产生的代谢物具有强烈的致癌作用。此外，杂环胺还具有诱变性，能使组织细胞发生突变，引发癌细胞产生。杂环胺化合物致癌的主要靶器官为肝脏，其次是血管、肠道、前胃、乳腺、阴蒂腺、淋巴组织、皮肤和口腔等。杂环胺类化合物的另一危害是间接致突变，其在细胞色素P450作用下，经代谢活化产生具有致突变性的产物。据文献报道，杂环胺的活性代谢物是N－羟基化合物，后经乙酰转移酶和硫转移酶作用，将N－羟基代谢物转变成致突变物。

由于人们对餐饮的喜好以及对口感的追求，无论在西方国家还是在我国，烧烤都是团体活动常见的方式。据估计，杂环胺可能已成为人们的食谱中广泛存在的食源性污染物。

3. 毒物的生物学特性

食物烹调温度是形成杂环胺的重要因素。杂环胺的前体物是水溶性物质，加热后，水溶性的前体物向表面迁移，并逐渐干燥，其加热后的主要反应是产生杂环胺。据文献报道，烹调肉类食物的温度从200 ℃升至300 ℃时，杂环胺的生成量可增加5倍。肉类烹调时间对杂环胺的生成也有一定的影响，在200 ℃烧烤或油炸时，杂环胺主要在前5分钟生成，其后生成的速度减慢，进一步延长烹调时间，则杂环胺的生成量不再增加。

烹调食物中的水分是杂环胺形成的抑制因素，烹调温度越高、水分含量越少的食物，产生的杂环胺越多。烧烤、油炸等直接与火接触或与灼热的金属表面接触的烹调方法，由于水分很快丧失，并且温度较高，所产生的杂环胺数量远远高于炖、焖、煨、煮及微波炉烹调等温度较低、水分较多的烹调方法。

4. 毒物的限量标准

我国2017年3月1日实施《食品安全国家标准　高温烹调食品中杂环胺类物质的测定》（GB 5009.243—2016）。但目前我国尚未明确食品中杂环胺类物质的最大残留限量标准，也未见相关国家标准、地方标准以及其他标准。鉴于杂环胺的严重危害性，国际上对几种杂环胺的每日最大摄入量的规定见表6.5。

表6.5 几种杂环胺的每日最大摄入量

杂环胺名称	每日最大摄入量/μg
MeIQx 杂环胺	0.41
MeIQ 杂环胺	0.46
Glu－p－1 杂环胺	0.1
Glu－p－2 杂环胺	0.5
AαC 杂环胺	2.0
MeAαC 杂环胺	0.6
Trp－p－1 杂环胺	0.03
Trp－p－2 杂环胺	0.2

5. 预防措施

（1）建立和完善杂环胺的检测方法，加强食物中杂环胺含量监测。同时，还需要科研单位进一步研究杂环胺的生成及其影响因素、体内代谢、毒性作用等，尽快制定食品中杂环胺的最大残留限量标准。

（2）改变烧烤、煎炒、油炸的烹调方式和饮食习惯，烹调温度不要过高，尤其不要将食物烧焦，并避免过多食用烧烤、煎炸、油炸的食物。食物尽量采用水煮、蒸汽及微波炉烹调等烹饪加工方式，减少杂环胺生成。肉类食物在烹调前先用微波炉处理，可以显著降低杂环胺的前体物肌酸的生成，从而减少杂环胺的产生。煎炸鱼的时候，外面粘一层淀粉再炸，也能预防杂环胺的形成。

（3）日常膳食中增加蔬菜、水果的摄入量，对于防止杂环胺的危害有积极作用。膳食纤维有吸附杂环胺并降低其活性的作用。蔬菜、水果中的某些物质如酚类、黄酮类等活性成分有抑制杂环胺的致突变性和致癌性的作用。

（四）油炸焙烤食品中的丙烯酰胺致癌物的危害

1. 简述

油炸食品作为一种传统的方便食品，以其香脆爽口和色香味俱全倍受广大消费者喜爱；但是，油炸食品对人的健康危害极大。食品在油炸时的油温一般为160～200 ℃，而烹调食品的温度超过120 ℃时，便形成丙烯酰胺毒物，因此油炸食品中的丙烯酰胺含量较高。有充分的文献资料表明，丙烯酰胺对人具有神经系统毒性和遗传毒性，并可诱发动物的生殖和发育方面的疾病和引发癌症。此外，油炸食品还存在严重的卫生问题，如用于油炸的原材料不合格、不卫生，许多油炸的原材料以次充好、以假充真，甚至使用地沟油炸制食品，给消费者的健康带来危害。

2. 毒物的种类及污染状况

丙烯酰胺是美味深色食物中不可忽视的有毒物质。食物中丙烯酰胺主要来源于油炸、煎烤、焙烤食品和膨化食品等，也包括日常炒菜、红烧、煎炸、烤制等烹调食物的方法。在油炸食品过程中，因为油脂被反复高温加热，其中的不饱和脂肪酸经高温加热后会产生大量毒性很强的丙烯酰胺。经研究证明，丙烯酰胺是一种致癌物质。在众多油炸食品中，炸薯条和炸薯片的丙烯酰胺含量最多。因为炸薯片时的油温高达200 ℃，在高温下丙烯酰胺的生成量更多。炸薯条、炸薯片、汉堡包、炸鸡翅、炸鸡腿等食物中的丙烯酰胺的含量，比一般的油炸食品的含量也要高出几倍，甚至十几倍。据有关研究报告显示，人们常见的食物中丙烯酰胺的平均含量见表6.6。

表6.6　常见的食物中丙烯酰胺的平均含量

食品名称	取样数量/个	丙烯酰胺平均含量/μg·kg^{-1}
面包和面包卷	1270	350
蛋糕和饼干	369	96
婴儿食物（焙烤型）	32	181
早餐谷物	58	33

（续上表）

食品名称	取样数量/个	丙烯酰胺平均含量/$\mu g \cdot kg^{-1}$
煮的粮食和面条	113	15
奶和奶制品	62	5.8
盒装薯片	874	752
散装薯片	15	898
法式炸薯片	1097	334
薯条	7	476
烤土豆	22	169
土豆泥	33	16
烤制、炒制的蔬菜	39	59
新鲜蔬菜	45	4.2
水果脆片（真空油炸）	37	131
新鲜水果	11	<1
坚果和油籽	81	84
咖啡	205	288
咖啡提取物	20	1100
脱咖啡因咖啡	26	688
油条	11	347
油饼	13	127
麻团	8	256
麻花	12	230
油酥饼	9	106
烙饼	13	67
千层饼	11	218
锅巴	8	105
爆米花	8	99
烤红薯	7	117
馍片	9	316
炸鸡腿	10	176

数据来源：*WHO Technique Report Series 930*（《世界卫生组织技术报告系列930》），孟娟娟等（2014）。

上述数据说明，新鲜蔬菜水果本来含丙烯酰胺微乎其微，但经过煎炒油炸，含量明显上升。水果脆片和蔬菜烹调后，丙烯酰胺含量均高于新鲜水果和新鲜蔬菜。此外，有研究报告显示，除了饼干、曲奇、蛋糕等西式糕点富含丙烯酰胺外，月饼等中式点心也是丙烯酰胺的来源之一。经检测发现，广式月饼和苏式月饼中分别含有丙烯酰胺194 μg/kg 和 795 μg/kg，而广式月饼的饼皮部分甚至高达 2079 μg/kg。

医学专家提醒，以下两类人群特别需要注意控制日常食物中丙烯酰胺的摄入量：一类是未成年人。他们特别喜爱各种零食点心，特别是油炸、油煎、焙烤食品，往往会摄入过多的丙烯酰胺。研究者在某市小学生中做了调查，发现每日丙烯酰胺的平均摄入量超过 30 μg，已经明显超过了 WHO 技术报告中所提出的 0. 18 μg/kg 摄入水平。另一类是孕妇和哺乳期间的妇女。由于丙烯酰胺容易被人体吸收，而且能够进入乳汁，所以丙烯酰胺会由母体传递给婴儿。由于婴儿的解毒功能不及成年人健全，而且正处在细胞快速分裂的阶段，要避免摄入丙烯酰胺。经医学研究证明，人体长期过量摄入丙烯酰胺，会导致神经系统异常，这种神经毒性对儿童和年幼动物的作用效果更显著。由于胎儿和新生儿尚未建立完善的人体防御屏障，如孕妇摄入大量富含丙烯酰胺的食物，丙烯酰胺可能通过人体防御屏障渗透，进入胎儿和新生儿体内，增加神经毒性的危险性。所以孕妇在怀孕期间应该尽量少食或不食油炸食品。丙烯酰胺还可造成人和动物生殖系统的慢性毒性作用，经常食用油炸食品的人的生殖能力，比少吃或者不吃油炸食品的人要弱很多；丙烯酰胺还可引起哺乳动物体细胞和生殖细胞的基因和染色体异常。职业接触人群的流行病学观察表明，大剂量或长期低剂量接触丙烯酰胺，会出现嗜睡、情绪和记忆改变、幻觉和震颤等症状，并伴随出现末梢神经病。丙烯酰胺在动物和人体内均可代谢转化为致癌活性代谢产物环氧丙酰胺。近几年动物试验的研究结果表明，丙烯酰胺与肺癌、乳腺癌、甲状腺癌、口腔癌、肠道肿瘤和生殖道肿瘤的发生存在相关性。

油炸食品常用的油品为反式脂肪酸，又称氢化植物油。它与普通植物油相比更加稳定，可以使食品外观更好看，口感更香脆松软；与动物油相比价格更低廉，并且能增加产品货架期和稳定食品风味。然而，反式脂肪酸不是人体必需的营养物质，它会增加血液中低密度脂蛋白胆固醇含量，同时还会减少可预防心脏病的高密度脂蛋白胆固醇含量，增加患冠心病的风险。反式脂肪酸导致心血管疾病的概率是饱和脂肪酸的 3 ～ 5 倍。反式脂肪酸还会增加人体血液的黏稠度，易导致血栓形成。此外，反式脂肪酸还会诱发肿瘤、哮喘、2 型糖尿病、过敏等病症。反式脂肪酸对生长发育期的婴幼儿和成长中的青少年也有不良影响。反式脂肪酸会减少男性荷尔蒙的分泌，对精子的活跃性产生负面影响，能中断精子在身体内的反应过程。还有研究认为，青壮年时期饮食习惯不好的人，老年时患阿尔兹海默症（老年痴呆症）的比例更大，因为反式脂肪酸对促进人类记忆力的胆固醇具有抵制作用。此外，反式脂肪酸不容易被人体消化，容易在腹部积累，导致肥胖。喜欢吃薯条等零食的人应提高警惕，油炸食品中的反式脂肪酸会造成明显的脂肪堆积。

此外，油炸食品在加工过程中常使用含铝添加剂（硫酸铝钾、硫酸铝胺）作为膨松剂，过多摄入含铝的添加剂已经成为威胁健康的隐患。铝是一种低毒金属物质，不是人体所必需的微量元素。中国疾病预防控制中心检测数据显示，我国的主、副食品中有40%铝含量超过国家标准。研究表明，体内过多的铝可干扰大脑的记忆功能，对人体的中枢神经系统及胎盘发育等均有不良影响。老年痴呆症、关岛帕金森氏痴呆综合症等神经失调疾病与铝在体内的积累有关。铝离子在人体内会妨碍钙、锌、铁、镁等元素的吸收，因而容易引起骨质软化和骨折。

除上述危害外，食物经高温油炸，其中的各种营养素被严重破坏。高温使蛋白质炸焦变质而降低营养价值。高温还会破坏食物中的脂溶性维生素（如维生素A、胡萝卜素和维生素E)，减少人体对它们的吸收和利用。此外，油炸食物脂肪含量多，不易消化，常吃油炸食物会引起消化不良，以及饱食后出现胸口饱胀，甚至恶心、呕吐、腹泻、食欲不振等不良反应。常吃油炸食品的人，由于缺乏维生素和水分，容易上火和便秘。

总之，油炸食物虽然好吃，但不能多食常食；否则对健康有害无益。卫生部建议，公众在日常生活中应尽可能避免连续长时间高温烹饪淀粉类食品；提倡合理营养，平衡膳食，改变以油炸和高脂肪食品为主的饮食习惯，减少因丙烯酰胺带来的健康危害。

3. 毒物的生物学特性

丙烯酰胺是一种不饱和酰胺，能溶于水、乙醇、乙醚、丙酮、氯仿，不溶于苯及庚烷，在酸碱环境中可水解成丙烯酸。丙烯酰胺在室温下很稳定，但当处于熔点或以上温度、氧化条件下，以及在紫外线的作用下很容易发生聚合反应，生成聚丙烯酰胺。当加热使其溶解时，丙烯酰胺释放出强烈的腐蚀性气体和氮的氧化物类化合物。丙烯酰胺熔融时则骤然聚合、易燃，受高热分解放出腐蚀性气体。丙烯酰胺毒性很大，LD_{50}为126 mg/kg。

丙烯酰胺主要存在于油炸、煎炸、焙烤等经过高温加工的食品中。研究表明，油炸温度和油炸时间、烘焙时间是影响食品中丙烯酰胺含量的主要因素。随着油炸温度升高和油炸时间、烘焙时间的延长，食品中的丙烯酰胺含量明显上升。加工过程中将温度控制在120 ℃以下，丙烯酰胺的生成量较少；当油温从120 ℃升高到180 ℃时，食品中丙烯酰胺含量增加了58倍。

据文献报道，不同盐类对食品中丙烯酰胺的生成具有不同影响，目前人们研究较多的盐类为氯化钠、氯化镁和氯化钙。经研究发现，薯片在热烫处理前浸泡在1%的食盐溶液中，可以使成品中丙烯酰胺的含量降低62%。马铃薯在煎炸之前浸入氯化钙溶液中，成品中丙烯酰胺的生成量可减少95%，且处理方式对油炸薯条的色泽与口感没有明显的影响。浸泡薯条的氯化钙浓度较低时，对丙烯酰胺的生成具有抑制作用；当氯化钙浓度较高时，反而对丙烯酰胺的生成有促进作用。氯化镁对丙烯酰胺生成的抑制作用和氯化钙类似，如氯化镁可抑制饼干中丙烯酰胺的形成，但是效果不如氯化钙。此外，经研究发现，制作油炸薯条时，原料马铃薯切片不宜在低于 10 ℃下保存，因为在温度较低时，马铃薯中的部分淀粉会转化成还原糖，经油炸加工后，丙烯酰胺的含量明显上升。若将马铃薯切片后在 60 ℃温水中浸泡 15 分钟再进行油炸加工，制成的油炸薯条中的丙烯酰胺含量可降至 40 ～ 70 μg/kg，比未经 60 ℃温水浸泡的降低 5 ～ 10 倍，同时还保留了原有的烹调效果。经研究还发现，若用 70 ℃热水浸泡马铃薯 40 分钟，油炸产品中丙烯酰胺的含量降低了 91%；用 50 ℃热水浸泡马铃薯 70 分钟后，在 190 ℃高温下进行油炸加工，丙烯酰胺含量仅为 28 μg/kg；用柠檬酸溶液浸泡马铃薯后，油炸成品中的丙烯酰胺可以降低 70% 左右。

4. 毒物的限量标准

我国 2015 年 5 月 1 日实施《食品安全国家标准　食品中丙烯酰胺的测定》（GB 5009. 204—2014）检测方法，但目前我国尚未明确食品中丙烯酰胺类物质的最大残留限量标准，也未见地方标准以及其他标准。2017 年 11 月我国国家质量监督检验检疫总局发布通告称：2017 年 11 月 20 日，欧盟委员会发布（EU）2017/2158 号制定减少食品中丙烯酰胺含量的缓解措施和基准水平的规范。该规范自 2018 年 4 月 11 日起适用，其宗旨是通过制定缓解措施和基准水平，降低食品中丙烯酰胺的含量，以保护消费者的健康和安全。

欧盟新法案中，对食品中丙烯酰胺含量限定范围大多在 300 ～ 850 μg/kg 之间。其中大多数谷类早餐、饼干和曲奇、薯片、速溶咖啡和烘焙咖啡中丙烯酰胺的限量见表 6. 7。

表 6. 7　几种食品中丙烯酰胺的限量

食品名称	丙烯酰胺限量/$\mu g \cdot kg^{-1}$
大多数谷类早餐	300
饼干和曲奇	350
薯片	750
速溶咖啡	850
烘焙咖啡	400

5. 预防措施

鉴于食品中的丙烯酰胺潜在的对人体健康的危害，联合国粮农组织与世界卫生组织提出如下降低丙烯酰胺危害风险的建议：

（1）国家食品安全部门应敦促有关食品行业继续争取改进食品加工技术，对构成丙烯酰胺主要来源的食品在可行的情况下大幅降低丙烯酰胺含量，尤其是薯条和薯片

（分别是炸薯条和炸薯片）、咖啡、烘烤糕点、甜饼干和各种面包。

（2）在着手降低关键食品中的丙烯酰胺含量时，国家食品安全部门应鼓励工业界和其他研究人员，以公开、透明的方式交流所获得的数据和所开发的工艺和技术，便于其他生产者和消费者使用。国家食品安全部门和国际食品安全组织应鼓励在国际上交流关于降低食品中丙烯酰胺的技术和方法方面的资料。

（3）国家有关部门应制订旨在降低家庭烹制食品中丙烯酰胺含量及减少摄入富含丙烯酰胺食品的指南，作为总体健康饮食营养指南中的一部分。应以简单易懂的方式，宣传如何在家庭烹调过程中降低或防止形成丙烯酰胺等其他有害物质。

（4）国家有关部门和工业界应确保用于降低食品中丙烯酰胺的方法不会增加或产生微生物和化学方面的危害。特别要密切监督改变烹调时间、温度方面的规定，评估有关病原体和其他微生物的杀灭效果，同时还应考虑营养价值和消费者接受度。

（5）国家有关部门应继续鼓励消费者摄取平衡的多样化饮食，包括食用大量水果和蔬菜，并适当减少食用煎炸和高脂肪食品。

对于广大消费者，预防丙烯酰胺中毒的重点如下：

（1）尽量避免过度烹饪食品（如温度过高或加热时间太长），但应保证做熟，以确保杀灭食品中的微生物，避免导致食源性疾病。

（2）未成年人、孕妇和哺乳期间的妇女应尽量少吃或不吃油炸、油煎、焙烤食品，以免造成对身体健康的伤害。

（3）提倡平衡膳食，健康饮食，减少油炸和高脂肪食品的摄入，多吃新鲜的水果和蔬菜。

七

食品添加剂中的有毒有害物质

食品添加剂是指为改善食品品质和色、香、味，以及为防腐和满足加工工艺的需要而加入食品中的天然或人工合成的物质。现代食品加工业的发展也就是食品工艺与食品添加剂的发展。目前我国食品添加剂有23个类别，2000多个品种，包括酸度调节剂、抗结剂、消泡剂、抗氧化剂、漂白剂、膨松剂、着色剂、护色剂、酶制剂、增味剂、营养强化剂、防腐剂、甜味剂、增稠剂、香料等，以及反式脂肪、精制谷物制品、食盐和高果糖浆。这些食品添加剂包括天然添加剂与人工合成添加剂两大类。天然添加剂来自天然物质，主要从植物组织中提取，也包括来自动物和微生物的一些色素。人工合成添加剂是指用人工化学合成方法所制得的有机色素，它主要以煤焦油中分离出来的苯胺染料为原料制成。合成色素与天然色素相比较，具有色泽鲜艳、着色力强、性质稳定和价格便宜等优点，许多国家在食品加工行业普遍使用合成色素。

食品添加剂的安全使用非常重要，理想的食品添加剂是有益无害的物质。然而，食品添加剂，特别是化学合成的食品添加剂大都有一定的毒性，所以使用时要严格控制使用量。食品添加剂的毒性是指其对机体造成损害的能力。毒性除与物质本身的化学结构和理化性质有关外，还与其有效浓度、作用时间、接触途径和部位、物质的相互作用与机体的机能状态等条件有关。因此，不论食品添加剂的毒性强弱、剂量大小，对人体均有一个剂量与效应关系的问题，即物质只有达到一定浓度或剂量水平，才显现毒害作用。

（一）食品添加剂的是与非

食品添加剂的广泛应用，大大促进了食品工业的发展，它被誉为现代食品工业的灵魂。添加剂的确给食品工业带来许多的好处；但是，如果在食品中超限量加入添加剂，或过量摄入添加剂，将会危害身体健康。

1. 食品添加剂的主要作用

（1）食品添加剂能防止食品变质。例如，在食品加工过程中添加防腐剂可以防止由微生物引起的食品腐败变质，延长食品的保存期，同时还具有防止由微生物污染引起食物中毒的作用。又如，抗氧化剂可阻止或推迟食品的氧化变质，以提高食品的稳定性和耐藏性，对食品的保藏均具有一定的意义。

（2）食品添加剂能改善食品的感官性状。在食品加工过程中适当使用着色剂、护色剂、漂白剂、食用香料以及乳化剂、增稠剂等食品添加剂，可以明显提高食品的感官质量，满足人们的不同需要。

（3）食品添加剂能保持或提高食品的营养价值。在食品加工时适当地添加一些属于天然营养范围的食品营养强化剂，可以大大提高食品的营养价值，对防止营养不良和营养缺乏、促进营养平衡、提高人们健康水平具有重要意义。

（4）食品添加剂能增加食品的品种和方便性。我国市场上有数以万计的食品可供消费者选择。尽管这些食品的生产大多通过一定包装及不同加工方法处理，但在生产过程中，一些色、香、味俱全的产品，大都不同程度地添加了着色剂、增香剂、调味剂等食品添加剂。正是由于这些品种丰富的食品的供应，给人们的生活和工作带来极大的方便。

（5）食品添加剂能便于食品的加工。在食品加工中使用消泡剂、助滤剂、稳定和凝固剂等，有利于食品的加工操作。例如，用葡萄糖酸δ内酯作为豆腐凝固剂，有利于豆腐生产的机械化和自动化。

（6）食品添加剂能满足特殊人群的需要。添加剂的应用可使食品尽可能满足人们的不同需求。例如，糖尿病患者不能吃糖，则可用无营养的甜味剂或低热能甜味剂（如三氯蔗糖或天门冬酰苯丙氨酸甲酯等）制成无糖食品，满足特殊人群的需要。

（7）食品添加剂能提高经济效益和社会效益。食品添加剂的使用不仅能增加食品的花色品种和提高品质，而且在生产过程使用稳定剂、凝固剂、絮凝剂等各种添加剂，能降低原材料消耗，提高产品收率，从而降低生产成本，产生明显的经济效益和社会效益。

2. 食品添加剂的毒性

食品添加剂虽然有许多好处，但它毕竟不是人体所必需的营养元素。如果在食品中超限量加入添加剂，会对人体造成伤害；即使按限量标准添加到食品中，如果食用过多，也会危害身体健康。过量摄入食品添加剂主要可引起如下毒性反应：

（1）食品中过量加入添加剂能引起人体急性中毒。肉类制品中亚硝酸盐过量时，可导致人体血红蛋白的活性改变，其携氧能力下降，出现缺氧症状。亚硝酸盐是添加剂中毒性较强的物质之一，是亚硝胺致癌物的前体物质。由于亚硝酸盐对保持腌制肉制品的色、香、味有特殊作用，迄今尚未发现理想的替代物质。更重要的是，腌腊肉制品在储藏和运输时，容易滋生肉毒杆菌，其分泌的毒素毒性远强于亚硝酸钠。而目前只有亚硝酸钠能够抑制肉毒杆菌的繁殖。两害相权取其轻，因此，即使明知亚硝酸盐对人体有毒害作用，至今国内外仍继续在食品中使用，但需要严格按照限量使用。又如焦亚硫酸钠、脱氢乙酸及其钠盐都是食品添加剂，对霉菌、酵母菌、细菌具有很好的抑制作用，被广泛地应用于饮料、食品、饲料加工业，以延长产品存放期，避免霉变损失；但曾经有人在米粉中超限量使用，导致严重的群体中毒事件。

（2）有些食品添加剂是大分子物质，对过敏体质者来说，有可能引起过敏反应。例如，酱菜、酱油、各种罐头食品、零食、饼干、蜜饯、果汁、汽水、泡面等均有食品添加剂的成分，而这些添加剂的成分很多是身体不必要的物质，如果长期摄取，体内积累一定的数量时，有可能诱发过敏反应。据医学资料报道，临床上有人对味精过敏；也有哮喘病患者食用蜜饯、黄花菜后，被其中的亚硫酸盐诱发哮喘发作；有些人因食品中的着色剂而引发哮喘、荨麻疹、过敏性鼻炎、结膜炎。还有报道称，糖精可引起皮肤瘙痒症及日光性过敏性皮炎，许多香料可引起支气管哮喘、荨麻疹等。还有人对添加到甜点、腌渍物、饮料中的人工色素、着色剂产生过敏反应，临床症状包括荨麻疹、哮喘、过敏性鼻炎、过敏性结膜炎。

（3）食品添加剂的致癌、致畸与致突变作用一直是研究的热点。虽然目前尚未有人类肿瘤的发生与食品添加剂有关的直接证据，但许多动物实验已证实，大剂量的食品添加剂能诱使动物发生肿瘤。有的食品添加剂本身即可致癌，如糖精钠可引起实验动物的肝肿瘤，又如亚硝酸盐与肉制品的腐败变质产物结合转化成致癌物质亚硝胺。

（4）有些食品香精长期少量地与食品一同摄入后，可能在人体内产生积累效应，从而导致慢性中毒。尤其是幼儿和青少年，他们是各种零食的主要消费群体，滥用香精可能会对他们的健康造成潜在的危害。

鉴于食品添加剂安全使用的重要性，被批准列入国家标准的食品添加剂都是按照国家食品安全性评价系统，经过非常严格的急性毒性试验、遗传毒性试验、致畸试验，以及亚慢性毒性试验、慢性毒性试验、致癌试验等安全性评估，只要严格按照限量使用，就可以确保食品安全。亦即食品添加剂按照规定的使用范围和用量使用不会表现出毒性，是安全的；只有在超量使用时，才可能成为不安全的因素。因此，消费者不必以偏概全，一味反对使用食品添加剂；但要反对滥用和过量使用食品添加剂，更要反对隐瞒使用。

3. 食品添加剂造成食品中毒的主要原因

过量使用食品添加剂可对消费者的健康造成危害。但是，生产商过量使用食品添加剂，造成食品中毒的事件仍时有发生，其原因主要有如下几个方面：

（1）掩盖食品加工工艺的缺陷。合格的食品加工工艺可保证食品的安全卫生质量和良好的感官品质，但其加工设备投资巨大、加工成本高。一些无良的生产商为了减少投资，追求利润，往往达不到合格的生产工艺。但是为了保证产品的货架期，便在产品中添加过量的防腐剂、抗氧化剂等添加剂，以延缓食品发生腐败变质；或添加过量的增稠剂、保水剂等，以保持食品的稳定性；或使用过量的色素、发色剂、漂白剂等，以使食品有较好的色泽；或过量使用香精、甜味剂、酸味剂等，以使食品有良好的香味和口感。

（2）掩盖食品原料的缺陷。生产商为降低生产成本，往往会采用劣质原材料，以追求利益的最大化。但用劣质原材料生产的食品必然存在着某些缺陷，如异味、颜色不正等，容易被识破。为掩盖食品的缺陷，一些不法的生产商往往会过量使用色素、发色剂、香精、甜味剂等食品添加剂。

（3）掩盖食品的缺陷。为了降低生产成本，生产商一个惯用的手段是多加水、少用料，常见的有牛奶中掺水、乳饮料中多加水少放奶、熟食制品中多加水少放肉等。而牛奶加水后会发生分层现象，香肠等食品掺水后凝固性会变差。为掩盖这类缺陷，一些无良的厂家便大量使用增稠剂以保证食品的稳定性和凝固性，再加入过量的香精以使其具有产品本身应有的外观和风味。使用食品添加剂，可使乳饮料中水分含量高达85%，使香肠等熟食的产量达到正常产品产量的5～8倍。

（4）掩盖食品的劣变。食品存放不当或超过保质期会发生腐败变质，产生令人不愉快的外观和风味，并含有大量细菌等有害微生物和腐败变质的产物。这类腐败变质的食品对人体健康危害很大，不能食用，本应该销毁。有些不法商人为减少损失，会对这些腐败变质的食品过量使用食品添加剂进行再加工，以掩盖那些令人不愉快的外观和风味。

（5）利用食品添加剂制造假食品。为了牟取暴利，竟然有人用非食品原料制造食品，但非食品和真正的食品存在着很大的差距，为掩盖这些差距，不法之徒往往会大量使用食品添加剂，甚至使用其他工业原料。如曾报道过的"苏丹红"事件，就是某些不法商人为牟取暴利，利用玉米皮经工业染料"苏丹红"染色，冒充辣椒面。又如2015年6月，央视新闻披露的无良商家用废纸箱做肉馅制作小笼包事件，是用60%的废纸箱经火碱软化处理后，加40%肥肉，再添加猪肉香精搅拌成假肉馅。据说很少有人能发现其中掺假，若不是经知情人举报，被工商部门查封，这种假肉馅包子还将继续危害消费者的正当权益和身体健康。

目前，在市场上充斥着形形色色的过量使用食品添加剂的食品。为了降低食品添加剂给人们的健康造成的危害，除有关主管部门需加大管理和打击力度外，消费者也要采取一些措施，减少食品添加剂的摄入。此外，消费者购买食品不能贪图便宜。任何企业在正常情况下不可能做赔钱的生意，如果一种食品的价格比相同的品种便宜很多，往往说明它的成本也低，这种食品的安全性便值得警惕。再者，食品多样化不仅是人体营养均衡的保证，也是食品安全的保证。食品中的某些添加剂可能潜在有害物质，但要在积累到一定量的情况下才有可能对人体造成伤害。因此，消费者对同一种食品不宜长期食用，或短时间内食用太多，以避免有害物质积累。尤其那些色泽亮丽、香味浓郁的食品不能常吃、多吃。

总之，食品添加剂（指列入国家标准的食品添加剂）本身没有错，重要的是如何使用：用得好可造福人类；用得不好会给社会、给人类带来危害，甚至是灾难。因此，应该呼吁食品行业加强自身管理、提高企业的技术水平，在国家规定的食品添加剂的使用范围和使用限量内使用食品添加剂。作为消费者，更要保持清醒的认识，对食品添加剂要用科学的态度正确看待，并积极应对。

（二）食品添加剂里的反式脂肪酸对健康的危害

1. 简述

反式脂肪酸是一种经氢化处理的植物油，这种改性后含反式脂肪酸的油称为植物氢化油。它具有耐高温、耐存放、不易变质等优点，在食品中被广泛使用。在日常生活中，消费者接触到的含有反式脂肪酸的食品很多，如蛋糕、糕点、饼干、面包、印度抛饼、沙拉酱、炸薯条、炸薯片、爆米花、巧克力、冰淇淋、蛋黄派等。但凡是松软香甜，口味独特，口感香、脆、滑的多油食品都使用了部分植物氢化油，都富含反式脂肪酸。有研究证明，反式脂肪酸是一种对健康不利的不饱和脂肪酸，经常食用含有反式脂肪酸的食品，会增加心血管疾病的风险，易致血栓的形成和引发冠心病，还会引起肥胖和记忆力减退，以及对人的生育和发育造成危害。

2. 毒物的种类及危害状况

人和动物的脂肪都是由甘油和脂肪酸组成，这些脂肪酸分子可以是饱和的，也可以是不饱和的。饱和脂肪酸的碳原子之间是以单键连接的，在室温下为固态。不饱和脂肪酸的碳原子之间是以双键连接的，并且以“顺式”和“反式”两种形式存在。顺式脂肪酸中的两个氢原子结合在以双键连接的碳原子相同的一侧（ $\begin{matrix} H & & H \\ | & & | \\ C & = & C \\ / & & \end{matrix}$ ，在结构上 H 原子以顺序排列），它在室温下为液态，如植物油。反式脂肪酸中的两个氢原子结合在以双键连接的碳原子相反的两侧（ $\begin{matrix} H & & \\ | & & / \\ C & = & C \\ / & & | \\ & & H \end{matrix}$ ，在结构上 H 离子以相反方向排列），它在室

温下为固态或半固态。为了增加食品的货架期和产品稳定性，在食品工业上将植物油进行氢化改性处理，将顺式不饱和脂肪酸转化成反式不饱和脂肪酸。这种改性后的油称为植物氢化油，在我国的食品配方中有多种别称，如氢化植物油、氢化油、氢化脂肪、氢化菜油、固态菜油、植物奶油、人造奶油、人造黄油、人造脂肪、氢化起酥油、人造酥油、精炼棕榈油、精炼植脂末、植脂末、植脂、植脂奶油等。植物氢化油具有耐高温、耐存放、不易变质等优点，在食品中被广泛使用。据广州媒体调查报道，目前在超市销售的95种饼干中有36种含人造脂肪，51种蛋糕点心中有19种含人造脂肪，16种咖啡全部含人造脂肪，31种麦片中有22种含人造脂肪。另据有关媒体报道，一项中国反式脂肪酸含量的调查结果显示，被抽检的食品中87%的样品含有反式脂肪酸，其中包括所有的奶酪制品，95%的“洋快餐”、蛋糕、面包、油炸薯条类小吃，以及90%的冰激凌、80%的人造奶油和71%的饼干均含有反式脂肪酸。目前市场上常见食品中的反式脂肪酸含量如表7.1所示。

表7.1　常见食品中的反式脂肪酸含量　　单位：g/100 g样品

名称	饱和脂肪酸	单不饱和脂肪酸	多不饱和脂肪酸	反式脂肪酸
人造黄油	9.4～12.5	28.8～47.5	11.4～25.7	11.3～25.1
色拉酱	11.4	22.9	41.9	3.4
油炸土豆（冷冻）	1.2～1.8	2.9～6.2	0.5～1.1	1.7～3.4
油性饼干	2.8～3.8	7.5～48.5	0.8～1.8	3.2～4.1
白面包屑	1.0～1.4	2.0～3.1	0.9～1.5	0.7～1.4
饼（无胆固醇）	4.3	12.5	2.5	5.4
饼（带巧克力）	5.1	9.4	4.0	3.2
鸡蛋饼	2.9	4.8	1.1	1.1
巧克力屑小甜饼	7.1～10.6	9.4～15.1	1.3～2.7	4.0～9.0
奶油夹心巧克力	4.0～6.9	12.3～13.5	1.2～2.3	4.8～7.1
乳酪脆饼	5.9	18.9	3.9	7.4
梳打脆饼	2.0	7.3	0.7	4.0
炸面包圈	6.5	14.0	3.1	6.9
松饼	2.7	7.1	1.4	3.6
炸玉米卷	5.0	17.3	3.0	8.0
快餐店炸薯条	4.6～5.5	10.0～15.1	1.4～11.4	3.7～5.2
焦糖巧克力棒	9.4	13.1	1.3	6.9
奶油巧克力碎屑	6.1	9.6	1.6	3.4
香草巧克力碎屑	4.7	8.7	2.2	3.7

（续上表）

名称	饱和脂肪酸	单不饱和脂肪酸	多不饱和脂肪酸	反式脂肪酸
燕麦片块（零食）	4.3	5.6	1.1	2.0
奶油爆玉米花	5.4～8.2	13.9～23.9	3.0～3.2	6.0～12.4
土豆片（零食）	5.5～10.7	11.0～19.6	11.4～14.9	3.7～10.6

注：单不饱和脂肪酸是指含有1个双键的脂肪酸，通常指的是油酸。多不饱和脂肪酸是指含有两个或两个以上双键，且碳链长度为18～22个碳原子的直链脂肪酸，通常分为Omega-3脂肪酸和Omega-6脂肪酸。

流行病学调查和动物实验研究证明，反式脂肪酸对心血管健康存在危害。有研究报告认为，反式脂肪酸对促进人类记忆力的一种胆固醇具有抵制作用，因此，青壮年时期摄入过多反式脂肪酸的人，老年时患老年痴呆症的比例更大。反式脂肪酸不容易被人体消化，容易在腹部积累，导致肥胖。国外的一项最新研究成果表明，反式脂肪酸能使有效防止心脏病及其他心血管疾病的胆固醇，即高密度胆固醇的含量下降。此外，反式脂肪酸会增加人体血液的黏稠度和凝聚力，容易导致血栓的形成，对于血管壁脆弱的老年人来说，危害尤为严重。此外，反式脂肪酸还会降低记忆力；影响男性生育能力；影响生长发育期的青少年对必需脂肪酸的吸收，对青少年中枢神经系统的生长发育造成不良影响。

3. 毒物的生物学特性

脂肪是由甘油和脂肪酸组成的三酰甘油酯。脂肪酸是一类羧酸化合物，由碳氢组成的烃类基团连接羧基所构成。这些脂肪酸分子的所有碳原子都是以单键相互连接的，即为饱和脂肪酸，在室温下是固态。当脂肪酸分子链中碳原子以双键连接时，即为不饱和脂肪酸。不饱和脂肪酸分子链存在顺式和反式两种形式。以顺式键形成的不饱和脂肪酸在室温下呈液态（如植物油），以反式键形成的不饱和脂肪酸在室温下呈固态。反式脂肪酸有天然存在和人工制造两种情况。人乳和牛奶中天然存在少量的反式脂肪酸，牛奶中反式脂肪酸占脂肪酸总量的4%～9%，人乳中占2%～6%。人工制造的反式脂肪酸是通过对植物油进行氢化改性产生的一种不饱和脂肪酸，称为植物氢化油。在植物氢化油中反式脂肪酸占脂肪酸的总量高达34.3%。由于顺式脂肪酸和反式脂肪酸的立体结构不同，二者的物理性质也有所不同。顺式脂肪酸多为液态，熔点较低；反式脂肪酸多为固态或半固态，熔点较高。另外，二者的生物学作用也相差甚远，主要表现为反式脂肪酸对人体代谢的干扰、对血脂和脂蛋白的影响，以及对胎儿生长发育的抑制作用。

4. 毒物的限量标准

根据我国卫生部发布的《食品安全国家标准　预包装食品营养标签通则》（GB

28050—2011）的规定，食品营养标签上天然存在的反式脂肪酸不要求强制标示，企业可以自愿选择是否标示。如果食品配料中含有或生产过程中使用了植物氢化油，在营养成分表中要求标示反式脂肪酸的含量。此外，如果食品的配料中含有以植物氢化油为主的原料，如人造奶油、起酥油、植脂末和代可可脂等，也要求标示反式脂肪酸含量；如果产品中未使用植物氢化油，可由企业自行选择是否标示反式脂肪酸含量。

根据该通则的规定，反式脂肪酸的“0”界限值是0.3 g/100 g或0.3 g/100 mL，即食品中反式脂肪酸的含量≤0.3 g/100 g（固体）或0.3 g/100 mL（液体）时，可以声称“无或不含反式脂肪酸”。因此，营养标签上标示反式脂肪酸为“0”的食品，并不代表绝对不含反式脂肪酸。

目前，我国尚未对成年人的大众食品制定反式脂肪酸限量标准，但对婴幼儿食品规定禁止使用植物氢化油脂。《食品安全国家标准　婴儿配方食品》（GB 10765—2010）中，明确规定食品原料“不应使用植物氢化油脂”，在终产品中“反式脂肪酸最高含量应小于总脂肪酸的3%”；《食品安全国家标准　较大婴儿和幼儿配方食品》（GB 10767—2010）、《GB食品安全国家标准 婴幼儿谷类辅助食品》（10769—2010）和《食品安全国家标准　婴幼儿罐装辅助食品》（GB 10770—2010）中，也明确规定了原料“不应使用植物氢化油脂”。

世界卫生组织在2018年5月14日发布名为“取代”的行动指导方案，计划在2023年之前，彻底清除全球食品供应链中使用的人造反式脂肪。除国际性组织外，一些反式脂肪摄入量较高的国家或地区，已经禁止在食品中使用植物氢化油。我国2007年发布的《中国居民膳食指南》建议每人每天食用油不超过25 g，总脂肪的摄入量要低于每天总能量摄入的30%，同时建议居民要“远离反式脂肪酸，尽可能少吃富含植物氢化油脂的食物”；2016年发布的《中国居民膳食指南》建议成人每天食用烹调油25～30 g，每天反式脂肪酸摄入量不超过2 g。从《中国居民膳食指南》的变化中可看出，对反式脂肪酸的食用建议，由“远离”变为“不超过2 g”，由此可见，消费者对反式脂肪酸危害健康的认识将更加全面和科学。

5. 预防措施

（1）儿童和孕妇尽量少食或不吃富含反式脂肪酸的食品，以免造成对身体的损害。对于成年人而言，按世界卫生组织和《中国居民膳食指南》的建议，每天摄入的反式脂肪酸的量不要超过2 g。依该标准计算，吃一份炸薯条（含5～6 g反式脂肪酸）就远远超过这个量了。吃100 g奶油爆玉米花，便摄入6.0～12.0 g反式脂肪酸，此摄入量是世界卫生组织和《中国居民膳食指南》建议摄入量的3～6倍。因而快餐、糕点、油炸食品、烧烤食品、零食不宜经常吃；否则大量的反式脂肪酸将被摄入体内，造成对身体的损害。

（2）选购食品时，仔细查看食品标签。含反式脂肪酸的食品一般在食品包装上不会出现“反式脂肪酸”的字样，但会出现氢化植物油或半氢化植物油、人造黄油、人造植物黄油、人造脂肪、起酥油等字样，这就表示此食品含有反式脂肪酸，食用时要心中有数，不宜过量。

（3）食用新鲜的食物，饮食多样化，能有效避免摄入反式脂肪酸，食物的种类越丰富越有利于身体健康。尤其是孕妇，不要单一食用一种食物，要多吃新鲜食物，尽量均衡饮食，才有减少摄入反式脂肪酸的可能性。

（4）虽然在日常生活中反式脂肪酸无处不在，但除动物和人乳中含有少量反式脂肪酸外，绝大部分天然食物中反式脂肪酸的含量几乎为零。因此，食用天然食物，用新鲜的植物油烹饪，尽量少吃经过深加工的食品，可减少反式脂肪酸的摄入，有利于身体健康。

（三）食品色素添加剂对健康的危害

1. 简述

食品色素是指以给食品着色为主要目的的添加剂，又称食用色素。食品的色彩是食品感观品质的一个重要因素。我国自古就有使用红曲米酿酒、制酱肉、制红肠等习惯。我国西南地区有用黄饭花、江南有用乌饭树叶捣汁染糯米饭食用的习俗。食品着色和改善食品色泽所使用的食用色素，有天然食用色素和人工合成食用色素两大类。天然食用色素是直接从动植物组织中提取的色素，如红曲、叶绿素、姜黄素、胡萝卜素和糖色等，对人体一般无害。而人工合成食用色素是以煤焦油中分离出来的苯胺染料为原料制成的，故又称煤焦油色素或苯胺色素，如胭脂红、柠檬黄、苋菜红、日落黄、赤藓红、新红、靛蓝、亮蓝等。这些人工合成的色素因容易引起人体中毒和不良反应，对人的健康有害，故不能多用或尽量不用。

2. 毒物的种类及污染状况

食用色素能使食品具有赏心悦目的色泽，对增加对食品的喜爱度及刺激食欲有重要意义。按结构分类，天然食用色素可分为吡咯类、多烯类、酮类、醌类和多酚类等，人工合成食用色素可分为偶氮类、氧蒽类和二苯甲烷类等；按溶解性分类，食用色素可分为脂溶性食用色素和水溶性食用色素。

天然食用色素主要是指从动植物组织中提取的色素，多为植物色素，按其来源可分为植物色素（如叶绿素等）、动物色素（如紫胶红等）、微生物色素（如红曲色素等）和某些无机色素，按其结构可分为叶啉类（如叶绿素）、异戊二烯类（如β-胡萝卜素）、多酚类（如花色素苷）、酮类（如姜黄素）、醌类（如紫胶红）和甜菜红、焦糖色等。目前我国批准允许使用的食用天然色素有40多种，包括天然β-胡萝卜素、甜菜红、姜黄、红花黄、紫胶红、越橘红、辣椒红、辣椒橙、焦糖色、红米红、菊花黄浸膏、黑豆红、高粱红、玉米黄、萝卜红、可可壳色、红曲米、红曲红、落葵红、黑加伦红、栀子黄、栀子兰、沙棘黄、玫瑰茄红、橡子壳棕、NP红、多惠柯棕、桑椹红、天然芥菜红、金樱子棕、姜黄素、花生农红、葡萄皮红、兰锭果红、藻兰、植物炭黑、密蒙黄、紫草红、茶绿色素、柑橘黄、胭脂树橙、胭脂虫红、氧化铁黑等。添加天然食用色素的食品具有较好的色泽，并且能促进人的食欲，增加消化液的分泌，因而有利于消化和吸收。由于天然食用色素是直接从动植物组织中提取的色素，因此它作为食品的添加剂对人体一般无害。

人工合成食用色素的原料主要是化工产品。全球的人工合成食用色素有100多种，我国批准允许使用的人工合成食用色素有20多种，包括苋菜红、苋菜红铝色淀、胭脂红、胭脂红铝色淀、赤藓红、赤藓红铝色淀、新红、新红铝色淀、柠檬黄、柠檬黄铝色淀、日落黄、日落黄铝色淀、亮蓝、亮蓝铝色淀、靛蓝、靛蓝铝色淀、叶绿素铜钠盐、β-胡萝卜素、二氧化钛、诱惑红、酸性红等。目前，我国使用较多的人工合成食用色素有9种，包括苋菜红、胭脂红、新红、柠檬黄、日落黄、靛蓝、亮蓝、赤藓红、诱惑红等。国外较多国家允许使用的还有玉红、牢固绿、绿色S、专利蓝等，个别国家允许使用的有红色FB、监牢红E、猩红GN、橙色GGN、巧克力棕HT、黑色BN等。

人工合成食用色素的特点是：色泽鲜艳，色调多；性能稳定，不易褪色；着色力强，坚牢度大；调色易，使用方便；成本低廉，应用广泛。但是，由于人工合成食用色素的原料主要是化工产品，对人体具有毒性。其毒性来源于人工合成食用色素中的砷、铅、铜、苯酚、苯胺、乙醚、氯化物和硫酸盐等物质，它们对人体均可造成不同程度的危害，特别是偶氮化合物的致癌作用更明显。因为偶氮化合物在体内分解，可形成两种芳香胺化合物，芳香胺在体内经过代谢活动后与靶细胞作用可能会引起癌变。大量的研究报告指出，几乎所有的人工合成食用色素都不能向人体提供营养物质，有些甚至会危害人体健康，导致生育力下降、畸胎等，有些在人体内可能转换成致癌物质。人工合成食用色素尤其对于少年儿童危害较大。据最新科学研究证明，少年儿童多动症、少年儿童行为过激与长期过多进食含人工合成食用色素食品有关。有关专家研究指出：少年儿童正处于生长发育期，体内器官功能还不完善，神经系统发育尚不健全，对化学物质敏感，若过多过久地进食含人工合成食用色素的食品，会影响神经系统的冲动传导，刺激大脑神经继而出现躁动、情绪不稳、注意力不集中、自制力差、思想叛逆、行为过激等症状。有研究报告指出，食用人工合成食用色素食品会影响儿童智力发育，包括酒石黄和落日黄在内的7种人工合成食用色素可能会使少年儿童智商下降。此外，由于少年儿童肝脏解毒功能、肾脏排泄功能不够健全，进食人工合成食用色素，致使大量消耗体内解毒物质，干扰体内正常代谢功能，从而导致腹泻、腹胀、腹痛、营养不良和多种过敏症，如皮疹、荨麻疹、哮喘、鼻炎等。

3. 毒物的生物学特性

所有的人工合成食用色素不但不能向人体提供营养物质，反而因其原料主要是化工产品，对人体具有毒性。天然食用色素不足的方面是着色易受金属离子、水质、pH值、氧化、光照、温度的影响，并且一般较难分散，染着性和色素间的相溶性较差，价格较高。目前，天然食用色素的功能性越来越多地被人们认识。但是，天然食用色素的研究与开发存在两大难题：其一是缺乏具有商业利用价值的色素资源，其二是天然食用色素本身的稳定性问题。这些因素导致天然食用色素价格昂贵，也在很大程度上限制其在应用上的普及。随着对天然食用色素的某些生理活性作用的逐步发现，天然食用色素将会越来越受到重视和喜爱。特别是功能性天然色素，由于其来源天然、安全，并兼有某种生理功能，更成为天然食用色素的发展大趋势。

4. 毒物的限量标准

按我国2015年5月24日实施的《食品安全国家标准　食品添加剂使用标准》（GB 2760—2014），严格规定在食品中食用色素赤藓红及其铝色淀着色剂、靛蓝及其铝色淀着色剂、多穗柯棕着色剂、番茄红着色剂、番茄红素（合成）着色剂、核黄素着色剂、黑豆红着色剂、红花黄着色剂、红米红着色剂、红曲米、红曲红着色剂、花生衣红着色剂、姜黄着色剂、金樱子棕着色剂、菊花黄浸膏着色剂、可可壳色着色剂、喹啉黄着色剂、辣椒橙着色剂、辣椒红着色剂、蓝锭果红着色剂等的最大使用量。

5. 预防措施

（1）国家技术监督局、全国食品添加剂标准化技术委员会、中国食品添加剂生产应用工业协会逐步完善对食品添加剂的开发、生产、使用的法规管理，除对产品进行严格的卫生和质量管理外，对新的产品的审批程序进行严格的要求和规范管理，确保食品色素添加剂的安全使用。

（2）消费者食用色泽艳丽的加工食品时要慎重，不要购买颜色太鲜艳、味道太香浓的加工食品；在给少年儿童选购食品时，应注意彩色食品的食入量切勿过多，或长时间食用。同时，相关企业也要从安全健康角度出发，积极寻找安全可靠的纯天然食用色素。

（四）牛奶中的有毒添加物三聚氰胺的危害

1. 简述

三聚氰胺既不是食品原料，也不是食品添加剂，法律规定禁止人为将其添加到食品中。但是由于一些不法的牛奶生产者向原料牛奶中掺入了水分以增加体积，而加入水后牛奶中的蛋白质含量降低，为了能达到鲜牛奶的国家标准，因此在掺水牛奶中添加三氯氰胺，以瞒过蛋白质含量检测。2008 年，我国发生了一起震惊国人的奶制品三氯氰胺污染的食品安全事件。这一事件重创了中国制造商品的信誉，致使多个国家禁止中国乳制品的进口，造成巨大的经济损失。该事件引起各国的高度关注和对乳制品安全的担忧。

2. 毒物的种类及污染状况

三聚氰胺（melamine）俗称密胺，是一种三嗪类含氮杂环有机化合物，是重要的氮杂环有机化工原料。由于食品和饲料工业中蛋白质含量测试方法存在缺陷，致使三聚氰胺常被不法商人用作食品和饲料的添加剂，以提升检测中的蛋白质含量指标。因此，三聚氰胺也被人们称为蛋白精。三聚氰胺污染食品的途径主要有三种：一是在奶粉、饼干、糖果中直接加入三聚氰胺提高蛋白含量；二是在食品动物饲料中添加三聚氰胺，造成代谢性污染；三是食品包装纸或生产工具表面含有的三聚氰胺也可进入食品中，造成污染。2008 年的“三聚氰胺事件”是三聚氰胺污染婴幼儿配方奶粉，主要危害是造成婴幼儿泌尿系统出现结石。根据公布数字，在国内，截至 2008 年 9 月 21 日，因使用含有三聚氰胺的婴幼儿奶粉而接受门诊治疗咨询，且已康复的婴幼儿累计 39.965 人，正在住院者 12.892 人，此前已治愈出院者 1.579 人，死亡者 4 人。

众所周知，蛋白质是牛奶中的主要营养成分，鲜牛奶的国家标准是每 100 mL 鲜牛奶中蛋白质含量 ≥2.95 g。市场上销售的鲜牛奶，包装上一般标明蛋白质含量为≥2.9 g/100 mL，以表明符合国家标准。通常鲜牛奶的蛋白质含量在 3% 以上，所以一般都能达到国家标准，除非往原奶中加水。为了保证牛奶含有符合国家标准的蛋白质，市场上销售的鲜牛奶和奶粉需要检查蛋白质含量。但是，直接测量蛋白质含量的方法比较复杂，成本也比较高，不适合大范围推广。所以，通常是采用凯氏定氮法测定鲜牛奶和奶粉中氮素的含量，再间接推算蛋白质的含量。通常，牛奶蛋白质的含氮率约为16%，根据国家标准，把测出的氮含量乘以系数6.38，便是蛋白质的含量。也就是说，鲜牛奶和奶粉中氮素含量越高，表明蛋白质含量越高。因为在鲜牛奶和奶粉中的主要成分中只有蛋白质含有氮，其他主要成分（碳水化合物、脂肪）都不含氮，因此凯氏定氮法是一种很准确的测定蛋白质含量的方法。而化工原料三聚氰胺的含氮量高达66.6%，白色无味，加入鲜奶中后用凯氏定氮法只能检测出其中的氮含量，无法检测出三聚氰胺的含量。要检测出三聚氰胺的含氮量，只有用高效液相色谱法这种较复杂的方法才能做到。或者先用三氯乙酸处理样品，使牛奶中的蛋白质形成沉淀，过滤后，分别测定沉淀物和滤液中的氮含量，便可知道牛奶中蛋白质的真正含量和冒充蛋白质的氮含量。显然，这一检测准确性高，但方法比较复杂，不便推广。再加上三聚氰胺成本很低，因此成为不法生产者和商家理想的蛋白质冒充物。还有一种可以冒充蛋白质的含氮物质是尿素，但尿素的含氮量较低，只有46.6%，并且溶解在水中会发出刺鼻的氨味，容易被觉察。而且用一种简单的方法，即格里斯试剂法便可以检测出牛奶中是否加了尿素。因此，造假者不采用添加尿素的方法，而是采用添加三聚氰胺以冒充蛋白质的氮含量。

三聚氰胺添加到牛奶中有两种途径。一种是鲜奶收购站将三聚氰胺添加到原奶中。这样的做法有一定的局限。因为三聚氰胺微溶于水，常温下溶解度为3.1 g/L。即100 mL水可以溶解0.31 g三聚氰胺，含氮0.2 g/100 mL，相当于含蛋白质1.27 g/100 mL。由此推算，要使牛奶中蛋白质含量达到≥2.95 g/100 mL的要求，100 mL原奶最多只能加75 mL水，并加入0.54 g三聚氰胺。另一种途径是在奶粉制造过程中添加三聚氰胺，这就不受溶解度的限制了，想加多少都可以。因此，一些不法商家在奶粉中添加大量的三聚氰胺，使奶粉变成有毒食品。

3. 毒物的生物学特性

三聚氰胺为白色单斜晶体，几乎无味，微溶于水（3.1 g/L常温），可溶于甲醇、甲醛、乙酸、热乙二醇、甘油、吡啶等，不溶于丙酮、醚类。2017年10月27日，世界卫生组织国际癌症研究机构公布的致癌物中，三聚氰胺列在2B类致癌物清单中。据毒理学试验，大鼠口服三聚氰胺，LD_{50}约为3 g/kg，和食盐的半致死量相当。大剂量三聚氰胺喂食大鼠、兔、狗的试验也未观察到明显的中毒现象。此外，三聚氰胺进入体内后似乎不能被代谢，而是从尿液中原样排出，因此有人觉得它毒性很低，不至于对身体造成危害。但是，动物实验表明，长期喂食三聚氰胺可出现以三聚氰胺为主要成分的肾结石、膀胱结石。因为无法在人体上进行试验，因而即使患肾结石的人曾经服用过添加了三聚氰胺的食物，也很难确定是三聚氰胺所造成。唯有婴儿是只吃配方奶粉的，其泌尿

系统出现结石可断定与三聚氰胺有关。事实证明三聚氰胺对人体健康危害极大。

4. 毒物的限量标准

（1）中国标准。卫生部、工业和信息化部、农业部、国家工商行政管理总局和国家质量监督检验检疫总局2011年发布《关于三聚氰胺在食品中的限量值的公告》：根据《食品安全法》及其实施条例规定，在总结《乳与乳制品中三聚氰胺临时管理限量值公告》（2008年第25号公告）实施情况基础上，考虑到国际食品法典委员会已提出食品中三聚氰胺限量标准，特制定我国三聚氰胺在食品中的限量值，即婴儿配方食品中三聚氰胺的限量值为1 mg/kg，其他食品中三聚氰胺的限量值为2. 5 mg/kg，高于上述限量的食品一律不得销售。

（2）国际标准。2012年7月2日，联合国负责制定食品安全标准的国际食品法典委员会第35届会议审查通过了液态婴儿配方食品中三聚氰胺限量标准为0. 15 mg/kg。2012年7月5日，国际食品法典委员会为牛奶中三聚氰胺含量设定了新标准：液态牛奶中三聚氰胺含量不得超过0. 15 mg/kg。新标准将有助于各国政府更好地保护消费者的权益和健康。

5. 预防措施

预防牛奶中的三聚氰胺污染，最重要的是从源头抓起，加强对乳品生产企业的监管，严格执行国家《食品安全法》及其实施条例规定。

（五）食品“美白剂”吊白块对人体健康的危害

1. 简述

消费者在购买面条、馒头等食品时，常常青睐颜色白皙、色泽光亮的产品，甚至认为面粉就该是越白越好；在购买河粉、粉丝、米线、腐竹时，喜欢买韧性好、爽滑可口、不易煮烂、不易断的产品。正是这些不正确的消费观念和行为，催生了不法商家的投机心理，在食品生产加工过程中用添加吊白块的方法来“美白”产品，改善其口感和美观度。有些小作坊生产者把吊白块当成合法的食品添加剂，大剂量添加到食品中，以求达到洁白的感官效果。有些企业对食品原料疏于管理，用含有吊白块的原料加工食品，致使产品被吊白块污染，造成对人体健康的危害。

2. 毒物的种类及污染状况

吊白块，又称雕白块，是以甲醛与亚硫酸氢钠通过还原反应制得的产物，化学名称为甲醛次硫酸氢钠。吊白块的水溶液在高温条件下分解为甲醛、二氧化硫和硫化氢等有毒气体。吊白块对食品具有漂白、防腐等作用，食品中添加它能起到“美白”的作用，使成品卖相好，迎合了消费者的心理。此外，吊白块成本低廉，能掩盖食品本身的质量缺陷，可以达到以次充好、欺骗消费者的目的。一些不法厂商为了追求利益的最大化，利用消费者的购买心理，无视法律法规的规定，不顾及消费者的健康，非法将吊白块用于面条、馒头、河粉、粉丝、米线、腐竹、豆腐皮、红糖、冰糖、竹笋、银耳、牛百叶、海产品等食品中。尤其在河粉、米粉、腐竹中添加吊白块，可以使产品透亮，色泽鲜艳，韧性增加，不易折断，并且还具有防腐的作用。

吊白块在食品加工过程中能分解产生甲醛，可使蛋白质凝固而失去活性。食用掺有吊白块的食品会损坏人体的皮肤黏膜、肾脏、肝脏和中枢神经系统，可使人出现头痛、乏力、食欲差等症状，还可能出现身体过敏、刺激肠道和食物中毒症状，严重的会导致癌症和出现畸形病变。所以国家严禁将吊白块作为添加剂在食品中使用。据文献报道，吊白块进入人体后，可能作用于某些酶系统，并可能引起机体细胞变异，从而损害肺、肝、肾，乃至引发癌症。人经口服吊白块的致死量为 10 g。在动物试验中，吊白块可致试验动物出现体位异常、运动失调、抽搐痉挛、呼吸急促、发绀等中毒症状。这一结果说明，吊白块在动物试验中具有一定的毒性。

3. 毒物的生物学特性

吊白块呈白色块状或结晶性粉末状，易溶于水，常温下较为稳定，遇酸、碱和高温极易分解。在 60 ℃以上就开始分解为有害物质，120 ℃下分解为甲醛、二氧化硫和硫化氢等有毒气体。吊白块在高温下有极强的还原性，因此具有漂白作用，是一种工业用漂白剂。吊白块在印染工业中被用作拔染剂和还原剂，生产靛蓝染料等；还用作橡胶工业丁苯橡胶聚合活化剂、感光照相材料相助剂、日用工业漂白剂，以及用于医药工业等。

4. 毒物的限量标准

根据 2021 年 4 月 29 日修正的现行《食品安全法》规定，次硫酸氢钠甲醛（吊白块）属于食品添加剂以外的化学物质，严禁将次硫酸氢钠甲醛（吊白块）作为添加剂在食品中使用。

5. 预防措施

（1）加强市场监督管理，应用吊白块快速检测仪进行现场检测，杜绝含有吊白块的食品流入市场。

（2）消费者要树立正确的消费观念和行为，在购买面条、馒头、河粉、粉丝、米线、腐竹、豆腐皮、红糖、冰糖、竹笋、银耳、牛百叶、海产品等食品时，不要贪图颜色白皙、色泽光亮、有韧性的产品，选购和食用生态原色食品比较安全。

八

人体对食物过敏的不良反应

食物的过敏性是指有一些人在吃了某种食物之后，引起身体某一组织、某一器官甚至全身的强烈反应，以致出现各种各样的功能障碍或组织损伤。它是人体免疫系统对某一特定食物产生的一种不正常的免疫反应，即免疫系统能对此种食物产生一种特异型免疫球蛋白，当此种特异型免疫球蛋白与食物结合时，会释放出许多化学物质，导致出现过敏症状，严重过敏患者甚至可能出现过敏性休克。食物过敏反应可以发生在任何食物上，某些对食物严重过敏的人，甚至可能因为吃半粒花生或牛奶洒在皮肤上都会产生过敏反应。人体对食物过敏的反应发病快，症状明显，属于急性病。常见的过敏原食物有牛奶、海鲜、鸡蛋、花生和坚果等。

（一）对牛奶过敏的不良反应

1. 简述

牛奶由碳水化合物、水、矿物质、脂肪、蛋白质和其他一些物质组成，其中有 30 种不同的蛋白质，分为酪蛋白和乳清蛋白两个组。属于酪蛋白组的蛋白质对热稳定，不能被热分解利用；属于乳清蛋白组的蛋白质则可以被热分解。对牛奶过敏的人，饮用牛奶后牛奶蛋白中的一种或几种蛋白分子进入血液中，人体的免疫系统认为这些蛋白是身体的入侵者，从而产生抗体来抵御和消灭它。这实质上是人体对牛奶蛋白产生过度免疫反应。过敏的发病原因比较复杂，可能与婴儿早产、遗传因素等有关。据文献报道，全球有 3%～5% 的婴儿对牛奶发生过敏反应，但大多数小孩子在 6 岁以后过敏反应症状减轻或消失。尽管受牛奶过敏反应影响的大多数是儿童，但成年人也会出现牛奶过敏症。对牛奶出现过敏症状的时间因人而异。有些人在摄入少量牛奶后立即会产生不良反应，其症状包括与皮肤有关的麻疹和湿疹等反应；有些人在摄入几个小时后出现胃肠道和呼吸道症状，发生呕吐和腹泻；还有些人是在摄入大量牛奶超过 20 小时或几天后才出现腹泻症状，并且可能还会伴随呼吸道症状或皮肤过敏。

牛奶过敏可以通过对皮肤、消化道和呼吸系统的影响观察到，过敏反应的症状通常为荨麻疹、湿疹和皮肤红疹，呕吐、腹痛和腹胀，腹部绞痛，经常性腹泻，软条状大便（可能含有血液或黏液），咳嗽、打喷嚏和流鼻涕，鼻塞，气喘和呼吸急促，嘴、舌头、嘴唇、嗓子或面部肿胀，黑眼圈，耳部感染，复发性支气管炎，发育迟缓，易怒和多动行为。

2. 预防措施

（1）当服用牛奶后出现过敏的症状时，不要产生紧张、害怕的心理。如果只是轻微的过敏症状，可以不必去医院治疗，不必吃药，只要停止饮用牛奶，经过几天的时间，轻微的过敏症状会自然消退。如果过敏症状比较明显，影响到正常生活和工作时，要及时到医院进行就诊，听取医生的建议，服用适合自己的抗过敏药物。

（2）有研究证明，4～6个月内的婴儿进行母乳喂养，可以预防或者缓解婴儿对牛奶的过敏性反应。

（3）对牛奶过敏的人群可以选择食用适度水解乳清蛋白配方的奶制品。因为适度水解乳清蛋白配方的奶制品致敏性低，且有潜在预防牛奶过敏的效果。

（二）对海鲜过敏的不良反应

1. 简述

对海鲜过敏主要是由于海鲜中富含大量的异种蛋白，这些异种蛋白直接或间接地激活免疫细胞，引起化学介质（主要是组胺、激肽等）的释放，继而产生一系列复杂的生物化学反应。在免疫系统的抗体和抗原共同作用下，身体的某些部位便表现出过敏症状。由于人群中的个体间存在差异性，一些属于遗传性过敏体质，或体内缺乏某些酶的人对食物的敏感性强，食用海鲜容易发生过敏性反应。此外，有的人原本对海鲜不会过敏，但是如果进食了不新鲜的海鲜，由于海鲜腐败后会产生大量类似组胺的物质，被人体吸收后也会引起过敏反应，严重的甚至导致食物中毒。食用海鲜后发生轻度过敏的患者，会在脸部、胳膊等部位起疙瘩，并且出现搔痒的症状，一般在进食海鲜后的24小时内过敏症状会有所减轻，然后逐渐消失。出现严重过敏反应的患者，除了在脸部、胳膊等部位起疙瘩，并且出现搔痒的症状外，还会出现耳鸣、肌肉不协调、双手发冷，甚至休克等症状，这种情况需要及时就医，进行治疗。

对海鲜过敏的人群，即使仅食用少量海鲜也可能出现中毒症状。中毒时发病快，通常在食后半小时至1小时发病；个别患者在食后5分钟发病，出现中毒症状的最长时间为4小时。组胺中毒发病的症状较轻，恢复较快，临床症状为脸红、头晕、头痛、心跳、心慌、胸闷、呼吸急迫，脸、唇肿胀，口舌及四肢发麻，恶心、呕吐、皮肤瘙痒等。

2. 预防措施

（1）海鲜过敏是某些人体内免疫系统对过敏原的反应，只要不吃海鲜，不接触过敏原也就不会发生过敏反应，这是一种经济而有效的预防措施。

（2）发生过敏症状时要立即催吐、导泻，以排出体内的过敏物。患者要避免强烈抓搔患部，避免热水烫洗和外用刺激性药物，忌食辛辣等刺激性食物。

（3）轻度过敏和慢性过敏患者可在医生的指导下，服用抗过敏药物进行过敏源脱敏治疗。

（4）适当锻炼，提高抵抗力，对治疗过敏性疾病有辅助作用。

（三）对鸡蛋过敏的不良反应

1. 简述

鸡蛋过敏属于一种免疫系统过敏反应，诱因是人体免疫系统对鸡蛋的蛋白质过度反应，错误地识别特定的鸡蛋蛋白为有害物质，并且诱导免疫系统释放组胺和其他炎症介质，从而产生过敏的症状。有的人对鸡蛋的过敏反应比较严重，一旦接触到鸡蛋立即出现过敏反应。尤其是小孩，对鸡蛋过敏非常普遍，随着年龄的增长，消化系统逐渐发育成熟，对鸡蛋过敏的发生概率也会降低。据文献报道，引发鸡蛋过敏的物质主要是蛋清中的蛋白质。目前，已经从蛋清中发现5种与过敏反应相关的蛋白质，它们分别为卵类黏蛋白、卵白蛋白、卵转铁蛋白、溶解酶和卵黏蛋白。这些蛋白能与人类血清中的免疫球蛋白IgE（抗体）结合，并引起过敏反应。

鸡蛋过敏有口腔、皮肤、胃肠道和呼吸道等4种典型症状。

（1）口腔症状。口腔和嘴唇区域发红和肿胀是很常见的鸡蛋过敏反应，科学上也称之为血管性水肿。有时炎症还伴随瘙痒和疼痛，可能会阻碍进食和说话。口腔症状明显突出，会导致情绪不安。

（2）皮肤症状。鸡蛋过敏首先会在皮肤上反映出来。最明显的是凹凸不平、红色皮疹和荨麻疹，它们可以被看作湿疹和瘙痒。几乎所有的食物过敏都会有皮肤反应，因此需要追踪来源以做出正确的诊断。

（3）胃肠道症状。腹部痉挛、恶心、腹泻和呕吐是常见的鸡蛋过敏症状。腹痛和消化不良很容易被误诊。胃肠道症状还会导致过敏患者昏睡或疲劳。此外，鸡蛋过敏也可能导致激烈的心绞痛。

（4）呼吸道症状。先从流鼻涕开始，然后导致发痒、流泪、打喷嚏，并触发哮喘和咳嗽。它也可能触发严重的血管性水肿，在手、脸和生殖器官皮肤下的血管以及舌底血管出现肿胀。鸡蛋过敏还可引起过敏性鼻腔炎症。

据文献报道，70% 的婴儿对鸡蛋产生过敏反应，6 岁后过敏反应逐渐减轻，14 岁时 61%～86% 对鸡蛋不产生过敏反应，18 岁时 80%～95% 对鸡蛋脱敏。亦即成年后大多数人都可以吃鸡蛋，不会产生过敏反应。

2. 预防措施

（1）在哺乳期内发现婴儿对鸡蛋过敏时，需要避免给婴儿进食含有鸡蛋成分的辅食，并且哺乳期的妈妈也需要忌口，不吃含有鸡蛋成分的食物，有利于婴儿过敏症状的改善。

（2）鸡蛋类过敏原对于热不敏感，加热后的鸡蛋仍然可以引起过敏反应，甚至在烘焙蛋糕的时候都可能被吸入婴幼儿的气道内引起过敏。

（3）鸡蛋的过敏原主要存在于蛋清中，对鸡蛋过敏的人可试吃鸡蛋的蛋黄，既补充营养物质，又不容易引起过敏反应。

（四）对花生过敏的不良反应

1. 简述

花生是一种由免疫系统介导的重要食物过敏原。对花生过敏的人群食用花生可能会引起极其严重的过敏症状。尤其是儿童和过敏体质的人群对花生特别敏感，吃进花生后立即发生过敏反应，出现呼吸系统的病症，如咳嗽、哮喘等。花生过敏可引起面部水肿、口腔溃疡、皮肤荨麻疹（俗称风团疹），严重时可发生急性喉水肿，导致窒息，危及生命。由于花生引发的过敏为速发型过敏反应，发病时间距进食通常在半小时以内，虽然过敏原较易查明，但由于发病急，危险程度也更高。花生过敏可以由非常小的剂量所触发，严重过敏时可导致心力衰竭、呼吸困难、休克和最终死亡。

据报道，在西方国家对花生过敏的人很常见，并且因花生过敏致死的病例占每年因为过敏反应致死病例的80%左右。在英国每200个人当中就有一人对花生敏感。在美国每年就有约100人死于花生过敏引发的过敏性休克。有些人只是对花生有轻度过敏反应；但是，有些人会出现严重的过敏反应，甚至出现过敏性休克。对花生过敏具有遗传性，并且这种过敏反应通常在儿童时期引发，并伴随一生。花生过敏反应因其潜在的危险性、长期性以及不断增加的发病率而日益受到重视。

在我国，人们所了解到的对花生过敏的报道大多发生在欧美国家，关于中国人对花生过敏的报道很少看到。据有关专家分析，我国对花生过敏鲜有报道可能有下面几个原因。

其一，在欧美等国家，70%～80%的花生被直接食用，尤其在美国和日本，近94%的家庭食用花生酱。我国虽然是世界上最大的花生生产、消费和出口国，但在国内所生产的花生70%用于制造食油，仅30%左右的花生被直接食用。在直接食用的花生中，绝大部分是经过煎炸、蒸煮加工后食用，而食用花生酱的习惯在我国的消费者中并不普遍。由于花生的用途和食用习惯不同，出现花生过敏的概率也不同。

其二，花生致敏反应是人体对花生抗原物质产生的由免疫球蛋白E（IgE）介导的不良免疫反应，属于I型变态反应。当过敏患者食用花生后，机体对抗原呈反应性增强状态，并诱导IgE反应；当再次食用花生过敏原时，已有的IgE就会直接识别并结合这些物质，从而诱导细胞释放出组胺、5－羟色胺等血管活性物质，使机体在某一组织、器官，甚至全身出现过敏症状。据文献报道，引起人体花生过敏反应的过敏原蛋白是花生蛋白Arah1、Arah2、Arah3。我国花生品种中的花生蛋白Arah1和Arah3的相对含量均低于国外花生品种，这可能是我国人群花生过敏发病率低于国外的另一个原因。

其三，由于我国过去经济比较落后，以及对食物过敏长期缺乏关注等因素的影响，鲜有关于花生过敏反应的报道。实际上，在我国的人群中对花生过敏的现象或多或少是存在的，只是人们出现花生过敏症状时，可能习惯归纳为“身体不舒服”。大多数人起了皮疹时会去医院看皮肤科，出现哮喘症状时会到呼吸科就诊，其实这类过敏反应应该到变态反应科诊治。此外，还有一种说法为，中国作为花生的主要原产国，早在明朝的时候便开始大规模地种植花生。按照进化论的观点分析，很可能是那些对花生产生严重过敏反应的人群已被自然淘汰（古代儿童死亡率非常高），生存下来的人群经过漫长时间的脱敏，已经形成对花生过敏的群体免疫耐受，即免疫系统对花生蛋白特定抗原的特异性无应答状态，使花生过敏症状不会发生。

2. 预防措施

（1）由于对花生过敏反应是一种免疫系统介导引起的症状，这种过敏反应具有遗传性。因此，对花生过敏的父母要注意对其后代的过敏反应进行监测，尤其在婴儿至6岁期间，最好通过过敏测试以确定孩子对花生及其他易致敏食物的反应。

（2）在孩子入托、入学时，要告知老师及医务人员孩子对食物过敏的情况。在外用餐时，一定要将孩子对花生过敏的状况告知服务员，预防误食过敏性食物。

（3）对花生过敏的人群要避免食用花生类的食品，如花生奶油、花生酱、花生油、花生糖、酥皮花生等。其次，要留意食品的成分标签，查看混合果仁、早餐麦片、谷物棒、面包、蛋糕、曲奇、蛋卷等食品是否含有花生的成分。

（五）对坚果过敏的不良反应

1. 简述

坚果又称壳果，本文所述的坚果是指树坚果，包括开心果、夏威夷果、巴西坚果、澳洲坚果、杏仁、腰果、榛子、核桃、松子、板栗、白果等。坚果营养丰富，含有蛋白质36.0%、脂肪58.8%、碳水化合物72.6%，还含有维生素（维生素B、E等）、微量元素（磷、钙、锌、铁）和膳食纤维，以及亚麻酸、亚油酸等人体必需的脂肪酸和不饱和脂肪酸。坚果对人体健康的好处主要表现在以下几个方面：

（1）清除自由基。自由基是一种非常活泼的基团，可与人体内的细胞组织以及DNA发生反应，从而产生毒性和损坏作用。研究表明，坚果类食物如葵花子具有较强的清除自由基的能力。

（2）降低发生2型糖尿病的危险。坚果中富含不饱和脂肪及其他营养物质，这些营养物质均有助于改善血糖和胰岛素的平衡，多食坚果将能显著降低Ⅱ型糖尿病发生的危险。

（3）降低心脏性猝死率。坚果中的某些成分具有抗心率失常的作用。因此，在控制好已知的心脏危险因素并做到合理饮食后，吃坚果与降低心源性猝死明显相关。经常食用坚果的人群，发生心源性猝死和因冠心病死亡的危险性均较低。

（4）调节血脂。经常食用坚果的人群血清总胆固醇和载脂蛋白 B 明显下降，载脂蛋白 A1 明显升高。这说明富含单不饱和脂肪酸的坚果对高脂血症患者的血脂和载脂蛋白水平有良好的调节作用。

（5）提高视力。研究发现，眼睛的睫状肌对眼球晶状体具有调节作用，而睫状肌的调节功能有赖于面部的肌力，面部肌力的增强则得益于咀嚼强度。现代人的食物日趋软化，进食时咀嚼很少或根本不需要咀嚼，致使面部肌肉力量变弱，睫状肌对眼球晶状体调节功能降低，视力也就容易随之下降。多吃坚果类较硬的食物，并对食物进行充分咀嚼，有利于提高视力。

（6）补脑益智。脑细胞由 60% 的不饱和脂肪酸和 35% 的蛋白质构成。因此，对于大脑的发育来说，需要的第一营养成分是不饱和脂肪酸。坚果类食物中含有大量的不饱和脂肪酸，还含有优质蛋白质和十几种重要的氨基酸，这些氨基酸都是构成脑神经细胞的主要成分。坚果中对大脑神经细胞有益的维生素 B_1、B_2、B_6，维生素 E 及钙、磷、铁、锌等的含量也较高。因此，吃坚果对改善脑部营养很有益处，特别适合孕妇和儿童食用。坚果虽然营养丰富，富含蛋白质、油脂、矿物质、维生素等，对人体生长发育、增强体质、预防疾病有较好的功效，但并非人人都适合吃坚果。因为各种坚果一般都含有一些特殊的蛋白，一些敏感体质的人对这些蛋白比较敏感，容易出现过敏反应。

我国对人群中坚果过敏反应的研究较少。据国外文献报道，美国超过 5000 万人患有食物过敏症，而坚果过敏是儿童和成人中最常见的食物过敏类型之一。研究发现，对树坚果过敏的人并非对所有坚果都会产生过敏反应，在种类众多的坚果中可能对某一种坚果过敏，但对另一种坚果却不会产生过敏反应。同时还发现，对坚果的过敏反应往往会持续一生，只有大约 14% 的人对坚果过敏的反应会随着年龄的增长而消失，最终摆脱过敏症状。医生需要通过长时间的监测来判断孩子对坚果的过敏是否有缓解。对坚果过敏的人，其体内的免疫系统会错误地将坚果中的蛋白或一些特殊成分视为有害物质。当首次食用坚果时，通常没有任何过敏症状，然而免疫系统已将过敏原视为威胁，并准备在下次进入体内时对抗过敏原。当再次食用坚果时，过敏原再次进入体内，免疫系统会通过释放组胺等化学物质来发动攻击，而组胺的释放是引起过敏症状的原因。坚果过敏反应的主要症状为感觉瘙痒或者口中有金属味道、舌头或喉咙肿大、感觉到呼吸困难、吞咽困难、全身荨麻疹、皮肤潮红、痉挛性腹痛、恶心、突然感觉到头重脚轻、乏力、虚脱或昏迷，过敏反应严重的患者还会出现休克和意识丧失的情况。

2. 预防措施

（1）由于对坚果过敏反应和对花生过敏反应相同，是一种免疫系统介导引起的症状，这种过敏反应具有遗传性。因此，对坚果过敏的父母要注意对其后代的过敏反应进行监测，尤其在婴儿至 6 岁期间，最好通过过敏测试以确定孩子对坚果及其他易致敏食物的反应。

（2）在孩子入托、入学时，要把孩子对坚果过敏的情况告知老师及医务人员。在外用餐时，一定要把孩子对坚果过敏的状况告知服务员，预防误食过敏性食物。

（3）对坚果过敏的人群要避免食用坚果类的食品，要留意食品的成分标签，仔细查看混合果仁、早餐麦片、谷物棒、面包、蛋糕、曲奇、蛋卷等食品是否含有坚果的成分。

（4）航空配餐通常会提供坚果类食品，目前仍无法提供无坚果的航空配餐，或者保证飞机机上的所有食品无过敏原。有食物过敏史的人群要注意避免因食用坚果导致过敏反应，由于在飞机上的条件限制，一旦发生过敏反应往往会造成严重后果。

（5）发生坚果过敏反应时，患者应立即吐出口中残余的坚果，情绪要放缓，不要过于紧张焦虑而造成过敏反应加重。严重过敏患者要及时送医院救治。

九

人体对食物不耐受的不良反应

食物不耐受是指由非免疫系统介导引起的不良反应。例如，某些食物因为人体内缺乏相应的酶而无法被完全消化，被机体作为外来物质识别，并产生不良反应，致使人体各系统出现一系列的症状，如呕吐、腹胀、脱水、电解质紊乱、急性皮疹、面部血管性水肿、口周红斑等，并且还可能出现高血压、肥胖、头痛或偏头痛、慢性腹泻、疲劳、感染等各系统疾病。食物不耐受的患者可同时对几种食物产生不耐受，其症状没有食物过敏反应那么明显，发病也较慢，一般是在进食后数小时至数天出现不良症状。长期食用不耐受食物，可引起慢性症状，由于其发病症状无特异性，因此患者自我诊断比较困难。常见的不耐受食物有乳糖、果糖、麸质、酒精和豆类等。

（一）对乳糖不耐受的不良反应

1. 简述

对乳糖不耐受的人因体内缺乏分解乳糖的乳糖酶，导致其不能消化和吸收乳糖而发生不良反应。乳糖是人类和哺乳动物乳汁中特有的碳水化合物，是由葡萄糖和半乳糖组成的双糖。牛奶中含有丰富的乳糖，饮用牛奶时乳糖进入小肠后，在乳糖酶的作用下分解为单糖被人体吸收。如果体内缺乏乳糖酶，或乳糖酶分泌不足、乳糖酶活性低，会导致牛奶中的乳糖不能分解或无法完全分解。未能分解的乳糖会被肠道里的细菌分解成乳酸、氢气、甲烷和二氧化碳，从而破坏肠道的碱性环境，接着带来一系列的不良反应。对乳糖不耐受的临床表现为喝完牛奶之后，出现腹胀、腹痛、上腹不适、腹泻等症状。根据流行病学调查，普通人群对乳糖不耐受的发生率较大，全世界75%以上的人对乳糖不耐受，只有北欧地区的特殊人群基本上不会发生乳糖不耐受。

我国曾经对乳糖耐受情况做过专项医学调查，调查人数总计5471人，其中南方946人，北方2449人，未知地域2076人。调查结果显示，超过90%的人的情况属于乳糖不耐受。有学者认为，对乳糖不耐受是由人的基因决定的。所有的人在婴儿期都可以产生足量的乳糖酶用于消化乳汁中的乳糖，因此人类在婴儿期少有对乳糖不耐受的症状发生。但随着年龄增长，乳糖酶的数量逐渐减少，至7～8岁以后大多数人体内的乳糖酶已经消失，还有足够的乳糖酶消化乳糖的人在全球只占35%左右。也就是说，这种现象是人类进化的基因使然，人类在断奶以后便失去了消化乳糖的能力。我国大多数人对乳糖不耐受，有学者认为与我国世代形成的饮食习惯所形成的遗传基因有关。华夏文明源于长江黄河流域的冲积平原，适合粮食种植，食源广泛。直到北魏时期（386—534年），随着少数民族南下，中原人才开始掌握挤奶和制作奶制品的工艺，实际上中国人食用牛奶的历史并不长。而欧洲白种人食用牛奶的历史相当久远，大约在1万年前，欧洲大陆的先民便开始了对家畜的驯化和食用乳品。经过漫长的人类基因进化，现在的欧洲白种人成年人的体内普遍不缺乏乳糖酶，因此对乳糖不耐受的人数远远少于中国人。如瑞典人、澳大利亚白种人、瑞士人和美国白种人对乳糖不耐受的比例很低，分别为2%、4%、10%和12%。

对乳糖不耐受的人并不是摄入微量乳糖后立即出现腹泻等症状，而是当摄入超过一定量之后才会出现。所以，大多数对乳糖不耐受的人仍然可以喝牛奶，一般每天喝100～200 mL的牛奶，不会产生明显的不耐受反应症状。但是，很长时间没有喝牛奶的人体内的乳糖酶将会消失，如果再喝牛奶就会出现乳糖不耐受的症状。随着喝牛奶次数和时间的增加，乳糖酶将会逐渐再生。所以大多数对乳糖不耐受的人，开始喝牛奶的时候会有腹泻症状，坚持喝牛奶一段时间后便不会发生腹泻的现象。人体内乳糖酶的消长如同生物体的器官“用进废退”一样，不经常使用就会逐渐退化。

2. 预防措施

（1）乳糖不耐受的发生往往是一次性摄入乳糖过多，无法被完全消化和吸收所导致的。对乳糖不耐受的人群可少量多次饮用牛奶，从一天饮用50 mL开始逐渐增加，这样能帮助肠道逐步适应，避免产生不良反应。

（2）不要空腹饮奶。因为空腹的时候饮入牛奶，牛奶在胃肠道通过的时间短，其中的乳糖不能很好地被小肠吸收而较快进入大肠，会加重乳糖不耐受症状。在进餐时或在餐后1～2小时内饮用牛奶比较合适。

（3）对乳糖不耐受的人可选择低乳糖奶及奶制品，如酸奶、奶酪等。

（二）对果糖不耐受的不良反应

1. 简述

果糖不耐受又称果糖－1，6－二磷酸醛缩酶缺陷病，是一种因体内果糖－1，6－二磷酸醛缩酶缺乏或活性低，导致摄入体内的果糖不能被消化吸收，因而引起一系列的不良反应。果糖不耐受是一种先天性疾病，是染色体隐性遗传所致的果糖代谢障碍，会引起低血糖及肝、肾功能损害，出现肝大、黄疸等症状。

果糖是一种最为常见的单糖，是葡萄糖的同分异构体。它以游离状态大量存在于蜂蜜和各种水果、蔬菜中，并常被用作食品中的添加剂。此外，人们常见的甜品中含有大量的蔗糖，而蔗糖是由葡萄糖和果糖缩合脱水而成的一种双糖，因此人体从日常饮食中摄入的果糖量较大。果糖进入人体后大部分在肝脏中进行代谢，仅少量由肾小管和小肠代谢。果糖的代谢途径主要由果糖激酶、果糖－1，6－二磷酸醛缩酶和甘油醛激酶催化完成，最终约50%的果糖转化为葡萄糖，其余的果糖则生成糖原、丙酮酸、三酸甘油酯和脂肪等物质。

果糖不耐受的人体内缺乏果糖－1，6－二磷酸醛缩酶，食用含果糖的食物后，由于果糖不能被消化吸收，导致果糖在肝中堆积，并消耗大量的体内能量，从而使身体的消化能力下降，出现低血糖和恶心、呕吐、腹痛、腹泻等症状。对于遗传性果糖不耐受的新生儿，如果在出生后即给予人工喂养含有果糖或蔗糖的奶粉，通常在2～3日内出现呕吐、腹泻、脱水、休克和出血倾向等急性肝功能衰竭症状。婴幼儿时期给予含果糖或蔗糖的辅食，在喂养30分钟内即发生呕吐、腹痛、出冷汗直至昏迷和惊厥等低血糖症状；若不及时终止这类食物，则患儿随即出现食欲不振、腹泻、体重不增、肝肿大、黄疸、浮肿和腹水等症状。有些果糖不耐受患儿在婴儿时期会因屡次进食甜品后发生不适症状而自动拒食，这种保护性行为可使患儿健康成长至成人期。据医学文献报道，对果糖不耐受的儿童如果持续摄入果糖，会造成低血糖症状反复发作，并出现食欲不振、腹泻、体重不增、肝大、黄疸、水肿和腹水等症状，严重患者会出现肝肾功能衰竭，最终患者死亡。对果糖不耐受的成人患者，若大量进食荔枝、苹果等富含果糖的水果，或直接进食蔗糖，也会出现腹痛、恶心及呕吐等不良反应，但大多数患者不会出现低血糖症状。因此，对果糖不耐受的成年患者应尽量少食用含有果糖或蔗糖的食物，以避免因为摄入果糖而引起肝、肾功能的损伤。大多数果糖不耐受患者在控制饮食后症状都可以得到消除，不会引起不良的后果。

2. 预防措施

（1）果糖不耐受患者应避免摄入含果糖、蔗糖的水果和食物。尤其是婴幼儿，一旦确诊为对果糖不耐受，应立即终止食用一切含果糖和蔗糖的食物，并且终身不可食用含果糖和蔗糖的食物。果糖不耐受患者由于饮食的限制，可能造成维生素C缺乏，因此日常要适量补充维生素C。

（2）当发生果糖不耐受症状，出现低血糖时，要及时补充葡萄糖予以纠正。对于有肝肾功能损害患者，除饮食治疗外，还应积极采取保护肝脏和肾脏的治疗，避免服用损害肝肾的药物。经过适当的治疗，通常可使果糖不耐受的所有不良症状在2～3天内消失，血液生化的改变也可在2周内恢复正常。后续的无果糖饮食可使患者获得完全正常的生活，但多数患者可能仍有轻度肝肿大的现象。

（3）由于果糖不耐受发病机制尚未完全清楚，因此可参考遗传性疾病预防措施。如果在家族中有人对果糖不耐受，要对家族中的新生婴儿严密观察。

（三）对麸质不耐受的不良反应

1. 简述

麸质是存在于小麦、大麦、黑麦及其杂交谷物中的麦醇溶蛋白和麦谷蛋白复合物（俗称面筋），它具有弹性，能给面食带来耐嚼、筋道的口感。所谓麸质不耐受是指人体因缺少某种消化酶，或自身消化系统存在问题，不能消化麸质蛋白所引起的非过敏性的食物超敏反应。对于大多数人来说麸质是很普通的蛋白质，容易被胃肠道消化吸收。然而，有少部分人却因体内缺少某种消化酶，或自身消化道存在问题不能消化麸质蛋白，导致出现一系列麸质不耐受的不良反应。麸质不耐受的人进食含麸质的食物后，在消化系统中某些食物大分子不能被充分消化，会刺激胃肠道黏膜淋巴组织产生免疫球蛋白G（IgG），并与之结合形成大量的免疫复合物而引起组织、器官慢性炎症反应。对麸质不耐受的不良反应可能出现三种反应模式，即因体内缺少某种消化酶而出现消化不良反应、自体免疫型不良反应和免疫介导型不良反应。麸质不耐受最常见的临床病症是乳糜泻，在医学上也称为自发性吸收不良综合征、非热带性口炎性腹泻和谷蛋白敏感性肠道病。此外，麸质不耐受的临床表现还有口腔周围或内部瘙痒、肿胀和发炎、瘙痒性皮疹或荨麻疹、鼻腔内充血、眼部瘙痒、牙龈异常、痉挛、恶心、呕吐或腹泻、气喘、呼吸困难以及全身性的过敏反应等症状。麸质不耐受的不良反应可发生在进食后半小时之后，通常在数小时到数天之后，发病缓慢、隐匿，症状多样。正因为如此，麸质不耐受易被忽视，被称为人体健康的隐性“杀手”。

麸质不耐受具有遗传性，目前尚未有治疗的方法，只有通过饮食调整才能避免麸质不耐受对身体的危害。发生麸质不耐受症状的患者，只要停止进食含麸质的食物，不良反应即可消失。有些原本对麸质不耐受的人，若坚持少量进食含麸质的食物，有可能实现逐步适应和耐受。现在国外流行一种无麸质饮食，即食用完全不含麸质的食品，为麸质不耐受患者所青睐。选用无麸质饮食可严格戒断含有麸质的食物，如减少食用意大利面、披萨、啤酒、燕麦、起司、三明治、面包、饼干和蛋糕等精制食物，而改以马铃薯、玉米、蔬菜、肉类、豆类、坚果、乳蛋、海鲜、米类等为主。在购买食品时，要留意包装物上是否有“无麸质的食品”标示。

2. 预防措施

（1）目前对麸质不耐受症没有任何药物或医疗手段可以治疗，唯一的方法就是严格选择无麸质饮食，如食用不含麸质的马铃薯、玉米、蔬菜、肉类、豆类、坚果、乳蛋、海鲜、米类等食物。发生麸质不耐受的患者，要立即停止进食含麸质的食物，以免加重不良反应。

（2）医学界对食用多少麸质是一个安全量的临界值尚无定论，因为每个麸质不耐受患者对麸质的耐受性不同。有些患者进食极少量的麸质就会引起严重的不良反应，而有一些患者或许可以承受少量的麸质。后者可坚持少量进食含麸质的食物，有望实现逐步适应和耐受。

（3）购买加工过的食品时，要仔细检查食物中是否有隐藏的麸质。许多本来不含麸质的食物在加工时可能会加入含有麸质的食物。食品标签上如果出现水解植物蛋白、植物蛋白、谷氨酸盐、麦芽、麦芽调料、食用改性淀粉、面粉、谷类、酱油和植物胶等字样，则意味着这种食品含有麸质。因此，购买食品时要仔细查看食物标签，不要买没有明确表明是否含有麸质的加工食物、产品及调味料。这样可以避开含麸质的食物，以免引发不耐受症状。

（四）对酒精不耐受的不良反应

1. 简述

酒精不耐受也称乙醇不耐受，是因人体内先天性缺乏分解乙醇的乙醇脱氢酶和乙醛脱氢酶或者这两种酶的活性低，而出现的不良反应。饮酒时酒精很快通过口腔、胃部和小肠被吸收，然后进入血液，再随血液流到肝脏等器官。据研究表明，酒精摄入体内后，除了少量酒精随肺部呼吸或经汗腺排出体外，绝大部分的酒精在肝脏中分解代谢。酒精在人体内的代谢主要靠乙醇脱氢酶和乙醛脱氢酶催化分解。乙醇脱氢酶能把酒精分子中的两个氢原子脱掉，使乙醇分解变成乙醛，而乙醛是一种对人体有害的产物。在正常人中乙醛很快在乙醛脱氢酶的作用下转化成乙酸，最终的产物是二氧化碳和水，并在此氧化代谢过程中产生能量。如果人的体内具备这两种酶，摄入的酒精能较快地分解代谢，中枢神经较少受到酒精的作用，因而只要不是过量喝酒，对正常人而言没有什么影响。但是，酒精不耐受的人因体内先天性缺乏乙醇脱氢酶和乙醛脱氢酶，或者两种酶的活性低，摄入体内的酒精不能被化解，或不能完全分解为水和二氧化碳，而是以乙醇或乙醛的形式留在体内，因此会产生一系列的不良反应。对酒精不耐受的人群即使摄入非常少量的酒精，都会出现明显的不良反应。最常见的症状是脸部、脖子、胸部或手臂皮肤发红，症状严重者会出现眼睛、脸颊和嘴巴周围的皮肤肿胀，并出现恶心、呕吐、腹痛等症状。

据医学调查发现，亚洲人对酒精不耐受很常见。有关研究报告显示，酒精不耐受的人在人群中的比率，日本为40%，中国大陆约为35%，中国台湾为45%～49%，韩国25%。全球对酒精不耐受者约有5.6亿人，几乎都集中在亚洲，是地区性特殊疾病。酒精不耐受者饮酒后若出现轻度不良症状，一般不用治疗，只要卧床休息，多饮水，加速酒精排泄后便可逐渐好转。但酒精不耐受者如果大量饮酒，可能会发生严重反应，导致血压下降、昏迷，甚至危及生命，此时应立即送医院救治。

据文献报道，有一种人虽然体内不缺乏分解乙醇的乙醇脱氢酶和乙醛脱氢酶，但对酒精过敏，当其接触酒精或饮酒后会出现皮疹、哮喘、鼻塞、流涕、咳嗽等过敏反应的症状。有的人皮肤接触到酒精便会出现过敏症状，如用酒精擦拭注射部位的皮肤，即会出现红肿、瘙痒，症状类似荨麻疹。虽然对酒精过敏的人群相对较少，但是对酒精过敏的人即使摄入很少量（如1 mL）的酒精，都可以引起比酒精不耐受更为严重的不良反应。目前，人体对酒精过敏的发病机理尚不清楚。轻度过敏者可不用治疗，几天后皮疹会逐渐消退；严重者则需要使用抗过敏药物治疗。

2. 预防措施

（1）酒精不耐受或酒精过敏的人要避免饮酒。亲朋好友聚餐，常常要饮酒，但对于酒精不耐受或酒精过敏的人不要勉强劝酒。不能饮酒者可以茶代酒，以饮料代酒，会让酒宴更加情意浓浓，使所有的人心情更加舒畅。

（2）由于酒精不耐受或酒精过敏大多数是先天性的，可遗传给后代，因此对婴幼儿更要注意观察和监测，包括针剂注射时的局部皮肤酒精消毒。酒精过敏者可用新洁尔灭溶液替代酒精进行皮肤消毒。

（3）有严重的酒精不耐受或过敏症状的人，不要尝试通过坚持饮酒，试图增加体内的乙醇脱氢酶和乙醛脱氢酶，达到对酒精耐受和脱敏。因为目前对酒精不耐受和酒精过敏症尚无有效的治疗方法，最可靠的方法就是避免饮用含酒精的饮料。

（五）对蚕豆不耐受的不良反应

1. 简述

蚕豆是人类最早栽培的豆类作物之一，世界上有60多个国家种植蚕豆，我国有40多个蚕豆栽培品种。20世纪50年代，我国的蚕豆产量曾位居世界第一，年产量达到30亿公斤以上。蚕豆的用途非常广泛，其嫩叶可作为时鲜蔬菜或饲料，种子含蛋白质22.4%、淀粉43.0%，可磨粉制作糕点、小吃。新鲜蚕豆可直接烹饪食用，或加工成蚕豆制品，具有丰富的营养价值，颇受消费者青睐。传统的蚕豆制品一般包括非发酵豆制品和发酵豆制品。非发酵豆制品种类多样，如五香豆、凉粉、粉皮、豆瓣沙等。发酵豆制品包括豆瓣酱、豆瓣辣酱、酱油、甜面酱等调味品。

蚕豆虽然营养价值高，用途广泛，但是并非人人都可以食用。有些先天性对蚕豆不耐受的人，如果食用蚕豆或接触蚕豆植株，身体会发生严重的不良反应。所谓蚕豆不耐受，又称葡萄糖-6-磷酸脱氢酶（G6PD）缺乏症，俗称蚕豆病。蚕豆不耐受者由于体内先天性缺乏葡萄糖－6－磷酸脱氢酶，若食用蚕豆会引起溶血性贫血等一系列不良反应。在我国西南、华南、华东和华北各地均发现有蚕豆不耐受者，而以广东、广西、四川、湖南、江西为最多。据研究报告显示，我国对蚕豆不耐受的人中3岁以下的患者占70%，男性占90%。成人患者比较少见，但也有少数病例至中年或老年才首次发病。蚕豆病通常发生于初夏蚕豆成熟季节，绝大多数病例因进食新鲜蚕豆而发病。蚕豆病出现症状的时间在进食蚕豆后1～2天内，最短者只有2小时，最长者可相隔9天。蚕豆病引起的贫血程度和症状大多非常严重，早期症状有恶寒、微热、头昏、倦怠无力、食欲缺乏、腹痛，继之出现黄疸、贫血、血红蛋白尿（尿呈酱油色），此后体温升高，倦怠乏力加重，可持续3天左右。晚期症状因溶血而发生眼角黄染及全身黄疸，并出现酱油色尿和贫血症状。严重时出现尿团、休克、心功能和肾功能衰竭，重度缺氧时还可见双眼固定性偏斜。在发生溶血性贫血的同时，出现呕吐、腹泻和腹痛加剧，肝脏肿大，肝功能异常，约50%的患者出现脾肿大。严重患者出现昏迷、惊厥和急性肾功能衰竭，若急救不及时常于1～2天内死亡。

在我国一些经济较落后的农村，每年3—4月常有发生蚕豆病的事件，危害较大，如果患者没有得到及时的救治，情况将十分危急。由于蚕豆不耐受属于遗传性疾病，据医学调查发现，50%以上的病例有家族史。

2. 预防措施

（1）蚕豆病最为有效的预防手段是进行基因检测，筛查是否存在葡萄糖－6－磷酸脱氢酶缺乏遗传性疾病因素。基因诊断筛查技术只需要抽取婴幼儿或孕妇少量的静脉血，检测结果的准确率达90%。

（2）家族中如果有人曾经是蚕豆病患者，其本人及其后代应该尽量避免接触和食用蚕豆及其制品。蚕豆不耐受者，尤其是儿童除了不可食用蚕豆及其制品外，还要远离种植蚕豆的地方，避免接触蚕豆花粉，不要触碰蚕豆植株和荚果，以免引起身体的不良反应。

不健康的饮食习惯对身体的危害

在日常生活中影响个人健康的因素很多。世界卫生组织对影响人类健康的众多因素进行过评估，认为膳食营养对人体健康的影响仅次于遗传因素，大大高于医疗条件因素，可见饮食对人体健康的重要性。饮食不仅提供人体所需的营养物质，使身体保持正常的机能运转，同时还影响着人体的健康，因此人们必须对日常的饮食加以重视。当今我国人民的生活水平提高，有很多人却处于亚健康状态。究其原因，除了受日常生活方式和作息习惯的影响外，不健康的饮食习惯也是重要的影响因素。例如高糖、高盐、高脂饮食和嗜酒等不良饮食习惯，都会对身体造成不同程度的伤害。我们要充分认识饮食习惯对健康的影响，在日常饮食中进行科学、健康的调整搭配，从而达到改善健康状况的目的。

（一）高糖饮食对身体的危害

1. 简述

糖在人的生命活动中的作用是不可替代的，它为机体的生命活动、生长发育提供必需的能量，并且参与机体的代谢活动和物质的合成。人类食物中的糖类也称碳水化合物，主要有植物淀粉、动物糖原、纤维素、麦芽糖、蔗糖、乳糖、果糖和葡萄糖等。此外还有一类糖，它们虽然也有甜味，但并不能产生热能，是糖的代用品——甜味剂，如糖精、甜菊糖和木糖醇等。葡萄糖是糖在人体内存在的基本形式，它分解后产生的能量是人体维持生命活动所必需的。葡萄糖也是构成蔗糖、麦芽糖、淀粉、糖原等糖类的基本单位。人们每天从食物中摄取的碳水化合物，如米饭、面包等淀粉类食物及蔗糖等，都要转化为葡萄糖才能被人体吸收，并通过血液运送到全身各处产生能量或发挥生理作用。果糖是糖类中最甜的糖，它以多糖的形式存在于植物组织中，如龙眼、荔枝、菊芋、菊苣和蜂蜜中含有大量果糖。果糖不易被口腔中的细菌发酵分解，故食用果糖不容易患龋齿病。果糖还对组织细胞有较高的营养价值，被预测为 21 世纪全球代替蔗糖、葡萄糖的新型功能性糖。乳糖是哺乳动物乳汁中的双糖，由葡萄糖与半乳糖缩合而成，味稍甜，用于制造婴儿食品、糖果、人造奶油等。蔗糖是葡萄糖与果糖缩合而成的双糖，它广泛存在于植物中，尤其甘蔗和甜菜中含量特别丰富。人们日常所食用的红糖、白糖、冰糖等都是蔗糖的不同制品。其中红糖是粗提取的蔗糖，除含蔗糖外，还含有少量的铁、钙、胡萝卜素等物质，营养价值比白糖高。

糖的生理功能是多方面的。糖的第一个生理功能是作为人体所需能量的物质来源。糖类在人体内经过一系列的分解反应后，释放大量的能量，可供生命活动之用。在人体供能物质中，糖产热量最快，供能最及时，所以又称其为快速能源。人体所需能量的70%由糖氧化分解供给，1 g 葡萄糖在体内完全氧化分解，可释放出约 4 kcal 的热量。人的大脑及神经组织只能靠血液中的葡萄糖供给能量，如果血糖过低，就会出现昏迷、休克，甚至死亡。食物经消化吸收进入人体的单糖，主要是葡萄糖，此外有少量的果糖和半乳糖吸收后经过肝脏也全部变成葡萄糖。人的血液中含的糖主要是葡萄糖，一般称为血糖。血糖是糖在体内的运输形式，在神经和内分泌系统的调节下血糖维持一定的动态平衡。因此，血糖含量常作为体检的一项指标。

糖的第二个生理功能是作为构成机体的重要物质，并参与细胞的许多生命活动。糖是神经和细胞的重要物质，所有神经组织和细胞中都含有糖，如作为遗传物质基础的脱氧核糖核酸（DNA）和核糖核酸（RNA）都含有核糖。糖也是细胞的组成成分之一，如细胞的原生质、细胞核、神经组织中均含有糖的复合物。

糖的第三个生理功能是控制脂肪和蛋白质的代谢。体内脂肪代谢需要有足够的糖类来促进氧化，缺糖时，体内的脂肪酸在氧化（即脂肪酸 β－氧化）过程中，不能完全被氧化成二氧化碳和水而产生酮体。人体内的酮体积聚过多时，会发生中毒现象。所以糖类具有辅助脂肪氧化、拮抗酮体产生的作用。体内的糖类产生的热能有利于蛋白质的合成和代谢，起到节约蛋白质的作用。食物中的糖充足时，可免予消耗蛋白质作为机体的能量，使蛋白质用于最合适的地方。当糖类与蛋白质被同时摄食时，体内贮存的氮比单独摄入蛋白质时多，这是由于同时摄入糖类和蛋白质后，可增加体内能量的产生，及增加 ATP 的合成，有利于氨基酸的活化与合成蛋白质。这种作用称为糖类对蛋白质的保护作用，或称为糖类节约蛋白质的作用。

糖的第四个生理功能是维持神经系统的功能。糖类对维持神经系统的功能具有很重要的作用。尽管大多数体细胞可由脂肪和蛋白质代替糖作为能源。但是，脑、神经和肺组织却需要葡萄糖作为能源物质，若血液中葡萄糖水平下降，会导致脑缺乏葡萄糖而产生不良反应。

糖的第五个生理功能是解毒作用。人体内的肝糖元较丰富，因此对某些细菌毒素的抵抗能力较强。此外，葡萄糖代谢的氧化产物葡萄糖醛酸对某些药物的解毒作用非常重要。吗啡、水杨酸和磺胺类药物等都是通过与葡萄糖醛酸结合，生成葡萄糖醛酸衍生物被排泄而解毒。人体内通常有很多来自食物或体内的代谢过程产生的水溶性较差的有机化合物，这些难溶的有机化合物长期储存在体内是非常有害的。葡萄糖醛酸能在一些酶的催化作用下，与这些水溶性差的化合物相连接，使它能溶于水中，进而被排出体外，起到解毒的作用。

此外，糖还可用于烹调提味，改善食品的色、香、味。食品加工中的重要原料、辅材和很多工业食品都含有糖。糖对食品的感官性状具有很重要的作用，如在食品加工时要添加一定量的糖，又如焙烤食品也是由富含糖类的谷类原料制成。

糖在人的生命活动中的作用虽然是不可替代的，但是糖也被认为是人体健康的“甜蜜杀手”，是世界上用得最广泛的“合法毒药”。人们已认识到，如果长期高糖饮食会使人体内的代谢失调，给健康带来种种危害。有文献报道，高糖饮食可引起肥胖和血脂的异常，从而增加患心血管疾病的风险。美国和西欧国家的人群中高血压、动脉硬化、冠心病、肥胖病、糖尿病的发病率之所以高，与他们的高糖高脂饮食有关。这是由于人体摄入含糖食物之后，其中的葡萄糖由细胞分解代谢，果糖则在肝脏中代谢，肝脏会将过量的糖转化成脂肪。这些脂肪堆积在肝脏，便形成脂肪肝，并产生对胰岛素的抵抗作用，导致糖尿病的发生。在肝脏中形成的脂肪有一部分则进入血液，可引发高血压、胰岛素分泌紊乱，增加发生心脏病和中风的风险。有专家认为，糖比烟和含酒精的饮料对人体的危害还要大。世界卫生组织曾对 23 个国家人口死亡原因作过调查后得出结论，嗜糖之害甚于吸烟，长期食用含糖量高的食物，会使人的寿命缩短 20 年。世界卫生组织的调查还发现，长期食用含糖量高的食物除了导致心脏病、高血压、血管硬化症及脑出血（俗称脑溢血）、糖尿病等外，还会刺激胃酸分泌过量，增加患胃病的风险。长期嗜好甜食的人，容易引发多种眼科疾病。有人调查了 50 例白内障患者，发现其中有 34% 的患者有酷爱甜食的习惯，因此认为老年性白内障与食用甜食过多有关。

糖之所以被认为是“合法的毒药”，是因为它在大脑中成瘾的途径与咖啡因、烟、酒和毒品有几分类似。人对甜味的偏好与生俱来，这是因为人的味觉细胞中有很多甜味受体，人吃了甜味食品后，甜味将通过神经传导，让大脑产生快乐感，缓解压力，给人带来愉悦的感觉。尤其女性在月经来潮前，大脑中带给人快乐的 5 - 羟色胺和多巴胺的水平下降，而糖能促进脑内这些快乐物质的合成。因此，不少女性选择吃甜食来缓解不良情绪，从而导致很多人嗜糖如命。有“糖瘾”的人糖吃得越多越觉得开心，不吃糖会觉得不舒服、不快乐。严重者，一些“戒断反应”就会出现，如头痛、疲倦、发抖、焦虑、不安和忧郁。糖像海洛因和吗啡一样，成分越纯越容易让人上瘾，如此长期大量的高糖饮食，将会对健康造成危害。

此外，经常过量吃糖还可能导致身体营养不良和贫血。人在饥饿时或饭前吃几块糖，饥饿感就会消失，对食物的欲望降低，进食饭菜的量相应减少。但糖只能提供能量，而身体所必需的矿物质、维生素和某些蛋白质等必须从其他食物中摄取。如果长期过量吃糖，将会抑制食欲，引起营养失调，造成营养不良和贫血。大量食用果糖含量高的水果（如荔枝、龙眼、菠萝、哈密瓜等）还容易导致低血糖的发生。曾有报道，在荔枝成熟季节有人在饭前吃了 1 kg 荔枝，引起低血糖昏倒，被紧急送医院抢救。这是因为大量摄入果糖后，在刺激胰岛素大量分泌的同时，会消耗大量的葡萄糖，而摄入的果糖需要经过肝脏中的果糖激酶、果糖-1，6-二磷酸醛缩酶等酶的催化分解，才能转为葡萄糖供人体使用。正是由于空腹时消耗了大量的葡萄糖而得不到及时补充，才导致低血糖的发生。

据统计，目前世界人均年摄入糖量为21.66 kg，每人每天平均摄入糖量约为59 g；美国作为肥胖症发病率较高的国家，每人每天摄入糖量为109 g；中国每人每天摄入糖量约为25 g。从表面上看，我国人均每天摄入的糖量不高，这是由于我国很多西部山区和农村地区的人群很少食用甜品和喝甜饮料，糖摄入量较低，因而拉低了这个数值。而我国城市人群，特别是年轻人喜爱各种甜品、饮料，因此糖的摄入量非常高。一般的碳酸饮料含糖量为10%～12%，喝一瓶500 mL的饮料，摄入糖量为50～60 g。果汁饮料的含糖量也很高，喝一瓶含柠檬酸的果汁摄入糖量为50～60 g，等同于吃15块方糖（一块方糖4 g）。喝一瓶可乐等同于吃16块方糖，也就是说，一天喝一瓶饮料已远远超出摄入限量。此外，在日常生活中还要警惕是否摄入隐形的糖。隐形的糖主要来源于菜肴和加工食品。例如，一份红烧肉含糖40～50 g，一份无锡排骨含糖75 g，一份红烧糖醋鱼或咕噜肉含糖25～30 g。这些食物、食品中均存在隐形糖，人们可能在不知不觉中增加糖的摄入量。

2. 预防措施

（1）控制日常糖的摄入量，养成健康的饮食习惯。目前，越来越多的人认识到甜与健康的关系，提出了“合理消费糖”的概念，提倡在日常膳食中少吃含糖量高的饮料、水果、点心等，注意控制糖的摄入量，养成健康的饮食习惯。据世界卫生组织官方网站上发布的指导意见，成年人每日糖类摄取量应为每日摄取总能量的10%。例如，一个成年人一天如果吃400～450 g大米或小麦做成的米饭或面条，那么其摄入的碳水化合物为360～400 g。按摄取总能量的10%计，每日糖类的摄入量应当控制在35～40 g。为了预防疾病，世界卫生组织在新指导意见中，将成年人每日糖类摄取量修改为每日摄取总能量的5%，即每日糖类的摄入量应当控制在15～20 g，对健康更加有利。

（2）限糖事关人们的健康，虽然限糖并不容易，但至少应该先从转变观念开始。对于消费者而言，限糖就要改变饮食习惯。例如，喜欢吃甜品、喝饮料的人，要适量食用/饮用；习惯在咖啡中加糖的人，可以逐渐减少放糖量；习惯在面包上抹甜味果酱的人需改变习惯。购买包装食品时要注意查验食品标签，查看食品的含糖量，尽量选择购买糖含量少的食品。判定食物含糖量最简单的方法是，舌头能品出有些许甜味的食物，其含糖量至少为5%；若品出适口甜味，其含糖量在10%以上，应慎买慎吃。

（二）高脂饮食对身体的危害

1. 简述

脂类又称脂质或脂肪，是人体必需的营养素之一。它与蛋白质、碳水化合物一起作为产能的营养素，提供人体生命活动所需要的能量。同时，脂类也是人体细胞膜的重要组成成分，保障各种生命活动的正常进行。但是，如果长期摄入高脂饮食，会严重危害健康。

所谓高脂饮食是指长期食用含高脂肪的食物，而这类食物的主要成分为饱和脂肪酸。日常生活中人们最常接触到的高脂食物有动物油脂（鱼油除外）、肥肉（鱼肉除外）、奶油、奶酪、黄油、鱼卵、火腿、腊肉、腊肠、香肠、火腿肠、熏肉、烤鸭、烧鸡、午餐肉、肉类罐头（鱼肉罐头除外）、鸡皮、肉皮（鱼皮除外）、动物内脏等食物和植物中的核桃、芝麻、花生及油炸的食物。据有关文献报道，长期大量食用含高脂肪的食物，在下列诸多方面会给身体带来危害。

（1）高脂饮食可致高血压、高脂血症和高脂蛋白血症的发生。流行病学调查结果表明，日常饮食中饱和脂肪酸的摄入量与高血压、动脉粥样硬化等的发病率呈明显的正相关。工业越发达，生活越富有的国家，高血压的发病率也越高。我国的高血压发病率也是随人民生活水平的提高而上升，由新中国成立初期的5%上升到现在的10%左右，且城市发病率高于农村。摄入高脂食物导致高血压的原因是，摄入过多的脂肪后，除了造成体内脂肪沉积、产生肥胖现象外，还会增加饱和脂肪酸在人体中的含量，从而使血中甘油三酯和胆固醇增加。此外，摄入脂肪过多导致肥胖也是出现高血压的一个重要因素。有人认为控制体重可作为一个辅助治疗，不仅可降低血压，还可以减少其他心血管疾病的发生。

过多摄入高脂食物可引起高脂血症和高脂蛋白血症。高脂血症即血浆脂质浓度超过正常高限，高脂蛋白血症即血浆脂蛋白超过正常高限。由于大部分脂质与血浆蛋白结合而运转全身，故高脂血症常反映于高脂蛋白血症。血脂浓度受很多因素影响，而饮食因素是一个重要的方面。研究发现，进食高脂肪餐后血脂升高，可发生外源性高甘油三酯血症。进食含饱和脂肪酸较多的脂肪时，由于甘油三酯能促进胆固醇的吸收，因此胆固醇在血液中的浓度增高，由此可能会导致高脂血症和高脂蛋白血症的发生。

（2）高脂饮食可致冠心病的发生。有学者认为，胆固醇值越高，死亡率越高，保持胆固醇正常水平可能防止早逝。荷兰的科学家曾对5万名30～54岁的男女进行了12年的跟踪调查，结果发现，血液胆固醇含量高的妇女，死于心脏病的可能性是正常妇女的5倍；中年男子患心脏病的可能性是同龄女性的6倍。而且血液中总胆固醇含量高的男性，死亡的可能性比同龄正常男性高60%。高脂食物导致心脏病的原因，是过量摄入高脂食物后，血脂（胆固醇、甘油三酯）在血液中长期处于高水平状态，超过了人体利用的限度，剩余的部分便存积在人体的脏器内（如动脉血管内）。胆固醇和甘油三酯可以使动脉内壁受损，久而久之可使动脉发生粥样硬化、管腔狭窄，使许多脏器血供减少。如果冠状动脉受损，必然会影响心肌血液供应，导致心肌供血不足，发生心绞痛或心肌梗死，即发生冠心病。有研究工作表明，低密度脂蛋白对导致动脉粥样硬化的作用最强，而高密度脂蛋白对心脏有保护作用。

（3）高脂饮食可致脑血管疾病。高脂饮食可致高血压和动脉粥样硬化，高血压可使脑小动脉形成微动脉瘤，在血压骤升时，微动脉瘤可发生破裂而出血；在动脉粥样硬化损害管壁的基础上，由于用力或情绪激动等因素，会使血压突然升高，引起血管破裂出血。出血后，血块可直接压迫血管或邻近组织，进一步出现水肿、软化或坏死。较大的颅内血肿或严重的脑水肿均可能形成脑疝而直接危及患者生命。

高脂饮食可引发脑梗死。其原因是高血压患者、高胆固醇血症患者的儿茶酚胺增高等因素的综合作用，导致血管壁内皮细胞损伤；血管内膜的胶原组织暴露在血液中，使血小板黏附、集聚，同时活性增强；平滑肌细胞增生并转变为富含胆固醇的泡沫细胞，引起胆固醇的沉积。这些因素都可导致脑动脉粥样硬化，并使管腔狭窄而发生脑梗死。

（4）高脂饮食易诱发胆囊结石和急性胰腺炎。过多食用高脂食物易诱发胆囊结石和胆绞痛。导致胆石症发生的原因是过多食用高脂食物，使胆固醇的成分增加，致血清中胆固醇的含量增加，因而打破了胆汁中的胆固醇、磷脂和胆盐三者的平衡状态，使胆固醇呈过饱和状态而沉淀析出结晶，逐渐形成结石。高脂饮食致胆石症，而胆石症患者又可诱发胆绞痛。这是因为进食高脂食物之后，刺激胆囊强烈收缩，引起结石在胆道内移动，便会发生胆绞痛。

高脂饮食可诱发急性胰腺炎。据临床病例调查，在急性胰腺炎的病例中，很多患者都有进食油腻食物的情况。通常40%～60%的胰腺炎患者都有胆道疾病史，这是诱发胰腺炎的重要原因。胆道疾病患者的胆汁引流不通畅，可使胆汁向胰管逆流而引起胰腺组织损害，使胰腺发生充血、水肿、包膜紧张度增高，严重者胰腺组织细胞大量破坏。此外，进食高脂食物后，会发生神经反射引起胰液分泌，胃肠功能紊乱，阻碍胰液、胆汁的正常引流。上述几种因素的联合作用即可导致胰腺炎的发生。

（5）高脂饮食可致肝炎患者病情加重。无论是在急性肝炎患者发病初期，还是慢性肝炎病情反复时，常有明显的消化道症状，如食欲不佳，有厌油腻、恶心感。在肝炎恢复期，有很多肝炎患者发生脂肪代谢紊乱，最常见的是出现脂肪肝。如果此时继续摄入高脂饮食，会加重肝炎患者脂肪代谢紊乱的情况，并使脂肪肝加重，甚至导致肝硬化。高脂食物虽然对肝炎患者有危害，但也并非不能进食脂肪，因为脂肪对蛋白质的消耗和对维生素的吸收都有积极的作用，是不可或缺的物质，只是应尽量少量摄入脂肪，多吃些清淡食物。

（6）高脂饮食可致癌症的发生。据有关文献报道，脂肪的消费量高低与乳癌、直肠癌、回肠癌、前列腺癌、卵巢癌、肺癌、胰腺癌的死亡率成正比。我国癌症协会对600名不吸烟而患肺癌的妇女进行观察后发现，肺癌发病率与摄入的饱和脂肪呈正相关，摄入高脂饮食的妇女患肺癌率为摄入低脂饮食妇女的4倍，可见其危害不低于吸烟。研究者发现，高脂饮食与癌症发生的关系同样适用于男性。另据医学统计，过量摄入高脂食物对乳腺癌有促发作用。该项统计以人均日摄取脂肪总量（g）与10万人（女性）的乳癌死亡人数为单位，其结果显示，泰国24 g/1人，日本41 g/4人，墨西哥60 g/5人，罗马尼亚69 g/10人，意大利83 g/18人，英国、荷兰、丹麦日均摄入脂肪均超过400 g，死亡人数均超过25人。还有研究发现，妇女每天平均摄入10 g饱和脂肪，则发生卵巢癌的危险性上升20%；若每日摄取100 mg胆固醇，发生卵巢癌的危险性上升42%。现代医学认为，高脂饮食的致癌原因，可能是高脂饮食导致在代谢氧化过程中产生大量有毒性的自由基。而在摄入高脂肪的同时，由于少食蔬菜、水果，摄入的抗氧化剂如维生素C、维生素E、纤维素、胡萝卜素不足，未能抑制和清除体内的自由基，造成其在体内大量蓄积而损害组织器官，甚至致基因突变引发癌症。此外，煎炸油腻食物过程中产生的化学物质也能诱发癌症。还有人认为，动物脂肪酸可引发胆汁酸分泌过多，与结肠癌的发病有很大的关系。

（7）高脂饮食可致肥胖症。随着人们生活水平的提高和丰富多样的食物诱惑，导致了许多“小胖墩”的出现。虽然患肥胖症的原因很多，但高脂饮食是一个主要原因。据文献报道，胎儿从第30周至出生后的1岁期间，体内脂肪细胞有一个极度活跃的增殖期，称为敏感期。在此时期若营养过剩，易导致脂肪细胞增生，时间一久，甚至成为不可逆转的幼年型肥胖症。成年后，特别是在40岁以后，由于人体基础代谢率的逐渐降低，活动量相对减少，某些物质的摄入会比青年人有所下降，并且年龄越大其减少量越多。如果不加注意，过量摄入高脂食物，可发生获得性肥胖症，这是因为人体不能被吸收的脂类物质在人体内储存积累。男性脂肪分布以颈及躯干部分为主，四肢较少；女性以腹部、臀部及四肢为主。而过度肥胖时，可导致许多疾病的发生，如冠心病、高血压等。据调查统计，超过标准体重25%的人，死亡发生率较体重正常者或不足者高14%。因此，减少高脂食物的摄入，降低肥胖症发生率，对预防各种疾病、保护身体健康很有益处。

（8）高脂饮食可致男性性功能障碍。过量进食高脂食物使胆固醇含量升高，可致男性性功能障碍。美国国立老年研究所对年龄为25～83岁之间的3000多名身体健康的男性公民进行研究后发现，血液中胆固醇水平与男性性功能障碍有密切的关系，患阳萎的可能性随着总胆固醇水平的增高而增高。这个研究结果排除了引发男性性功能障碍的其他因素（如吸烟、糖尿病）之后得出的结论，比较准确可靠。据推测，其原因可能是高脂食物导致动脉粥样硬化，使阴茎某些脉管管腔狭窄，使阴茎的血流供应发生障碍从而导致阳萎。

（9）高脂饮食可致老年痴呆。高脂饮食必然导致血脂过高，可使全身动脉硬化，其中包括脑动脉硬化。同时，高脂血症还会使血液黏稠度增加，血压升高，易引起脑溢血、脑血栓、脑梗死甚至脑萎缩，最终引起老年痴呆症的发生。

（10）高脂饮食与肾病有关系。我国中医研究院对老年病的一项研究指出，过多摄入高脂饮食可致血脂异常，与肾虚血瘀型肾病关系密切。研究者发现，老年高脂血症中肾型占67.2%，且以甘油三酯和高密度脂蛋白的降低为特征。肾阳虚与血胆固醇关系密切，肾阴虚与甘油三酯和高密度脂蛋白的异常有关，血瘀型占53.6%，而血瘀可加重血脂异常。这项研究成果证明了血脂与肾虚、血瘀有内在的关系。

健康的身体源自健康的饮食，高脂饮食对人体的危害很大。但也并不是说在生活中可以完全摒弃脂肪类食物，因为脂肪也是人体需要的物质。它与碳水化合物、蛋白质一样是机体的主要能量来源，并在维持人的体温恒定、缓冲外力的冲击、防止内部器官之间的相互摩擦，进而保护人体的脏器等方面具有重要的生理作用。因此，适当食用脂肪类食物会使营养更加均衡，只要体内的脂肪不超过正常水平，对人的健康不产生危害。

2. 预防措施

（1）合理安排日常饮食。减少日常饮食中的脂肪摄入量，合理搭配脂肪、蛋白质和碳水化合物的比例，做到均衡饮食。平时多食蔬菜、水果、鱼、蛋、奶和豆制品，少吃肥肉和动物内脏。

（2）定时定量饮食，晚餐不吃太饱，睡前尽量不吃食物。平时多喝水，不偏食，不暴食暴饮，少吃油炸食品。

（3）适当运动，合理减肥。每周做3次以上有氧运动，并做到持之有恒。

（4）长期高脂饮食的人群，若出现血脂和转氨酶升高，一方面可在医生的指导下给予降脂和保肝药物治疗；另一方面需长期重视和调整饮食结构，摒弃不良的饮食习惯。

（三）高盐饮食对身体的危害

1. 简述

盐的主要化学成分是氯化钠（NaCl），在食盐中的含量为99%。有些地区生产的食盐，特意加入一定量的氯化钾，使氯化钠的含量相对减少，以降低高血压的发生率。同时，世界大部分地区的食盐都通过添加碘预防碘缺乏病，添加了碘的食盐叫作碘盐。

盐是人们生活中不可缺少的物质，也是人类生存最重要的物质之一。成人体内大约含有60 g钠离子，其中80%存在于细胞外液，即在血浆和细胞间液中。氯离子在人体中也主要存在于细胞外液。

盐中的钠离子（Na^+）和氯离子（Cl^-）的生理功能主要是维持细胞外液的渗透压。它们是维持细胞外液渗透压的主要离子。在细胞外液的阳离子总量中，Na^+占90%以上；在阴离子总量中，Cl^-占70%左右。所以，盐在维持人体内渗透压方面起着重要作用，它影响着人体细胞内水的动向。

钠离子和氯离子的另一个生理功能是参与体内酸碱平衡的调节。由钠离子和碳酸根（HCO_3^-）形成的碳酸氢钠，在血液中有缓冲作用。Cl^-与HCO_3^-在血浆和血红细胞之间也有一种平衡，当HCO_3^-从血红细胞渗透出来的时候，血红细胞中阴离子减少，Cl^-就进入血红细胞中，以维持电性的平衡。反之，也是这样。

盐中的氯离子在体内参与胃酸的生成。胃液呈强酸性，pH值为0.9～1.5，它的主要成分有胃蛋白酶、盐酸和黏液。胃体腺中的壁细胞能够分泌盐酸，并把HCO_3^-输入血液，从而分泌出氢离子（H^+）输入胃液中，以维持强酸状态，此时Cl^-从血液中经壁细胞进入胃液，以保持电性平衡。在胃中强酸环境下胃壁之所以不会被侵蚀，是因为胃体腺里的黏液细胞能分泌出黏液，在胃黏膜表面形成一层1.0～1.5 mm厚的黏液层。此黏液层被称为胃黏膜的屏障，在酸的侵袭下，胃黏膜不致被消化酶所消化而形成溃疡。但饮酒会削弱胃黏膜的屏障作用，增加引起胃溃疡的可能性。

盐还有一个重要的功能是维持神经和肌肉的正常兴奋性。当细胞外液大量损失（如流血过多、出汗过多）或食物里缺乏食盐时，体内钠离子的含量减少，钾离子从细胞进入血液，会发生血液变浓、尿少、皮肤变黄等病症，同时发生食欲不振、四肢无力、晕眩等现象；严重时还会出现厌食、恶心、呕吐、心率加速、脉搏细弱、肌肉痉挛、视力模糊、反射减弱等“低钠综合征”。

综上所述，盐在人的生命活动中具有重要的生理功能，是一种不可或缺的物质；但是，人体过量摄入盐也是有害无益的。国际营养学界经过长期跟踪调查发现，盐的摄入量与高血压发病率成正相关，也就是说盐吃得越多，体内的钠含量就越高，高血压的发病率也越高。据文献报道，在日本北海道地区的居民，人均每天吃盐量达到了 24 g，高血压的发病率高达 67%；生活在北极圈的爱斯基摩人，每天吃盐量低于 5 g，他们几乎没有患高血压的患者。在我国也出现同样的现象。根据高血压流行病学调查证实，居民血压水平和高血压患病率都与盐的摄入量密切相关。我国居民高血压患病率呈现北方高于南方、平均血压水平呈现农村高于城市的现象，这都与吃咸的饮食习惯紧密相关。我国南自广东、广西，北至黑龙江、吉林，从南到北的居民人均每天吃盐量在增加，高血压的发病率也在增加，发病年龄也在提前。目前我国高血压患者已超过 3.3 亿人，平均 3 个成年人中就有 1 个是高血压患者。而且患者越来越年轻化，25 ～ 34 岁的年轻男性就占了 20.4%。因此，中国营养协会的专家建议，成年人每天的吃盐量，最好不要超过 6 g（相当于一啤酒瓶盖的盐）。若要把每日食盐摄入量控制在 6 g 以内，不仅要控制“显性盐”，还要注意减少隐藏在腌制品、酱制品、加工类食品和调味品等中的“隐形的盐”的摄入。通常每日摄入的食物中能提供 1.0 ～ 1.5 g 的盐，剩下的 4.5 ～ 5.0 g 的盐主要来源于食盐和腌制品、酱制品、加工类食品和调味品等中的“隐形的盐”。每天盐摄入总量不超过 6 g 有利于人体健康。

减少食盐摄入量是世界公认的高血压疾病预防优先策略。“盐与健康世界行动”（WASH）在每年的 3 月都要举行“世界合理用盐宣传周”，提倡通过降低食用盐的摄入量来改善世界人民的健康状况。据中国疾病预防控制中心调查数据显示，2002—2012 年的 10 年间，我国城市居民每日食盐量从 10.9 g 降至 10.3 g，但仍超摄盐标准，这表明减盐是一项艰巨且漫长的任务。我国卫生部门曾制定《中国慢性病防治工作规划（2012—2015 年）》，提出将全国人均每日食盐摄入量降低到 9 g 以下的目标。虽然这一目标与“每天盐摄入总量不超过 6 g”的目标还存在很大差距，但是有了限盐意识和行动指标。据了解，目前在发达国家，因其食盐摄取主要来源于加工食品，政府与食品行业合作，降低加工食品的盐含量。还采取了推广和完善食品标签的使用以及提高百姓的认知度等方式，为居民推荐含盐、含糖、含脂量低的健康食品，为市场供应低钠代用盐。

然而，并非盐吃得越少越健康。有研究表明，低盐饮食对心脏健康不利，如果将钠摄入量限制在 3.0 g/d 以内似乎会增加心脏病风险，这与高盐饮食增加高血压风险相类似。因而，对于健康人群而言，每天的盐摄入量既不宜太低，也不宜太高；只有高血压患者需要注意减少盐的摄入量。

2. 预防措施

（1）人的饮食习惯从重口味变成清淡口味往往并不太容易。特别是一些老年人，随着年龄增加，味蕾对咸味的敏感度降低，也会使盐摄入量增高。中国高血压联盟的专家建议尝试“分步限盐法”，即先减少原有摄盐量的1/3，此后逐步过渡到每日6 g的理想摄盐水平。也可以尝试在一些西方国家居民中流行的“餐时加盐法”，即炒菜时不放盐，起锅装盘上桌后再加盐，这样吃起来咸味不减，却可以减少1/3～1/2的用盐量。只要有限盐的决心并积极掌握、主动探索适合自己的限盐技巧，一定可以把高盐的饮食习惯纠正过来。

（2）可以通过食用高钾食物将体内钠离子排出体外。成年人每天摄入3.5～4.7 g钾盐，能有效地将体内多余的钠离子排出体外，起到辅助降压的作用。含钾最高的食物有竹荪、鸡腿菇、紫菜、海带、香蕉和椰子汁等。在膳食中经常食用这些含钾高的食物，对降低体内钠的含量、辅助调节血压能起到积极作用。

（3）凉拌菜只经过短时间的烫煮，其中的维生素等营养成分几乎没有流失，而且只要加入一点盐就有足够的咸味，相比起炒菜，使用的盐要更少。

（4）用其他调味料替代盐，可减少盐的使用。不少高血压患者吃不习惯清淡的口味，这种情况下可以将盐换成其他的调味料，如胡椒、醋、葱、姜、蒜等，既可以增加口感，又可减少盐的使用。

（5）在煮菜时使用限盐勺可以更好地控制盐的使用。如果没有限盐勺，也可以用其他的物品如啤酒瓶盖等代替。

（6）除了在煮菜时要限制盐的用量，高血压患者在生活中也要警惕一些“隐形盐”的存在。生活中不少食物都含有大量的盐分，如榨菜、味精、咸鸭蛋等。如果对这些食物的摄入没有加以限制，也会导致盐的摄入量超标。

（四）酗酒对身体的危害

1. 简述

我国酒文化历史渊源久远，最初起始于商、周时期，距今已有3000多年的历史。酒作为一种文化的载体，其内涵丰富，博大精深。在我国几千年的文明史中，酒几乎渗透到政治、经济、文化教育、文学艺术和社会生活等各个领域。随着社会的发展和酿酒业的普遍兴起，酒事活动也随之广泛，并逐渐程式化，形成较为系统的酒风俗习惯。在人们的日常生产、生活、社交活动中，酒与民风民俗保持着血肉相连的密切关系。诸如农事节庆、婚丧嫁娶、生日寿庆、庆功祭奠、迎送宾客等民俗活动，酒都成为必备物品。

然而，酒虽然给人们带来欢愉，但不可回避的是酒也给人们的健康和社会带来危害，甚至带来痛苦和灾难。少量饮酒后倘若能严格规范自己的行为，如不酒驾不滋事，尚且对社会影响不大。而酗酒对社会却具有极大危害，因为酗酒是一种病态或异常行为，可构成严重的社会问题。酗酒者通常把酗酒行为作为一种因内心冲突、心理矛盾造成的强烈心理压力释放出来的重要方式和途径。酗酒者常常通过酗酒以期消除烦恼，减轻空虚、胆怯、内疚、失败等心理感受。如果全社会对酗酒现象熟视无睹，不采取有效措施加以规劝，酗酒者就可能危害社会治安，让人们遭遇到偷盗、杀人、车祸和家庭暴力等痛苦和灾难。据河北科技大学理工学院2011年的研究报告，我国每年因酗酒肇事的立案高达400万起，全国每年有10万人死于车祸，而1/3以上的交通事故均与酗酒或酒后驾车有关。可见酗酒对社会的危害之大。

酗酒对身体的危害是多方面的。酗酒很容易导致胃、肠道黏膜发生病变，从而引起急性消化道糜烂出血、萎缩，导致消化道出血、萎缩性胃炎以及胃肠功能紊乱等症状出现。酗酒会导致人体血脂代谢出现紊乱，动脉硬化，以及出现高血压、高血脂的症状，若此时继续酗酒会进一步诱发冠心病等疾病发生。长期酗酒会对脑细胞造成损伤，引起记忆力减退、共济失调等症状出现，并且会损害人的中枢神经，导致身体出现难以抑制的兴奋，或出现失去自控能力的症状。有的人在喝醉酒以后，还会出现昏迷现象，甚至是失去知觉，严重危及生命健康。大量的临床实验证明，酒精对肝脏的伤害是最直接的，也是最大的。酗酒能使肝细胞发生变性和坏死。每一次酗酒都会杀伤大量的肝细胞，引起转氨酶急剧升高。长期酗酒容易导致酒精性脂肪肝、酒精性肝炎，甚至酒精性肝硬化。上海环境经济研究所灾害预防研究室的一项科研报告显示，近 7 年间因大量长期饮烈性白酒，造成酒精中毒的患者上升 28. 5 倍，死亡人数上升 30. 6 倍。酗酒能使血液中的甘油三酯含量提高，造成血液黏稠度增加，血压升高，导致心血管疾病的发生。由于酒精影响脂肪代谢，能升高血胆固醇和甘油三酯，因此，酗酒会使心率增快，血压急剧上升，极易诱发脑卒中，并且会导致心脏发生脂肪变性，严重影响心脏的正常功能。大量临床实验证明，长期酗酒会造成身体营养失调和引起多种维生素缺乏症。因为酒精中不含营养素，经常饮酒者会食欲下降，进食减少，势必造成多种营养素的缺乏，特别是维生素 B_1、维生素 B_2、维生素 B_{12}的缺乏，并影响叶酸的吸收。

女性酗酒对胎儿的危害性极大。医学研究发现，酗酒的女性在对酒精产生依赖以后，大脑的萎缩进程要比男性快。酒精对精子和卵子也有毒副作用。因此，不管父亲还是母亲酗酒，都会造成下一代发育畸形、智力低下等不良后果。孕妇饮酒，酒精能通过胎盘进入胎儿体内直接毒害胎儿，影响其正常生长发育。而丈夫经常酗酒的家庭中，平均人工流产次数比其他家庭高很多。此外，年轻人正处于发育成长期，若酗酒，除了上述危害以外，还能使脑力和记忆力减退、肌肉无力、性发育早熟和未老先衰。

日常生活中经常听到人们说，少量喝一点酒对身体有好处，可以活血化瘀、加速血液流动、避免血管栓塞等，甚至不少人把每天喝点酒当作一种养生方法。但是实际情况并非如此。2016 年，世界著名医学杂志《柳叶刀》上发表的有关饮酒的研究文章发现，喝酒不能带来任何健康收益，适量饮酒有益于健康的说法不成立。而且，饮酒是全世界范围内导致中青年男性（15～49 岁）死亡的“头号凶手”。该研究调取了 2800 万人的数据，是目前为止关于饮酒的研究中最大的样本量。研究团队对饮酒者的性别、年龄、饮酒量、饮酒频率等各种因素进行了详细分析，从而确定酒精对健康的危害。据有关数据分析显示，在全球每年因各种原因死去的 3200 多万人中，喝酒直接导致了 280 万人的死亡，是人类第七大致死、致残因素。我国由于人口众多，因而是全球饮酒致死人数最多的国家，每年有 70 万人因酗酒死亡，其中 65 万人为男性。该篇文章是迄今为止关于酒精摄入引起的健康风险的最全面的评估及研究。其研究结果显示，人最安全的酒精摄入量为 0；随着饮酒量的增加，健康风险也随之升高。

2. 预防措施

由于酗酒对个人和社会的危害极大，因此对酒精依赖者必须进行治疗和戒酒指导。常用的方法有认知疗法、厌恶疗法、家庭治疗、集体疗法和药物疗法。

（1）认知疗法是通过影视、电台、图片、实物、讨论等多种传媒方式，让嗜酒者端正对酒的态度，认识到不能超量饮酒，从而逐步控制饮酒量。

（2）厌恶疗法是对嗜酒成瘾的患者的饮酒行为附加一个恶性刺激，使之对酒产生厌恶反应，以消除饮酒欲望。

（3）家庭治疗是用亲情温情帮助嗜酒成瘾者树立起戒酒的决心和信心。酗酒往往给家庭带来不幸，但对其进行制约的最好环境也是家庭。因此，家庭成员应帮助患者，让其了解酒精中毒的危害，树立起戒酒的决心和信心，循序渐进地戒除酒瘾。同时创造良好的家庭气氛，用亲情去解除患者的心理症结，使之感受到家庭的温暖。

（4）集体疗法是患者成立各种戒酒者协会，进行自我教育、互相约束与帮助，以达到戒酒目的。国外有各种各样的嗜酒者互诫协会，如日本有民间的断酒会。这些组织每周聚会一两次，讨论戒酒方法，介绍戒酒经验，互相勉励。

（5）药物疗法是指对酒依赖患者采用药物治疗，要在医生的指导下对症治疗。

（五）长期素食对身体的危害

1. 简述

素食是一种不食肉类、家禽、海鲜等动物源食品的饮食方式。严格意义上的素食者极端排斥动物产品，绝不食用动物源食品，也不从事与杀生有关的职业。现代社会中，素食者越来越多，素食人群也日趋年轻化。素食主义不再是一种宗教教条，素食者也没有道德优越感，之所以选择素食，只是选择了一种自认为有益于自身健康、尊重其他生命、爱护环境、合乎自然规律的饮食习惯。素食者认为，素食是最自然的长寿之道，是最有效和最根本的美容圣品，可以减少癌症的发病率，尤其是直肠癌、结肠癌的发生；适量摄入素食可以减少心脏病、高血压、糖尿病和肥胖等慢性疾病的发生，有助于增加骨质密度，预防骨质疏松症；素食是减肥的良药，可以让人的大脑更聪明，能使人性格温和、精力充沛，有利于身体健康，还可以远离禽流感等动物性疾病的“攻击”；素食可以净化血液，预防便秘及痔疮的产生，有助于养颜和安定情绪。与肉食比较，素食在养生方面益处更多。尤其近 10 多年来，我国人民的生活水平提高，随之很多人出现营养过剩，导致高血压、冠心病、糖尿病、高脂血症、肥胖症等“富贵病”发病率增高，以及受到为了健康和美体而兴起的减肥瘦身热潮的影响，素食逐渐成为一种时尚。

众所周知，维持人体健康的六大营养素为蛋白质、脂肪、糖类、维生素、矿物质、纤维素。每种营养素对身体都很重要，缺一不可。这些营养素综合起来有三种主要功能，即供给人体所需能量、供给人体组织生长发育所需物质和调节人体各项生理功能。而长期素食可致营养失衡，对身体造成严重危害。据有关文献报道，长期素食会导致营养失衡，给身体带来下列8个方面的危害：

（1）导致营养不良，免疫力下降，发育障碍。人体的生命活动需要各种各样的营养物质来支撑正常的运转，如人体必需的8种氨基酸和微量元素如锌、钙、铁等主要来自肉类食物，长期素食的人群很容易会缺乏这些氨基酸和微量元素，导致身体的免疫力逐渐下降，很多疾病便趁虚而入。长期素食的孕妇，由于蛋白质与脂肪等营养严重不足，所生的孩子往往出现生长发育障碍。原因是蛋白质和脂肪等营养物质对促进大脑智力发展极为重要，缺少这些物质对生长发育迅速的婴儿危害较大。

（2）增加老年痴呆的风险。对大部分人而言，只要饮食正常，一般不可能缺乏维生素 B_{12}；但如果是长期素食，会导致维生素 B_{12} 缺乏。据有关文献报道，人体内如果缺乏维生素 B_{12}，红细胞会变得易碎，对神经细胞的损害极大，最终会导致老年痴呆症的发生。

（3）易促成脂肪肝的发生。长期素食者常常发生蛋白质摄入不足。人体中蛋白质缺乏时，脂肪运输便会遇到障碍，导致脂肪在肝脏内囤积。如果平时运动量不够，必然会促成脂肪肝的发生。此外，素食者由于不食用肉类，因而蛋白质和脂肪摄入少，必然要吃更多的米、面等食物，以增强饱腹感。米、面的主要成分是碳水化合物，如果摄入量超过了人体代谢的需要量，也会转化为脂肪而沉积于肝内，造成脂肪肝。

（4）易引发胆结石病。胆汁中胆固醇的浓度增大，会导致胆结石的发病率提高。正常人胆固醇与胆汁中的胆盐、卵磷脂按一定的比例混合溶解，不易形成结石析出。长期吃素的人由于卵磷脂摄入减少或肝脏合成降低，加上素食中植物纤维的成分较多，可使胆汁酸的重吸收降低，胆盐浓度也降低。此外，素食者往往维生素 A、维生素 E 摄入不足，使胆囊上的皮细胞容易脱落，从而导致胆汁中的胆固醇浓度增加，继而出现沉积，形成结石。

（5）可能导致贫血。植物类食品中只含非亚铁血红素的铁，不如肉类食物中所含亚铁血红素的铁容易被吸收。由于人体对来自植物类食品中的铁吸收较差，所以虽然素食中的含铁量比荤食高，但素食者体内铁的存量却较低。人体缺铁可导致贫血症的发生，这种情况尤其多发生在儿童和妇女身上。

（6）导致皮肤加速老化。长期素食者无法摄入足够的脂肪成分，加上蛋白质缺乏，影响脂肪在体内的运输，使皮肤细胞失去活力，导致肌肤的老化速度加快，随后会逐渐失去弹性。

（7）易导致便秘。人体正常的生理活动过程不仅需要有足够的膳食纤维、维生素、微量元素和蛋白质，也需要足够的脂肪。脂肪在肠道内扮演着润滑剂的作用。长期素食

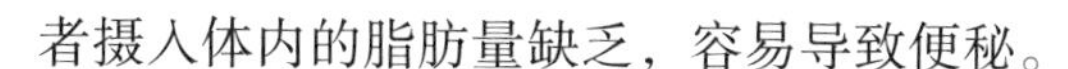

者摄入体内的脂肪量缺乏，容易导致便秘。

（8）导致性欲减弱，生育能力下降。据文献报道，长时间吃素会导致性功能下降和性冷淡。人体中的睾丸酮是刺激性欲、保持性欲的重要物质。长期吃素的人由于蛋白质的摄入不足，导致睾丸激素水平降低，无论对男性还是女性都能造成性功能减退和性冷淡，从而影响到生育能力。长期吃素的男性还会由于体内缺乏锌或锰元素，影响到脑垂体分泌促性腺激素，从而导致性功能衰退，睾丸萎缩，精子数量减少，甚至还可能导致男性不育。

2. 预防措施

（1）健康的身体需要有均衡的营养支持，长期素食者很难达到营养均衡，以维持生命活动的正常运转。40 岁之前的人群不宜长期素食，尤其对于女性朋友，偶尔尝试素食尚且无妨，若长期素食以期达到减肥健美目的，实则得不偿失。建议采用均衡饮食，荤素搭配的饮食方式更加有利于健康。

（2）对于决意素食者，除了要从蔬菜和粗粮中获取维生素 C、维生素 B_2、胡萝卜素、叶酸和微量元素外，还要注重多食用奶类、豆类食物，从中获得蛋白质、钙质、B 族维生素和维生素 A、D 等人体所需的营养物质，以防营养失衡给身体带来危害。

（3）有一些素食者认为蔬菜要生吃才有健康价值，因此热衷于蔬菜凉拌或制作沙拉。其实蔬菜中的很多脂溶性营养成分，需要添加油脂加热后才能很好地吸收。例如，维生素 K、胡萝卜素、番茄红素都属于烹调后更易吸收的营养物质。其中维生素 K 对骨骼健康是必需的，胡萝卜素是维生素 A 的前体，而番茄红素是抗氧化和预防癌症的重要健康成分。此外，制作蔬菜沙拉时，加入的沙拉酱含脂肪量高达 60% 以上，其热量比放油脂烹调还要高。

参 考 文 献

一、食品中的有害微生物污染中毒

（一）食品中的超级致癌物黄曲霉毒素污染中毒

高秀芬，荫士安，计融. 中国部分地区花生中 4 种黄曲霉毒素污染调查［J］. 中国公共卫生，2011（5）：541－542.

高秀芬，荫士安，张宏元，等. 中国部分地区玉米中 4 种黄曲霉毒素污染调查［J］. 卫生研究，2011（11）：46－49.

劳文艳，林素珍. 黄曲霉毒素对食品的污染和危害［J］. 北京联合大学学报（自然科学版），2011（1）：64－69.

李可，丘汾，杨梅，等. 深圳粮油食品中 4 种黄曲霉毒素联合污染状况［J］. 卫生研究，2013（4）：610－614.

李昆，姚婷，宁雪雪，等. 黄曲霉毒素的研究进展［J］. 农产品加工，2017（6）：61－63.

李培武，丁小霞，白艺珍，等. 农产品黄曲霉毒素风险评估研究进展［J］. 中国农业科学，2013（12）：2534－2542.

刘晓莉，曹悦，陈世琼，等. 2011—2012 年食用植物油中黄曲霉毒素 B_1 的调查［J］. 中国食品工业，2012（12）：68－69.

陆晶晶，苏亮，杨大进. 部分省市食用植物油中黄曲霉毒素 B_1 的调查分析［J］. 中国卫生工程学，2014（1）：34－35.

王君，刘秀梅. 部分市售食品中总黄曲霉毒素污染的监测结果［J］. 中国预防医学杂志，2006（1）：33－37.

王雯，李岗，魏云潇. 我国食品中黄曲霉毒素污染现状的研究［J］. 安徽农业科学，2015（18）：308－309.

赵佳，董永，张晓明，等. 我国市售液态纯牛奶黄曲霉毒素 M_1 含量调查分析［J］. 中国奶牛，2013（6）：46－49.

（二）发霉玉米中的伏马菌素污染中毒

郝庆卯，姚荣芬，邢凌霄，等. 伏马菌素对免疫调节影响的研究进展［J］. 白求恩医学杂志，2008（2）：99－101.

刘书宇，杨美华. 伏马菌素的研究进展［J］. 安徽农业科学，2009（24）：11397－11399.

徐华珠，等. 市售花生、玉米中黄曲霉毒素与伏马菌素污染水平调查［J］. 环境与职业医学，

2006 (3): 217 - 219.

张凡，姜琳，李芳芳，等. 伏马菌素毒性及其毒性机制研究进展［J］. 中国药物警戒，2018 (10): 617 - 622.

赵丹霞，丁晓雯. 伏马菌素对食品的污染及毒性［J］. 现代食品科技，2005 (2): 206 - 209.

（三）变质水果中的展青霉素污染中毒

郭彩霞，张生万，李美萍. 苹果及其制品中展青霉素生物防治研究进展［J］. 食品科学，2015 (7): 283 - 288.

彭青枝，杨冰洁，朱晓玲，等. 果蔬及其制品真菌毒素的控制研究进展［J］. 食品工业科技，2017 (5): 380 - 384，389.

杨倩，刘艳琴，赵男，等. 食品中展青霉素的研究进展［J］. 食品研究与开发，2017 (8): 211 - 216.

张欣怡，王威浩，邓丽莉，等. 水果及其制品中展青霉素的研究进展［J］. 食品工业科技，2017 (11): 379 - 384.

周玉春，杨美华，许军. 展青霉素的研究进展［J］. 贵州农业科学，2010 (2): 112 - 116.

（四）变质甘蔗中的节菱孢霉菌素污染中毒

刘兴玠，李秀芳，孙艳洁，等. 变质甘蔗中毒的预防研究（Ⅰ）. 流行病学的调查分析［J］. 卫生研究，1993 (1): 31 - 33，63.

刘兴玠，罗雪云，胡霞，等. 产毒节菱孢培养物对动物的毒性研究［J］. 卫生研究，1987 (5): 26 - 29.

罗雪云，刘兴玠，李玉伟，等. 变质甘蔗中毒的病因研究（Ⅲ）. 节菱孢产毒培养基的研究［J］. 卫生研究，1986 (3): 25 - 27.

罗雪云，刘兴玠，李玉伟，等. 变质甘蔗中毒的病因研究（Ⅳ）. 节菱孢在我国部分地区的分布［J］. 卫生研究，1987 (1): 38 - 42.

时仲省. 霉变甘蔗切莫吃［J］. 家庭医学（上半月），2013 (12): 36 - 37.

王微. 当心食用变质甘蔗中毒［J］. 中国果菜，2003 (1): 45.

赵秀勉，徐玮，张海红. 变质甘蔗中毒病原菌节菱孢霉菌及其毒素国内研究进展［J］. 河北医科大学学报，1995 (3): 183 - 184.

（五）不怕冷热的食源性毒物——诺如病毒

吴琼，何玉林. 诺如病毒的研究进展［J］. 中国人兽共患病学报，2014 (12): 1245 - 1251.

张静，常昭瑞，孙军玲，等. 我国诺如病毒感染性腹泻流行现状及防制措施建议［J］. 疾病监测，2014 (7): 516 - 521.

仉薇，吴鑫，章志超. 诺如病毒的最新研究进展［J］. 现代食品，2018 (3): 30 - 33.

周晓红. 食源性及水源性诺如病毒研究进展［J］. 中国公共卫生，2010 (9): 1213 - 1214.

(六) 食品中的致病菌——沙门氏菌污染中毒

陈玲，张菊梅，杨小鹏，等. 南方食品中沙门氏菌污染调查及分型 [J]. 微生物学报，2013 (12)：1326－1333.

黄玉柳. 食品中沙门氏菌污染状况及5. 预防措施 [J]. 广东农业科学，2010 (6)：225－226.

石永琼. 沙门氏菌的研究进展 [J]. 世界最新医学信息文摘，2016 (25)：37－38，41.

王学硕，崔生辉，邢书霞，等. 餐饮食品中沙门氏菌的危害分析、污染调查与防控 [J]. 中国药事，2013 (9)：974－979.

肖斌权. 食品的红色警报 [M]. 广州：羊城晚报出版社，2013.

尹德凤，张莉，张大文，等. 食品中沙门氏菌污染研究现状 [J]. 江西农业学报，2015 (11)：55－60，72.

(七) 生冷食品中的痢疾杆菌污染中毒

娄元霞，陈恩富. 感染性腹泻的流行病学研究进展 [J]. 浙江预防医学，2010 (3)：17－20.

高璐. 细菌性痢疾研究现状 [J]. 职业与健康，2017 (2)：277－281.

任瑞平，刘开琴. 3 年 175 例儿童细菌性痢疾的流行病学及临床分析 [J]. 中国感染控制杂志，2014 (6)：349－352.

王久伶，张琪，叶丹，等. 94 例细菌性痢疾患者的临床分析 [J]. 西南国防医药，2014 (1)：58－60.

段晶晶，安戈，刘江华，等. 2004－2016 年郑州市细菌性痢疾流行特征及病原学分析 [J]. 天津医药，2018 (5)：544－547.

(八) 糕点和熟食中的金黄色葡萄球菌污染中毒

陈丹霞，周露，曾晓琮，等. 2017 年广州市餐饮食品中金黄色葡萄球菌的调查分析 [J]. 食品安全质量检测学报，2018 (12)：2958－2964.

陈茵茵，周露，丁清龙，等. 2017 年广州市网络订餐餐饮食品卫生情况调查 [J]. 食品安全质量检测学报，2018 (12)：2935－2940.

崔莹，张秀丽，胡巅，等. 速冻食品中金黄色葡萄球菌及肠毒素污染状况调查 [J]. 中国卫生检验杂志，2013 (3)：764－766.

史昕平，陆利霞，熊晓辉. 南京部分地区食品中金黄色葡萄球菌污染状况调查 [J]. 食品安全质量检测学报，2018 (4)：723－728.

(九) 食品中的大肠杆菌污染中毒

张雪寒，何孔旺，张书霞. 产肠毒素性大肠杆菌肠毒素的研究概况 [J]. 动物医学进展，2003 (3)：38－40.

邱素君，吕春华，杨冬梅. 产肠毒素性大肠杆菌的研究进展 [J]. 草食家畜，2009 (3)：12－15.

袁万哲，何孔旺，陆承平，等. 产肠毒素性大肠杆菌主要毒力因子的研究进展 [J]. 动物医学进展，2005 (2)：6－9.

（十）发酵食品中的肉毒杆菌污染中毒

李泉. 肉毒杆菌食品中毒的认识与防治探讨［J］. 食品安全导刊，2015（15）：31－32.

彭学睿. 肉毒杆菌毒素对情绪的影响研究综述［J］. 社会科学前沿，2020（2）：116－120.

汪军，等. A型肉毒杆菌毒素治疗眼睑及面肌痉挛657例临床分析［J］. 中国斜视与小儿眼科杂志，2004（1）：39－40.

王景林. 一种致命的隐形杀手：肉毒杆菌与肉毒毒素［J］. 中国奶牛，2013（14）：1－6.

张嘉亮. 鱼类罐头食品中肉毒杆菌的污染风险探析［J］. 现代食品，2018（16）：66－69.

张建. 肉毒杆菌及其毒素概述［J］. 生物学教学，2014（3）：2－3.

赵鹏，刘展华，覃光球，等. 一起肉毒梭菌污染家庭腌制酸肉引起的食物中毒调查处置［J］. 中国食品卫生杂志，2017（1）：110－113.

赵思俊，李雪莲，曹旭敏，等. 肉毒杆菌及肉毒毒素研究进展［J］. 中国动物检疫，2013（8）：36－39，54.

（十一）剩菜剩饭中的致病菌污染中毒

顿玉慧，赵更峰，郑启伟. 蜡样芽孢杆菌致吐毒素的研究现状［J］. 食品科学，2009（9）：259－263.

王洋，周帼萍. 蜡样芽胞杆菌食物中毒死亡案例分析［J］. 中国食品卫生杂志，2011（2）：191－192.

闻玉梅，陆德源，何丽芳. 现代医学微生物学［M］. 上海：上海医科大学出版社，1999：448－452.

张伟伟，鲁绯，张金兰，等. 食品中蜡样芽孢杆菌的研究进展［J］. 中国酿造，2010（5）：1－4.

周帼萍，等. 1986—2007年中国299起蜡样芽胞杆菌食物中毒案例分析［J］. 中国食品卫生杂志，2009（5）：450－454.

（十二）冰箱储藏食品中的有害微生物污染中毒

葛明，江晓，包亚慧. 速冻米面制品中食源性致病菌污染调查［J］. 江苏卫生保健，2010（1）：12－13.

李保敏，孙若鹏. 细菌性痢疾［J］. 山东医药，1999（11）：41－42.

娄元霞，陈恩富. 感染性腹泻的流行病学研究进展［J］. 浙江预防医学，2010（3）：17－20.

王章云，滕焕昭，李柏桂，等. 肠炎沙门氏菌引起食物中毒的细菌学调查［J］. 中国人兽共患病学报，1999（3）：115.

吴平芳，贺连华，王冰，等. 深圳市食品中单核细胞增生性李斯特菌的污染状况调查［J］. 中国热带医学，2005（3）：593－594.

肖义泽，等. 云南省首次动物源性李斯特菌病暴发的流行病学调查［J］. 中华流行病学杂志，2000（3）：76.

张钟，程婷婷，马涛，等. 南京市2005－2012年细菌性痢疾流行特征分析［J］. 中华疾病控制杂志，2014（11）：1047－1050.

周勇，万成松. 大肠杆菌O157：H7的毒力岛与毒力因子的研究进展［J］. 微生物学免疫学进展，

2006（2）：58－62.

（十三）厨房中常见的食源性毒物——副溶血性弧菌

高飞，孙群露，刘晓峰，等. 一起副溶血性弧菌食物中毒调查分析［J］. 中国食品卫生杂志，2013（5）：470－473.

何洁仪，李迎月，邓志爱，等. 广州市副溶血性弧菌食物中毒特征性分析［J］. 中国食品卫生杂志，2011（5）：464－468.

胡菡琼，王海英，张玲玲. 一起副溶血性弧菌食物中毒调查报告［J］. 浙江预防医学，2013（5）：53，60.

林海. 副溶血性弧菌食物中毒28起流行病学分析［J］. 职业与健康，2008（14）：1403－1404.

刘海泉，刘冰宣，吕利群，等. 上海市生食三文鱼中副溶血性弧菌污染的风险分析［J］. 食品科学，2015（24）：195－199.

孙吉昌，等. 一起由副溶血性弧菌致群体性食物中毒的调查报告［J］. 中国食品卫生杂志，2012（1）：89－91.

王琼英，高巍，陈强，等. 与食用菌相关的食源性致病细菌1. 简述［J］. 中国食用菌，2016（1）：59－61.

周萍，丁晓红，代德宝，等. 一起副溶血性弧菌食物中毒调查报告［J］. 中国卫生检验杂志，2013（10）：2403，2406.

（十四）春秋季节多发的变形杆菌食物中毒

陈小敏，杨华，桂国弘，等. 奇异变形杆菌毒力因子的研究进展［J］. 微生物学杂志，2019（1）：109－114.

刘燕云，柴家前. 奇异变形杆菌研究进展［J］. 中国兽医学报，2017（1）：196－200.

刘志宇. 变异变形杆菌引起食物中毒的调查报告［J］. 中国现代药物应用，2007（1）：3.

张赛，叶春龙. 奇异变形杆菌食物中毒事件调查报告［J］. 安徽预防医学杂志，2013（1）：45，48.

（十五）集体饭堂多发的产气荚膜杆菌毒素中毒

陈小云，关孚时，张存帅，等. 产气荚膜梭菌主要外毒素最新研究进展［J］. 中国兽药杂志，2005（6）：29－33.

李璐，赵宝华. 产气荚膜梭菌主要致死性毒素的研究进展［J］. 畜牧与饲料科学，2011（4）：94－98.

刘家森，刘怀然，陈洪岩，等. 产气荚膜梭菌α毒素研究进展［J］. 中国兽医杂志，2005（5）：27－29.

刘宁，沈明浩. 食品毒理学［M］. 北京：中国轻工业出版社，2007：256.

（十六）春夏季节多发的米酵菌酸中毒

广东省市场监督管理局. 春夏换季慎防米酵菌酸毒素中毒［Z］. 2019－04－03.

来嘉伟. 米酵菌酸中毒的研究进展［J］. 饮食保健，2019（6）：293－294.

刘莹，金立鹏，王尊哲. 米酵菌酸的研究进展［J］. 潍坊医学院学报，2003（2）：153－155.

（十七）接触动物者多发的空肠弯曲菌食品中毒

李健，刘辉，时玉雯，等. 空肠弯曲菌防治策略研究概况［J］. 中国预防医学杂志，2019（11）：1115－1120.

曲峰，祁炳红. 小儿空肠弯曲菌肠炎100例分析［J］. 吉林医学，2003（1）：75－76.

翟海华，王娟，王君伟，等. 空肠弯曲菌的致病性及致病机制研究进展［J］. 动物医学进展，2013（12）：164－169.

张佩鑫. 空肠弯曲杆菌感染的研究现状［J］. 畜牧兽医科技信息，2012（9）：13－14.

二、食物中的寄生虫

（一）猪肉中的绦虫

牟三旦. 浅谈猪囊尾蚴病的流行特点及防治措施［J］. 农家致富顾问，2017（16）：29.

刘占宽，王立群，高光生. 猪绦虫病的防治体会［J］. 吉林农业，2015（7）：86.

曹玉佩. 猪囊虫病的流行特点及防治措施［J］. 云南农业科技，2014（2）：13.

王俊恒，王丹. 猪绦虫病的防治体会［J］. 吉林畜牧兽医，2014（11）：34，36.

马春. 猪绦虫病的临床诊断与防治措施［J］. 养殖技术顾问，2013（6）：122.

柳晔. 春夏季猪绦虫病的防治［J］. 畜牧兽医杂志，2012（5）：113，115.

（二）牛肉中的绦虫

李乃新. 牛绦虫病的防治［J］. 养殖与饲料，2019（10）：86－87.

庞建国. 奶牛绦虫病的流行与诊治［J］. 养殖技术顾问，2013（1）：82.

吴明丽. 牛绦虫病的流行与防治体会［J］. 现代畜牧科技，2015（4）：119.

张磊艳. 牛绦虫病的诊断与防治［J］. 当代畜牧，2018（26）：53－54.

（三）猪肉中的旋毛虫

邓大银. 猪旋毛虫病的危害及防治［J］. 中国畜禽种业，2016（4）：46－47.

何萍. 猪旋毛虫病的流行病学与诊断［J］. 兽医导刊，2020（3）：11.

祁世强. 猪旋毛虫病的危害及防治［J］. 养殖与饲料，2019（2）：43－44.

张有庆，仲海军，蒋玉军. 人兽共患旋毛虫病的血清流行病学调查［J］. 中国畜牧兽医文摘，2016（1）：131.

赵卓. 猪旋毛虫病的流行、诊断与防治［J］. 养殖技术顾问，2014（5）：149.

(四) 淡水鱼虾类中的肝吸虫

晁斌，张启明，张贤昌. 江门市某区淡水鱼肝吸虫感染与环境卫生情况调查［J］. 热带医学杂志，2010（3）：339－341.

邓卓晖，方悦怡. 广东省华支睾吸虫病流行态势与防控策略［J］. 中国血吸虫病防治杂志，2016（3）：229－233.

焦亮. 珠海市农村地区2010年华支睾吸虫感染情况调查及其危险因素分析［J］. 热带医学杂志，2012（2）：224－226.

王曼，罗乐，陈雪琴，等. 中山市住院患者华支睾吸虫感染现状调查［J］. 中国血吸虫病防治杂志，2017（4）：459－463.

王曼，罗乐，陈雪琴，等. 珠三角某市淡水鱼养殖环境及华支睾吸虫感染情况调查［J］. 中国血吸虫病防治杂志，2017（6）：716－719.

(五) 淡水蟹虾类中的肺吸虫

干小仙，王越，施晓华. 31例食源性肺吸虫病诊治分析［J］. 国际流行病学传染病学杂志，2006（6）：368－370.

王文阁，杨杰，关心. 肺吸虫病4例分析［J］. 中华医学实践杂志，2003（5）：458.

曾金武，张家洪，马经平. 肺吸虫病2例分析［J］. 中华地方病学杂志，2013（6）：700.

张慧，张维溪，林蓓蓓，等. 儿童肺吸虫病21例临床分析［J］. 医学研究杂志，2013（5）：189－191.

(六) 食物中的广州管圆线虫

邓卓晖，张启明，林荣幸，等. 广东省广州管圆线虫病疫源地调查［J］. 中国寄生虫学与寄生虫病杂志，2010（1）：12－16.

李莉莎，张榕燕，林金祥，等. 福建省鼠类感染广州管圆线虫调查［J］. 中国人兽共患病学报，2010（2）：186－188.

梁浩昆. 关于广州管圆线虫病的概述［J］. 广州医学院学报，1988（1）：95－101.

吕山，周晓农. 全球气候变暖对广州管圆线虫病流行的潜在影响［J］. 国外医学（寄生虫病分册），2005（5）：195－199.

马桂洋. 云南省大理州广州管圆线虫病42例临床分析［J］. 寄生虫病与感染性疾病，2010（1）：53－54.

彭东觉，等. 不同水温下不同时间对福寿螺体内广州管圆线虫的杀灭作用［J］. 中国人兽共患病学报，2009（9）：882－885.

田旭岩，卢勤声，周丽芬，等. 不同温度对广州管圆线虫感染期幼虫的杀灭作用［J］. 热带医学杂志，2010（2）：163－166.

薛大燕，等. 温州市一起广州管圆线虫病暴发流行的调查［J］. 中国寄生虫学与寄生虫病杂志，2000（3）：50－52.

张赟，黄迪，丁雪，等. 广东省阳春市广州管圆线虫流行病学调查［J］. 中国人兽共患病学报，

2009（1）：87－88，91.

（七）菱角、莲藕等水生植物中的姜片虫

许隆祺，蒋则孝，姚民一，等. 我国人体内寄生虫的虫种概况［J］. 中国寄生虫学与寄生虫病杂志，1997（5）：311－313.

许隆祺，蒋则孝，姚民一，等. 我国人体内寄生虫的虫种概况（续）［J］. 中国寄生虫学与寄生虫病杂志，1998（5）：388－393.

袁维华. 江西省姜片虫病建国前后流行概况［J］. 中国寄生虫病防治杂志，1992（1）：59.

周青，彭情情，仇锦波. 姜片虫病诊断与防治研究进展［J］. 中外健康文摘，2014（23）：108－109.

（八）蛙类、蛇类中的曼氏迭宫绦虫

段义农，等. 现代寄生虫病学［M］. 北京：人民军医出版社，2015：632.

王付民，龚世平，邓燕忠. 广东省食用蛇蛙类曼氏裂头蚴病的流行与防控［M］. 广州：华南理工大学出版社，2015：1.

夏超明，彭鸿娟. 人体寄生虫学［M］. 北京：中国医药科技出版社，2016：131－134.

詹希美. 人体寄生虫学［M］. 北京：人民卫生出版社，2001：157－158.

（九）肉类食物中的弓形虫

陈艳成. 感染病学［M］. 重庆：重庆大学出版社，2016：269.

韩梅，吴寒. 我国弓形虫病研究进展［J］. 医学信息，2018（2）：33－36.

王勤英，黄利华. 传染病学［M］. 北京：中国医药科技出版社，2016：289.

文心田. 人兽共患疫病学［M］. 北京：中国农业大学出版社，2016：276.

朱正，孙莹莹，李楷，等. 我国牛羊弓形虫感染情况及影响因素研究进展［J］. 动物医学进展，2017（3）：107－110.

三、食物中的动植物食源性毒物的危害

（一）有毒的蘑菇对健康的危害

毕煜，赵溯，李加国，等. 亚稀褶黑菇的中毒表现［J］. 医学信息，2014（22）：456－457.

陈作红，杨祝良，图力古尔，等. 毒蘑菇识别与中毒防治［M］. 北京：科学出版社，2016.

李海蛟，陈作红，蔡箐，等. 毒鹿花菌：一个发现于中国的毒蘑菇新种［J］. 菌物学报，2020（9）：1706－1718.

李海蛟，孙承业，乔莉，等. 青褶伞中毒的物种鉴定、中毒特征及救治［J］. 中华急诊医学杂志，2016（6）：739－743.

李海蛟，余成敏，姚群梅，等. 亚稀褶红菇中毒的物种鉴定、地理分布、中毒特征及救治［J］. 中华急诊医学杂志，2016（6）：733－738.

卯晓岚. 中国鹅膏菌科毒菌及毒素［J］. 微生物学通报，1991（3）：160－165.

图力古尔，包海英，李玉. 中国毒蘑菇名录［J］. 菌物学报，2014（3）：517－548.

张烁，李海蛟，余成敏，等. 发光类脐菇中毒事件调查分析［J］. 中华急诊医学杂志，2016（6）：729－732.

赵群远，段宇珠，陈安宝，等. 亚稀褶黑菇中毒的临床表现研究［J］. 临床急诊杂志，2017（10）：792－794.

周静，袁媛，郎楠，等. 中国大陆地区蘑菇中毒事件及危害分析［J］. 中华急诊医学杂志，2016（6）：724－728.

（二）有毒的野菜对健康的危害

才玉婷，武蕾蕾，常乐，等. 白屈菜药理作用研究进展［J］. 牡丹江医学院学报，2012（2）：57－60.

陈通，廖亮. 毛茛属植物研究进展［J］. 九江学院学报（自然科学版），2012（1）：114－119，126.

陈源珍. 一起误服曼陀罗花茶水食物中毒的调查报告［J］. 医学动物防制，2010（10）：966.

邓余，何江波，管开云，等. 牛皮消化学成分研究［J］. 天然产物研究与开发，2013（6）：729－732.

杜毅，麻瑞平，孟凡红. 苍耳子药用研究进展［J］. 光明中医，2015（12）：2692－2694.

国家中医药管理局《中华本草》编委会. 中华本草［M］. 上海：上海科学技术出版社，1999.

金洪. 内蒙古天然草场剧毒植物：毒芹［J］. 内蒙古草业，1991（2）：21，16.

李育材. 亦毒亦药话半夏［J］. 东方药膳，2017（1）：48－49.

刘素芬，苗思慧，张芝兰，等. 一起曼陀罗花中毒事件的调查［J］. 海峡预防医学杂志，2015（1）：49－50.

吕鸿鑫，何林，肖海清，等. 一起家庭误食曼陀罗花引起中毒的案例调查［J］. 医学动物防制，2019（10）：1016－1017.

秦洁贞. 钩人灵魂的毒物：钩吻［J］. 医学信息，2005（6）：48－49.

宋文娟，顾伟. 龙葵药理学研究进展［J］. 世界科学技术－中医药现代化，2018（2）：304－308.

王晓丽. 野芹菜的生药学研究［J］. 贵阳医学院学报，1999（1）：39－40.

吴荣华，姚祖娟，杨加文，等. 牛皮消药用价值及栽培技术［J］. 中国林副特产，2019（1）：35－37.

许婷婷，刘钰涵，杨少成，等. 龙葵的开发利用研究进展［J］. 农村实用技术，2019（6）：21－22.

殷志力，罗婷，俞飞. 乌头属生物碱的药理毒理作用研究进展［J］. 医药卫生（文摘版），2016（12）：284－286.

张贵君. 常用中药鉴定大全［M］. 黑龙江科学技术出版社，1995：268－270.

张婷婷，鄢良春，赵军宁，等. 苍耳子毒性及现代毒理学研究进展［J］. 医学综述，2010（18）：2814－2818.

张振，乐意，刘力，等. 马钱科植物钩吻的化学研究［J］. 贵州大学学报（自然科学版），2013（2）：28－32，36.

章艳玲，李关荣，位运粮. 中药半夏的研究进展［J］. 中国农学通报，2007（7）：163－167.

赵翡翠，李杰. 乌头属药用植物中生物碱的研究进展［J］. 中国现代应用药学，2010（1）：1177－1182.

（三）有毒的鱼类对健康的危害

桑朝炯，杨婉玲. 珠江有毒鱼类识别手册［M］. 北京：中国农业出版社，2019.

宋学治. 教您如何分辨有毒鱼类［J］. 中国检验检疫，2009（9）：62.

伍汉霖，陈永豪，庄棣华，等. 中国胆毒鱼类的研究［J］. 上海水产大学学报，2001（2）：102－108.

伍汉霖，金鑫波. 我国几种常见的胆毒鱼类［J］. 动物学杂志，1977（3）：28－29.

伍汉霖，金鑫波. 我国几种常见的刺毒鱼类［J］. 动物学杂志，1977（4）：29－31.

邢湘臣. 有毒鱼类举例［J］. 东方食疗与保健，2014（2）：17－20.

（四）有毒的贝类对健康的危害

陈菊芳. 拟菱形藻的分类及藻毒素多莫酸（DA）的研究进展［J］. 海洋科学，2003（7）：13－17.

陈雨，张菁，江天久. 广东省沿海脂溶性贝类毒素的分布特征［J］. 海洋环境科学，2018（2）：161－167.

丁君. 赤潮毒素中腹泻性贝毒和麻痹性贝毒的研究及进展［J］. 大连水产学院学报，2001（3）：212－218.

高虹，陈西平. 软骨藻酸的毒性作用机制研究概况［J］. 国外医学（卫生学分册），2002（5）：297－299，309.

刘智勇，计融. 麻痹性贝类毒素研究进展（综述）［J］. 中国热带医学，2006（2）：340－344.

钱宏林，梁松，齐雨藻. 广东沿海赤潮的特点及成因研究［J］. 生态科学，2000（3）：8－16.

孙烨，刘威，郑剑，等. 2011—2014年深圳市贝类产品生物毒素污染状况调查［J］. 癌变畸变突变，2016（2）：149－150，154.

王伟. 腹泻性贝类毒素的研究进展［J］. 农家科技（下旬刊），2011（4）：82－83.

杨莉，杨维东，刘洁生，等. 广州市售贝类麻痹性贝毒和腹泻性贝毒污染状况分析［J］. 卫生研究，2006（4）：435－439.

虞秋波，高亚辉. 拟菱形藻软骨藻酸研究进展［J］. 海洋科学，2003（8）：26－29.

（五）有毒的豆芽对健康的危害

刘蕊，李德红，李玲. 2，4－二氯苯氧乙酸的研究进展［J］. 生命科学研究，2004（S2）：71－75.

于新民. 尿素与尿毒症［J］. 生物学通报，1991（1）：29.

余露. 生产豆芽将有统一标准 禁用抗生素、农药、灭虫剂等［J］. 农药市场信息，2009（5）：43.

张梦云，徐培渝. 2，4－二氯苯氧乙酸的毒理学及流行病学研究进展［J］. 毒理学杂志，2014（2）：156－159.

（六）不可生吃的蔬菜对健康的危害

嘉悦. 哪些蔬菜不能生吃［J］. 当代工人，2017（9）：49.

曲海燕. 千万不能生吃的蔬菜［J］. 养生保健指南：中老年健康，2018（3）：20.

张欣. 这些蔬菜不能生吃［J］. 健康，2018（1）：74.

（七）毒姜和变质生姜中的有毒物质对健康的危害

王姝，梁翠茵. 生姜药理作用的研究进展［J］. 卫生职业教育，2014（22）：148－150.

吴嘉斓，王笑园，王坤立，等. 生姜营养价值及药理作用研究进展［J］. 食品工业，2019（2）：237－240.

FARAG S E，ABO-ZEID M. Degradation of the natural mutagenic compound safrole in spices by cooking and irradiation［J］. Nahrung，1997，41（6）：359－361.

四、食物中的农药、兽药残留中毒

（一）果蔬中的有机磷农药残留

安丰奎，王安国. 两起有机磷农药引起食物中毒的调查分析［J］. 山东食品科技，2000（6）：22－23.

梁秀敏，王晓文，蔡玲，等. 一起有机磷农药引起的食物中毒调查分析［J］. 中外女性健康研究，2017（21）：176－177.

王颖华，陈晓敏，徐志勇. 两起生产性有机磷农药群体中毒事件的调查分析［J］. 中国农村卫生，2015（11）：65.

（二）果蔬中的有机氯农药残留

李强，王建文，辛国芳. 有机氯农药中毒2例调查报告［J］. 职业与健康，2002（7）：26.

吕海伟，玉香丽. 一起有机氯农药中毒的调查报告［J］. 河南预防医学杂志，1998（1）：50.

曾鸿鹄，覃如琼，莫凌云，等. 有机氯农药对人体健康毒性研究进展［J］. 桂林理工大学学报，2014（3）：549－553.

（三）果蔬中的氨基甲酸酯类农药残留

裘国祥. 15例氨基甲酸酯类农药中毒诊治分析［J］. 中国民族民间医药，2011（1）：92.

孙洪涛. 氨基甲酸酯类农药中毒30例临床病例分析及抢救体会［J］. 中外医疗，2010（14）：43.

孙莹莹，刘洁，唐亚慧，等. 急性重症氨基甲酸酯类农药中毒救治二例［J］. 中华劳动卫生职业病杂志，2020（11）：857－858.

肖光普. 氨基甲酸酯类农药与环境［J］. 农药译丛，1995（3）：50－54.

张劲强，董元华，安琼，等. 不同种植方式下土壤和蔬菜中氨基甲酸酯类农药残留状况研究［J］. 土壤学报，2006（5）：772－779.

（四）果蔬中的拟除虫菊酯类农药残留

李雪飞，杨艳刚，孙胜龙，等. 蔬菜中有机磷、拟除虫菊酯类农药残留调查［J］. 环境与健康杂志，2006（5）：418－420.

刘尚钟，王敏，陈馥衡. 拟除虫菊酯类农药的研究和展望［J］. 农药，2004（7）：289－293.

王静. 拟除虫菊酯类杀虫药急性中毒56例临床分析［J］. 中国医药指南，2009（5）：29－30.

王雪. 拟除虫菊酯类农药中毒［J］. 中国社区医师，2013（32）：27－28.

张宗美，柴勇，江学维，等. 蔬菜有机磷和拟除虫菊酯类农药残留研究［J］. 食品科学，2008（3）：426－428.

（五）动物源食品中的兽药残留

李惠玲，范绍兰. 浅谈兽药残留对食品安全的影响［J］. 畜牧兽医科学（电子版），2018（3）：44.

刘吉强，诸葛玉平，杨鹤，等. 兽药抗生素的残留状况与环境行为［J］. 土壤通报，2008（5）：1198－1203.

穆国冬，姜力. 浅谈兽药残留及其危害［C］. 吉林省畜牧兽医学会2007学术年会. 长春：吉林农业大学，2007.

任甜甜，吴银宝. 磺胺类兽药的环境行为研究进展［J］. 畜牧与兽医，2013（5）：97－101.

王艺璀. 近十年我国“瘦肉精”相关事件［J］. 食品安全导刊，2017（21）：27－28.

张文学. 浅谈兽药残留问题［J］. 山东畜牧兽医，2018（1）：54.

（六）脂肪类食品中的二噁英致癌物危害

丁锋. 食品中二噁英污染的危害性及其预防措施［J］. 粮油食品科技，2006（3）：51－52.

彭恩泽，李晶晶. 二噁英类物质污染及综合防治措施［J］. 工业安全与环保，2005（2）：19－21.

彭亚拉，靳敏，杨昌举. 二噁英对环境的污染及对人类的危害［J］. 环境保护，2000（1）：42－44.

徐瑛. 二噁英的毒性研究进展［J］. 环境与健康杂志，2001（6）：412－413.

杨文友. 二噁英及其对人类的危害［J］. 中国动物检疫，2000（1）：42－44.

五、食物中的有害重金属污染的危害

（一）食物中铅污染的危害

曹秀珍，曾婧. 我国食品中铅污染状况及其危害［J］. 公共卫生与预防医学，2014（6）：77－79.

王晓波. 广州市食品铅污染状况及不同人群铅摄入健康风险评估［C］. 第十二届全国营养科学大会. 北京：中国营养学会，2015.

杨田，王文瑞. 食品中铅污染与人体健康［J］. 世界最新医学信息文摘（电子版），2014（7）：44－46.

（二）食物中砷污染的危害

王长文. 我国大米中镉污染现状及对策分析［J］. 中国化工贸易，2014（31）：169.

王明强. 食品中砷污染的危害及其防治［J］. 中国酿造，2008（20）：87－88.

王瑶瑶，郝毅，张洪，等. 珠三角地区大米中的镉砷污染现状及治理措施［J］. 中国农学通报，2019（12）：63－72.

吴龙，金铨，龚立科，等. 杭州地区稻田土壤中镉、铅、汞、砷、铬和镍的污染状况［J］. 中国卫生检验杂志，2017（11）：1621－1623，1630.

（三）食物中汞污染的危害

李生涛. 动物性食品汞污染及其毒理研究进展［J］. 畜牧兽医杂志，2015（3）：53－56，61.

李志强，韩俊艳，郭宇俊，等. 汞毒性研究进展［J］. 畜牧与饲料科学，2018（12）：64－68.

陆海菊. 浅析汞污染的危害及防范对策［J］. 环境与生活，2014（18）：213.

杨英伟，屈撑囤，刘鲁珍. 水体汞污染的危害及其防治技术进展［J］. 石油化工应用，2015（6）：4－8.

（四）食物中铬污染的危害

李晓玉，等. 食用菌中砷、镉、汞、铅、铬的污染情况和健康风险分析［J］. 职业与健康，2019（5）：613－617.

骆和东，吴雨然，姜艳芳. 我国食品中铬污染现状及健康风险［J］. 中国食品卫生杂志，2015（6）：717－721.

（五）食物中镉污染的危害

付庭强. 食品中铅、镉污染状况分析及控制对策探讨［J］. 大家健康（学术版），2015（9）：16－17.

谷雨，蒋平，谭丽，等. 6种植物对土壤中镉的富集特性研究［J］. 中国农学通报，2019（30）：119－123.

李秉龙，银涛，帅丽芳，等. 镉污染及其防治对策［J］. 中国保健营养（中旬刊），2013（7）：790－791.

綦峥，齐越，杨红，等. 土壤重金属镉污染现状、危害及治理措施［J］. 食品安全质量检测学报，2020（7）：2286－2294.

六、食品在烹调加工过程中产生的致癌毒物

（一）腌制品中的亚硝酸和亚硝胺致癌物的危害

危贵茂，徐灵. 食品在加工过程中形成的有害化合物的污染及预防［J］. 肉类工业，2009（10）：42－45.

李晓，贝尔，汪隽，等. 食品和饮用水中的亚硝胺研究进展［J］. 中国给水排水，2018（22）：13－18.

史小康. 浅谈亚硝酸盐及其危害［J］. 现代妇女（下旬），2013（12）：15.

徐专红. 食物中的硝酸盐和亚硝酸盐与人体健康［J］. 食品科技，1999（4）：51－53.

张丽华，王文正，黎秀卿，等. 蔬菜中硝酸盐和亚硝酸盐含量分析与评价 [J]. 食品研究与开发，2000 (3)：44 - 45.

(二) 烟熏食品中的多环芳烃致癌物的危害

崔国梅，彭增起，孟晓霞. 烟熏肉制品中多环芳烃的来源及控制方法 [J]. 食品研究与开发，2010 (3)：180 - 183.

黄燕芬，田立. 食品中苯并芘的研究进展 [J]. 食品安全导刊，2016 (24)：8 - 9.

史巧巧，席俊，陆启玉. 食品中苯并芘的研究进展 [J]. 食品工业科技，2014 (5)：379 - 381，386.

吴丹. 食品中苯并芘污染的危害性及其5. 预防措施 [J]. 食品工业科技，2008 (5)：309 - 311.

朱小玲. 烹饪过程中多环芳烃的产生及控制 [J]. 四川烹饪高等专科学校学报，2012 (5)：22 - 25.

(三) 烧烤食品中的杂环胺致癌物的危害

姜玉清，梁小慧，张帅，等. 烤肉制品中杂环胺的研究进展 [J]. 食品安全质量检测学报，2019 (11)：3255 - 3260.

郝麒麟，黄先智，丁晓雯. 食品中杂环胺的危害与控制措施研究进展 [J]. 食品与发酵工业，2019 (13)：275 - 280.

姚瑶. 牛肉食品中的杂环胺 [J]. 肉类研究，2011 (5)：73.

(四) 油炸焙烤食品中的丙烯酰胺致癌物的危害

郭红英，阚旭辉，谭兴和，等. 食品中丙烯酰胺的研究进展 [J]. 粮食与油脂，2017 (3)：33 - 36.

李向丽，李蓉，杨公明，等. 食品中丙烯酰胺的含量调查研究 [J]. 安徽农业科学，2015 (14)：236 - 238.

陆文蔚，黄玥，艾清，等. 高效液相色谱法检测月饼中丙烯酰胺的含量 [J]. 食品研究与开发，2013 (13)：92 - 95.

孟娟娟. 食品中丙烯酰胺含量的研究进展 [J]. 学周刊 (上旬)，2014 (6)：226.

韦铮，黄先智，丁晓雯. 食品中丙烯酰胺的控制措施研究进展 [J]. 食品与发酵工业，2019 (14)：250 - 255.

张璐佳，杨柳青，王鹏璞，等. 丙烯酰胺毒性研究进展 [J]. 中国食品学报，2018 (8)：274 - 283.

七、食品添加剂中的有毒有害物质

(二) 食品添加剂里的反式脂肪酸对健康的危害

陈永芳，魏祯倩，刘政. 如何降低反式脂肪酸对人体健康的危害 [J]. 肉类工业，2020 (5)：49 - 53.

李庆鹏，崔文慧，杨洋，等. 国内外食品中反式脂肪酸限量标准现状分析 [J]. 核农学报，2014 (10)：1867 - 1873.

方从容，杨杰，高洁，等. 7 类食品中反式脂肪酸含量的调查 [J]. 食品与发酵工业，2013 (3)：

179 - 182.

谢明勇，谢建华，杨美艳，等. 反式脂肪酸研究进展［J］. 中国食品学报，2010（4）：14 - 26.

谢上才，江力勤. 反式脂肪酸对心血管的危害及机制的研究进展［J］. 心脑血管病防治，2016（2）：134 - 135.

熊立文，李江华，杨烨. 国内外反式脂肪酸安全管理现状及对策分析［J］. 食品科学，2012（9）：283 - 290.

杨辉，李宁. 反式脂肪酸及各国管理情况介绍［J］. 中国食品学报，2010（4）：8 - 13.

（三）食品色素添加剂对健康的危害

贾志强. 食品添加剂的危害在于滥用［J］. 黑龙江科技信息，2008（16）：17.

汪文秀. 人工合成色素对人体的危害及天然色素的应用前景［J］. 食品安全导刊，2019（25）：72 - 73.

徐亚新，肖海波. 食品添加人工色素的危害性分析［J］. 中外医学研究，2009（6）：124.

（四）牛奶中的有毒添加物三聚氰胺的危害

谢志辉，陈茜，陈智，等. 三聚氰胺毒性研究进展［J］. 湖南饲料，2009（2）：14 - 16.

王加启，赵圣国. 我国牛奶质量安全的现状、问题和对策［J］. 中国奶牛，2009（11）：3 - 7.

解立练，梁伟. 我国牛奶安全生产现状及对策［J］. 食品安全导刊，2020（6）：37.

（五）食品“美白剂”吊白块对人体健康的危害

李蕴成. 吊白块的危害及防治措施［J］. 中华卫生监督与健康，2004（1）：43 - 44.

王芳. 浅析“吊白块”的危害与治理［J］. 科海故事博览·科技探索，2012（7）：123.

吴妞. 洛阳市售豆制品吊白块添加现状调查［D］. 洛阳：河南科技大学，2011（9）：50.

徐梅贞. 腐竹中吊白块控制技术研究［D］. 福州：福建农林大学，2009（2）：42.

八、人体对食物过敏的不良反应

（一）对牛奶过敏的不良反应

胡亚楠，张艳波，梅花. 新生儿牛奶蛋白过敏研究进展［J］. 中国小儿急救医学，2020（10）：767 - 769.

黄秋香，金玉. 牛奶蛋白过敏诊断方法的研究现状［J］. 检验医学与临床，2016（8）：1132 - 1134.

张红. 婴儿牛奶过敏症的研究进展［J］. 中国妇幼保健，2011（21）：3339 - 3340.

（二）对海鲜过敏的不良反应

李风铃，李沂光，孙天乐，等. 水产品中主要过敏原的研究与展望［J］. 中国渔业质量与标准，2018（1）：16 - 23.

李振兴，林洪，曹立民. 低过敏性海产食品的研究［J］. 食品研究与开发，2006（8）：202 - 205.

张燕，王涛，崔瑜，等. 甲壳类过敏的研究进展［J］. 医学综述，2015（11）：2007 - 2009.

（三）对鸡蛋过敏的不良反应

付琴，宋伟，王旭清．鸡蛋蛋白过敏综述［J］．安徽农业科学，2012（13）：7887－7889，7920．

李凯文，邵洁．鸡蛋过敏原与婴幼儿鸡蛋过敏的研究进展［J］．临床儿科杂志，2011（4）：386－389．

佟平，高金燕，陈红兵．鸡蛋清中主要过敏原的研究进展［J］．食品科学，2007（8）：565－568．

（四）对花生过敏的不良反应

丛艳君，娄飞，薛文通，等．中国花生致敏蛋白的识别［J］．食品科学，2007（10）：109－112．

何伟逸，冯玥，蒋聪利，等．花生过敏及其主要致敏原 Arah1 的研究进展［J］．中国食品卫生杂志，2013（6）：571－575．

马月瑭，邓列华．花生过敏症［J］．实用皮肤病学杂志，2014（1）：34－37．

王通，梁炫强，李玲．花生致敏原的研究进展［J］．中国油料作物学报，2007（3）：353－358．

（五）对坚果过敏的不良反应

方娟，陈朝银，赵声兰，等．核桃过敏原及其检测方法的研究进展［J］．食品工业科技，2013（23）：361－365．

李志民，李俊霜．焙烤制品生产中的过敏原及其控制体系研究进展［J］．食品工业科技，2020（5）：201－205，214．

张爱琳，段筱筠，王效坤，等．主要坚果类过敏原致敏机理的初步探讨［J］．现代食品科技，2016（11）：22－28．

九、人体对食物不耐受的不良反应

（一）对乳糖不耐受的不良反应

陈健，赛晓勇．乳糖不耐受的研究进展［J］．中华流行病学杂志，2016（2）：299－302．

李洋洋，刘捷，曾超美．婴幼儿乳糖不耐受研究进展［J］．中国生育健康杂志，2019（2）：192－195．

潘朝曦．中国人常见的牛奶不耐受［J］．自我保健，2012（4）：14－15．

乔蓉，黄承钰，杜辉章，等．牛奶不耐受的膳食改善措施研究［J］．中华预防医学杂志，2007（1）：17－20．

（二）对果糖不耐受的不良反应

蔡艳华，李奇玉．遗传性果糖不耐受症 1 例［J］．沈阳部队医药，2012（3）：239－240．

迟贞旎，洪洁，杨军，等．遗传性果糖不耐受症［J］．中华内分泌代谢杂志，2009（2）：242－244．

张新宇，罗晓红，万东君，等．果糖不耐症 1 例［J］．西北国防医学杂志，2005（2）：107．

周子琪．甜蜜的陷阱，谈谈果糖不耐受症［J］．医师在线，2017（3）：18－19．

（三）对麸质不耐受的不良反应

闫丛阳，周霖. 小麦麸质蛋白相关性疾病的研究进展［J］. 食品安全质量检测学报，2019（7）：1776－1781.

王燕，王伟，周静，等. 食物不耐受与全身各系统相关性疾病关系研究进展［J］. 齐鲁医学杂志，2014（4）：367－370.

郑小锋，杨佳欣，周波，等. 无麸质饮食的研究进展［J］. 食品安全质量检测学报，2020（12）：3760－376.

（四）对酒精不耐受的不良反应

何闽. 酒精擦浴不当致皮肤过敏1例报告［J］. 福建医药杂志，2010（1）：179.

秦乐. 浅析酒精过敏［C］. 成都中医药大学2014年度研究生论坛. 成都：成都中医药大学，2015.

（五）对蚕豆不耐受的不良反应

李小玲，易银芝，李梅，等. 蚕豆病诊疗及护理的研究进展［J］. 全科护理，2018（32）：3985－3987.

卢鹤云. 小儿蚕豆病73例临床分析［J］. 中国全科医学，2013（6）：663－664.

韦莉. 蚕豆病患病因素的探讨［J］. 大家健康（中旬版），2015（7）：72－72.

余超，于洁，宪莹，等. 儿童G6PD缺乏症355例临床分析［J］. 中国小儿血液与肿瘤杂志，2015（3）：126－130.

十、不健康的饮食习惯对身体的危害

（一）高糖饮食对身体的危害

陈林祥. 高糖食物增加心脏病危险［J］. 心血管病防治知识，2007（11）：24－24.

邓陶陶，梁栋，李湖中，等. 我国市场常见饮料中糖含量调查［J］. 中国食物与营养，2018（4）：5－8.

侯威. 高脂肪、高糖饮食致使的肥胖可能导致老年痴呆症的发展［J］. 中国食品学报，2018（7）：339－34.

杨光平. 长期饮用高糖饮料损害心脏［J］. 家庭医学，2016（1）：33－33.

（二）高脂饮食对身体的危害

董婷婷. 高脂饮食与慢性代谢性疾病的关系研究进展［J］. 内江科技，2019（9）：141，150.

木丹. 高脂肪饮食危害可遗传三代［J］. 健康，2019（2）：59－59.

裴博. 高脂肪饮食习惯对健康的影响探讨［J］. 求知导刊，2017（36）：17.

卫文. 高脂饮食潜在危害添证据［J］. 家庭医学，2019（8）：33.

辛华. 高脂肪饮食可刺激肠癌发病［J］. 江苏卫生保健：今日保健，2015（2）：21.

袁爱红. 高脂饮食的研究进展［J］. 医学综述，2012（15）：2418－2421.

（三）高盐饮食对身体的危害

方留民. 低盐饮食并非完全对健康有益［J］. 家庭医学（上半月），2016（8）：33－33.

黄莹. 高血压防治，从低盐饮食做起［J］. 中国医药指南，2013（9）：362－363.

秦俊法. 食盐与高血压发病［J］. 广东微量元素科学，2014（5）：31－56.

秦治桦. 限盐是高血压防治工作的重点［J］. 心血管病防治知识（科普版），2016（6）：25－27.

石蕊，李玉明. 盐与高血压研究进展［J］. 心血管病学进展，2005（3）：219－222.

熊成霞. 食盐摄入量对高血压患者血压控制影响的研究进展［J］. 当代护士（上旬刊），2019（2）：21－23.

（四）酗酒对身体的危害

董佑忠. 再论酗酒对健康的危害［J］. 长寿，2018（2）：16－17.

黄一凡. 酗酒的社会影响及成因分析［J］. 改革与开放，2013（8）：100.

李东. 浅析酗酒的危害及治疗：以社会工作为视角［J］. 法制与社会，2009（15）：349－350.

李民，王延伟，吕永强，等. 酗酒标志物研究进展［J］. 临床军医杂志，2014（12）：1301－1303.

钱红. 喝酒对人体的危害有哪些［J］. 现代养生（下半月版），2019（10）：26－27.

闫路佳，邢攀科. 当代大学生的酗酒现状及影响［J］. 经营管理者，2011（22）：287.

（五）长期素食对身体的危害

高素菊. 长期素食无益健康［J］. 药膳食疗，2005（3）：1.

韩丽华. 长期吃素当心六大危害［J］. 养生保健指南（中老年健康），2018（3）：21－22.

胡荣兰. 长期素食对身体健康不利［J］. 东方药膳，2015（11）：55.

王素霞. 长期吃素有害健康［J］. 晚晴，2006（10）：38－38.

徐美云. 长期素食对身体健康不利［J］. 健康生活，2011（1）：37.

萤烛. 素食的饮食误区［J］. 解放军健康，2016（1）：37－37.

雨潇. 长期吃素老得快［J］. 养生月刊，2012（11）：1029－1030.

詹海英. 长期素食易引发贫血［J］. 老年健康，2016（11）：21.

本书所涉及的主要的相关国家标准

中华人民共和国卫生和计划生育委员会. 食品安全国家标准 食品添加剂使用标准（GB 2760—2014）［S］. 2014.

中华人民共和国卫生和计划生育委员会，国家食品药品监督管理总局. 食品安全国家标准 食品中真菌毒素限量标准（GB 2761—2017）［S］. 2017.

中华人民共和国卫生和计划生育委员会，国家食品药品监督管理总局. 食品安全国家标准 食品中污染物限量（GB 2762—2017）［S］. 2017.

中华人民共和国国家卫生健康委员会，中华人民共和国农业农村部，国家食品药品监督管理总局. 食品安全国家标准 食品中农药最大残留限量（GB 2763—2021）［S］. 2021.

中华人民共和国卫生和计划生育委员会. 食品安全国家标准 食品中致病菌限量（GB 29921—

2013）［S］. 2013.

中华人民共和国农业农村部，中华人民共和国国家卫生健康委员会，国家市场监督管理总局. 食品安全国家标准 食品中兽药最大残留限量（GB 31650—2019）［S］. 2019.

中华人民共和国农业部. 无公害食品水产品中有毒有害物质限量（NY 5073—2006）［S］. 2006.

后　记

随着时代的发展，经济全球化的进程不断加快，科学技术的进步日新月异，然而，让人们担忧的食品安全问题并没有减少的趋势。食品安全问题已成为我国乃至全球性的重大问题，它关系到人们的健康、生命的安全和民族的素质，也关系到食品行业能否健康稳步地发展。因此，食品安全问题深为广大民众所关注，同时得到各级政府的高度重视。

编写本书的动因是在一次关于食品安全的讨论会上，时任中华人民共和国增城出入境检验检疫局副局长温万其，以其几十年来从事食品卫生安全检疫工作的所见所闻，希望从事生命科学研究的朋友在此方面写本书，以提高消费者的食品安全意识和自我保护能力，避免有毒有害的食品对自身健康的危害。我觉得这是一个很有意义的选题，便在5年前开始收集在国内外研究刊物上正式发表的、新闻媒体及网络上报道的有关食品安全的文献和资料。几年来收集到500多篇相关科研论文和研究成果，近200万字有关报道资料、摘录和笔记。从这些资料中经过几番筛选和删繁就简，并经几易其稿，编写成现在书中的10个部分、68个小节的内容，40多万字。显然，食品安全的案例远不止于此，有待本书再版时补充更多的内容，为读者提供更多的食品安全方面的基本知识，使读者提高自我保护意识和识别能力，达到安全饮食。多一点对食品安全的关注，实则少一份对疾病的担忧。让健康的知识深入人心，让健康的行为走进生活，此乃作者编写本书的初衷。

本书得以出版，要感谢中山大学出版社社长王天琪先生、总编辑徐劲先生的大力支持和给予的宝贵意见；感谢出版社资深老编辑钟永源先生对本书的热情推荐；感谢李海东编辑对本书出版的策划和认真的编辑，以及黄少伟、缪永文、靳晓虹、曾斌、何雅涛等同志的支持与帮助。

此外，谨向关心和支持本书出版的朋友们诚致最真挚的谢意！

张北壮

2022年春节前夕